吴良镛院士主编：人居环境科学丛书

国家空间规划论
（第二版）

National Spatial Planning

王 凯 著

中国建筑工业出版社

审图号：GS 京（2024）2682 号

图书在版编目（CIP）数据

国家空间规划论 = National Spatial Planning /
王凯著 . -- 2 版 . -- 北京：中国建筑工业出版社，
2024. 12. --（人居环境科学丛书 / 吴良镛主编）.
ISBN 978-7-112-30726-5

Ⅰ . TU984.11

中国国家版本馆 CIP 数据核字第 2025RP7619 号

责任编辑：石枫华　武　洲　兰丽婷
责任校对：赵　力

吴良镛院士主编：人居环境科学丛书

国家空间规划论（第二版）
National Spatial Planning
王 凯 著
*
中国建筑工业出版社出版、发行（北京海淀三里河路 9 号）
各地新华书店、建筑书店经销
北京雅盈中佳图文设计公司制版
建工社（河北）印刷有限公司印刷
*
开本：787 毫米 ×1092 毫米　1/16　印张：$13^3/_4$　字数：280 千字
2025 年 1 月第二版　2025 年 1 月第一次印刷
定价：**68.00** 元
ISBN 978-7-112-30726-5
　　（43984）

内容简介

　　本书以人居环境科学理论为基础，从国土的角度对我国的城镇空间发展问题进行了系统、深入的研究。本书综合全球化、空间规划、国家干预、区域治理等理论，对国内外国家层面的城镇空间发展理论进行系统梳理，结合我国城镇化和城镇发展所涉及的人口、经济、资源、生态环境、管理机制等方面影响因素的分析，提出了全球化时代下立足于良好的人居环境建设的我国城镇空间发展规划的理论与方法。本书可供从事人居环境科学研究、城市和区域规划的人员阅读，也可供高等院校城市规划、地理学、建筑学、区域科学、国土空间规划等相关专业的教师、研究生及政府部门的管理人员学习参考。

"人居环境科学丛书"缘起

　　18世纪中叶以来，随着工业革命的推进，世界城市化发展逐步加快，同时城市问题也日益加剧。人们在积极寻求对策不断探索的过程中，在不同学科的基础上，逐渐形成和发展了一些近现代的城市规划理论。其中，以建筑学、经济学、社会学、地理学等为基础的有关理论发展最快，就其学术本身来说，它们都言之成理，持之有故，然而，实际效果证明，仍存在着一定的专业的局限，难以全然适应发展需要，切实地解决问题。

　　在此情况下，近半个世纪以来，由于系统论、控制论、协同论的建立，交叉学科、边缘学科的发展，不少学者对扩大城市研究作了种种探索。其中希腊建筑师道萨迪亚斯（C. A. Doxiadis）所提出的"人类聚居学"（EKISTICS: The Science of Human Settlements）就是一个突出的例子。道氏强调把包括乡村、城镇、城市等在内的所有人类住区作为一个整体，从人类住区的"元素"（自然、人、社会、房屋、网络）进行广义的系统的研究，展扩了研究的领域，他本人的学术活动在20世纪60～70年代期间曾一度颇为活跃。系统研究区域和城市发展的学术思想，在道氏和其他众多先驱的倡导下，在国际社会取得了越来越大的影响，深入到了人类聚居环境的方方面面。

　　近年来，中国城市化也进入了加速阶段，取得了极大的成就，同时在城市发展过程中也出现了种种错综复杂的问题。作为科学工作者，我们迫切地感受到城乡建筑工作者在这方面的学术储备还不够，现有的建筑和城市规划科学对实践中的许多问题缺乏确切、完整的对策。目前，尽管投入轰轰烈烈的城镇建设的专业众多，但是它们缺乏共同认可的专业指导思想和协同努力的目标，因而迫切需要发展新的学术概念，对一系列聚居、社会和环境问题作进一步的综合论证和整体思考，以适应时代发展的需要。

　　为此，十多年前我在"人类居住"概念的启发下，写成了《广义建筑学》，嗣后仍在继续进行探索。1993年8月利用中科院技术科学部学部大会要我作学术报告的机会，我特邀约周干峙、林志群同志一起分析了当前建筑业的形势和问题，第一次正式提出要建立"人居环境科学"（见吴良镛、周干峙、林志群著《中国建设事业的今天和明天》，中国城市出版社，1994）。人居环境科学针对城乡建设中的实际问题，尝试建立一种以人与自然的协调为中心、以居住环境为研究对象的新的学科群。

建立人居环境科学还有重要的社会意义。过去，城乡之间在经济上相互依赖，现在更主要的则是在生态上相互保护，城市的"肺"已不再是公园，而是城乡之间广阔的生态绿地，在巨型城市形态中，要保护好生态绿地空间。有位国外学者从事长江三角洲规划，把上海到苏锡常之间全部都规划成城市，不留生态绿地空间，显然行不通。在过去渐进发展的情况下，许多问题慢慢暴露，尚可逐步调整，现在发展速度太快，在全球化、跨国资本的影响下，政府的行政职能可以驾驭的范围与程度相对减弱，稍稍不慎，都有可能带来大的"规划灾难"（planning disasters）。因此，我觉得要把城市规划提到环境保护的高度，这与自然科学和环境工程上的环境保护是一致的，但城市规划以人为中心，或称之为人居环境，这比环保工程复杂多了。现在隐藏的问题很多，不保护好生存环境，就可能导致生存危机，甚至社会危机，国外有很多这样的例子。从这个角度看，城市规划是具体地也是整体地落实可持续发展国策、环保国策的重要途径。可持续发展作为世界发展主题，也是我们最大的问题，似乎显得很抽象，但如果从城市规划的角度深入认识，就很具体，我们的工作也就有生命力。"凡事预则立，不预则废"，这个问题如果被真正认识了，规划的发展将是很快的。在我国意识到环境问题，发展环保事业并不是很久的事，城市规划亦当如此，如果被普遍认识了，找到合适的途径，问题的解决就快了。

对此，社会与学术界作出了积极的反应，如在国家自然科学基金资助与支持下，推动某些高等建筑规划院校召开了四次全国性的学术会议，讨论人居环境科学问题；清华大学于1995年11月正式成立"人居环境研究中心"，1999年开设"人居环境科学概论"课程，有些高校也开设此类课程等等，人居环境科学的建设工作正在陆续推进之中。

当然，"人居环境科学"尚处于始创阶段，我们仍在吸取有关学科的思想，努力尝试总结国内外经验教训，结合实际走自己的路。通过几年在实践中的探索，可以说以下几点逐步明确：

（1）人居环境科学是一个开放的学科体系，是围绕城乡发展诸多问题进行研究的学科群，因此我们称之为"人居环境科学"（The Sciences of Human Settlements，英文的科学用多数而不用单数，这是指在一定时期内尚难形成为单一学科），而不是"人居环境学"（我早期发表的文章中曾用此名称）。

（2）在研究方法上进行融贯的综合研究，即先从中国建设的实际出发，以问题为中心，主动地从所涉及的主要相关学科中吸取智慧，有意识地寻找城乡人居环境发展的新范式（paradigm），不断地推进学科发展。

（3）正因为人居环境科学是一开放的体系，对这样一个浩大的工程，我们工作重点放在运用人居环境科学的基本观念，根据实际情况和要解决的实际问题，做一些专题性的探讨，同时兼顾对基本理论、基础性工作与学术框架的探索，两者同时并举，相互促进。丛书的编著，也是成熟一本出版一本，目前尚不成系列，但希望能及早做到这一点。

希望并欢迎有更多的从事人居环境科学的开拓工作，有更多的著作列入该丛书的出版。

1998 年 4 月 28 日

第一版序

对一个国家或地区的发展来说，空间规划是一项非常重要的工作。中国近现代的空间规划，可以说从清末民初的张謇、孙中山等开始起步，艰苦探索，曲折前进。改革开放30多年来，我国城镇化发展迅猛，有大发展、大变化，也有大浪费、大破坏，目前正面临最优越的发展机遇和条件，也面临最复杂的矛盾与挑战，我们需要用科学的理论、整体的思维来系统地认识和处理复杂的问题。对于空间发展问题，如西部大开发，往往会有很多说法，但是如果不通过国土规划定下来，政策并得不到有效落实。

王凯同志自2001年来清华攻读博士学位，他读书认真，勤于思考，期间主持了"全国城镇体系规划（2006—2020）"工作，从构思到成果做了不少贡献。我曾鼓励他以此为基础，打破部门局限，从国土角度研究全国的城镇空间规划。现在看来，经过他艰苦而长期的努力，卓有成效。

去年至今，国家陆续出台了十余项区域层面的规划，这对国家与区域的发展无疑具有重要意义。在这个时刻，王凯同志以博士论文为基础，出版这部著作，可以引起学术界的重视，也必然引起不同专家的讨论，从而推进我国空间规划工作的进展。我常说人居环境科学是致用之学，这也是这本著作的独特价值所在。

2010年9月9日

第二版前言

过去的 20 年，中国的经济实力、综合国力不断提升，国家空间格局发生了巨大变化，对世界经济和全球城市体系带来深刻影响。城镇化水平由 2000 年的 36.2% 提高到 2023 年的 66.2%，城镇人口由 4.5 亿增长到 9.3 亿人。中国城市已经深度融入经济全球化过程，成为全球城市体系的重要组成部分。与此同时，我国的城镇化动力和空间结构也出现了较大变化，京津冀、长三角、珠三角等城市群发展的态势更加突出，人口向超大特大城市和县城"两端"集聚的趋势更加明显，部分区域和城市的衰退正在加剧。特别是随着人口总量在 2021 年达到峰值并进入下降通道之后，未来我国人口流动的格局和特征更加复杂，影响空间的因素更加多样，对国家和区域政策的精细化提出更高要求，需要不断加强研究。

自 2008 年全球金融危机爆发以来的一系列重大事件严重冲击了全球经济体系，引发了各国对既往发展模式的批判性思考，包括中国在内的世界主要经济体对经济、区域和空间政策都在进行调整重构。中国作为全球经济的重要参与者和引领者之一，在政策上和空间上的优化调整和主动应对，必将对世界经济和城市格局带来持续影响。此外，中国还面临着发展方式的深刻变革、城乡和区域发展不平衡、安全韧性风险加大、空间和社会治理复杂等大国独有难题。这些紧迫的问题还有待持续探索研究，找到中国特色的解决方案。

过去的 20 年，也是我国规划实践更加丰富、管理体系不断变革的时期。本书第二版希望从国家空间规划的视角，梳理和分析国内外经济社会和宏观政策的变化，凝炼规划面临的现实和科学问题，对探索和形成具有中国特色的城市与区域规划理论和技术方法有所帮助。

第一版前言

随着经济全球化和区域一体化的不断深入，国家层面的城镇空间发展成为许多国家城市与区域规划理论和实践的热点。国家层面的空间规划越来越成为提高国家和地区综合竞争力的重要手段和措施，其在国家和地区可持续发展中的地位和作用也越来越引起了社会各界的广泛重视，并逐步成为各国政府公共政策的重要组成部分。

我国自1978年以来，伴随社会经济的快速增长，城镇化步入迅猛发展时期，2009年底城镇化率达到46.7%，进入国际上公认的城镇化快速发展阶段。过去20多年规模空前的城镇化既促进了工业化和现代化的进程，缓解了大量农村富余劳动力的就业压力，但也带来资源浪费、环境污染、区域发展不平衡、城乡差距大等一系列的严重问题。城镇作为社会经济活动的主要载体，既集中体现了上述发展的成就，也集中反映了上述矛盾的冲突。如何从资源、环境、人口变化发展的角度提出科学合理的城镇空间发展政策，是促进国家社会经济的协调发展，促进区域之间平衡发展的重要组成部分。

本书以人居环境科学理论为基础，综合全球化、空间规划、国家干预等理论对国内外国家层面的城镇空间发展理论进行系统梳理，结合我国城镇化和城镇发展所涉及的人口、产业、资源、生态环境、管理机制等方面影响因素的分析，提出了全球化时代下立足于良好的人居环境建设的我国城镇空间发展规划的理论与方法，主要有顺应全球化的趋势，确定具有国际竞争力的城市与地区；基于城镇的可持续发展，确定不同层次珍贵资源的保护与管理；科学预测人口增长与流动的趋势，把握重点城镇化地区；立足区域协调发展，建立新的区域协调机制；基于发展的不确定性，建立动态多元的城镇空间结构；基于空间管理的高效，建立"三规合一"的规划体制等等。

目　录

第 1 章

引言——过去20年我国国家空间发展演变回顾与未来展望

　　过去的 20 多年，我国综合国力不断提升，国家空间格局发生巨大变化，对世界经济和全球城市体系带来深刻影响。从 2000 年至 2020 年，国内生产总值占全球的比重由 3.6% 提高到 17.0%，成为仅次于美国的第二大经济体；城镇人口由 4.5 亿增长到 9.0 亿人，经历了世界历史上规模最大、速度最快的城镇化进程。根据 GaWC 研究，2020 年中国符合世界城市标准的城市数量已经达到 26 个，占全球的比重为 11.6%，成为全球城市体系的重要组成部分。与此同时，我国的城镇空间结构和形态也出现了较大变化，孕育出京津冀、长三角、珠三角等特色鲜明的城市群。当然也要看到部分区域和城市也出现衰退危机。

　　2008 年全球金融危机，以及近年来一系列重大突发事件严重冲击了全球经济体系，引发了对既往发展模式的批判性思考。中国与世界各国一样，需要应对气候变化、保护资源环境、实现社会公平的挑战，还需要面对大国在空间和社会治理上的复杂性。这些紧迫的问题有待持续探索和研究，从而找到中国特色的解决方案。

1.1　过去 20 年我国空间格局的变化

1.1.1　城镇化进入快速推进的后半程

　　总体来看，近 20 多年来我国仍然处于快速城镇化阶段（图 1-1），城镇化水平由 2000 年的 36.2% 提高到 2020 年的 63.9%，年均提高 1.4 个百分点。2011 年，城镇化率超过了 50%，首次实现了居住在城市和建制镇的人口超过农村人口，完成历史性跨越。2020 年以来，随着城镇化水平不断提高和经济增速持续放缓，城镇化增速随之放缓，年均提高不足 1 个百分点，进入快速推

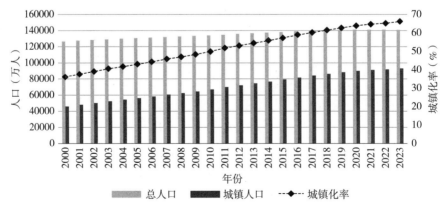

图 1-1　中国总人口与城镇化水平变化（2000—2023 年）
数据来源：根据《中国统计年鉴》数据整理。

进的后半程（图 1 - 1）。人口总量也在 2021 年达到 14.1 亿人 [①] 的峰值后，进入下降通道。根据《世界人口展望》预测，2050 年中国总人口将下降到 12.55 亿人左右，老龄化、少子化将是中国长期面临的挑战。

人口流动更趋活跃。2020 年我国流动人口规模达到 3.76 亿 [②]，相当于全国 1/4 以上的人口离开户籍所在地，长期在异地工作和生活，是 2000 年 1.2 亿人的三倍左右。

人口流动格局更趋复杂。2010—2020 年，农村到城镇流动人口从 1.43 亿增长到 2.49 亿，以进城务工人员为主体的乡—城流动人口仍是人口流动主力；城镇间流动人口由 0.44 亿增长到 0.82 亿，年均增速高达 6.42%。从流动距离看，随着中西部省份经济发展水平提高，省内流动人口数量占比逐步上升，占全部流动人口的比重由 2010 年的 61.2% 提升至 2020 年的 66.8%；东部经济发达地区吸纳的跨省流动人口占比从 2010 年的 82.5% 下降到 2020 年的 73.5%。

1.1.2　城市由普遍增长转为分异加剧

超大特大城市成为人口和经济聚集的主体。2020 年，我国已经有 105 座城市常住人口达到百万以上，人口超过 500 万的超大特大城市成为人口增长的重点 [③]。2020 年我国有 21 座超大特大城市，其常住人口规模由 2000 年的 1.9 亿增长至 2.9 亿，占全国人口比重由 15.5% 提升至 20.7%；超大特大城市地区生产总值达到 33.4 万亿元，占全国的 1/3 左右。2010 年 ~ 2020 年全国 10 个人口增量最大的城市均为超大特大城市，占全国人口的比重由 2010 年的 8.7% 提高到 2020 年的 11.2% [④]，中西部的中心城市成为人口流入的重点。

城市群成为重要的地域现象。我国的京津冀、长三角、珠三角、长江中游和成渝五大城市群，2020 年人口总量达到 6.8 亿人，占全国人口比重由 2000 年的 30.0% 提高到 2020 年的 48.2%，经济总量也占据了全国的 60%。我国城市群还具有人口规模大、密度高、建设用地连绵范围广的空间特点。如珠三

---

① 书中涉及我国的城镇、乡村和人口总量数据，地区生产总值数据、进出口数据等，均不包括香港、澳门和台湾数据。

② 是指人户分离人门中不包括市辖区内人户分离的人口。市辖区内人户分离的人口是指一个直辖市或地级市所辖区内和区与区之间，居住地和户口登记地不在同一乡镇街道的人口。

③ 根据国务院 2014 年下发的《关于调整城市规模划分标准的通知》，城区常住人口 1000 万以上的城市为超大城市，城区常住人口 500 万以上 1000 万以下的城市为特大城市。

④ 2010—2020 年人口增长最快的十个城市为深圳、成都、广州、郑州、西安、杭州、重庆、长沙、武汉、佛山。

角城市群①，人口密度达到9449人/平方公里，在全球主要城市群中排名第一。长三角城市群②和京津冀城市群③与日本东海道城市群④、欧洲西北部城市群⑤、美国波士华城市群相比，虽然土地开发强度⑥相近（10.8%～17.3%），但常住人口密度分别达到5731人/平方公里、4387人/平方公里，明显高于欧洲西北部城市群（3608人/平方公里）、美国波士华城市群（2146人/平方公里），与日本东海道城市群⑦（5175人/平方公里）基本相当（图1-2）。

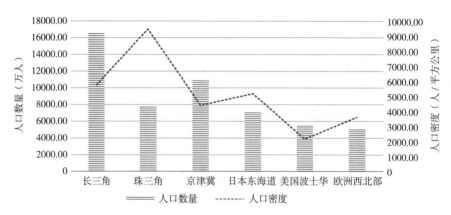

图1-2　主要城市群人口规模与人口密度比较

　　另外一个值得关注的现象是，部分区域和乡村地区衰退开始显现。我国现有337个地级及以上城市，2010～2020年间有146个城市的常住人口减少，人口减少了3745万；在1300个左右的县城中，有174个县城人口开始减少。这些人口减少的城市和县城，主要位于东北地区、边境地区和传统农业地区。

---

① 珠三角城市群包括广东省广州市、深圳市等9市，国土面积约5.5万平方公里，建设用地面积约0.8万平方公里，总人口约7801.4万人。建设用地数据来自2020年全球30米地表覆盖精细分类产品。其他城市群建设用地数据未特殊说明出处的，均来源于这个数据。
② 长三角城市群国土面积约21.2万平方公里，建设用地面积约2.9万平方公里，总人口约16508.6万人。
③ 京津冀城市群包括北京、天津和河北两市一省全部行政辖区，建设用地面积约2.5万平方公里，人口11037万人。
④ 日本东海道城市群包括东京市、神奈川县、埼玉县、千叶县、大阪市、兵库县、奈良县、爱知县、岐阜县、三重县、京都市、静冈县、滋贺县、歌山县，建设用地面积约1.4万平方公里，总人口约7139.5万人。
⑤ 欧洲西北部城市群包括大巴黎、莱恩—鲁尔、荷兰—比利时等区域，建设用地面积约1.4万平方公里，总人口约5128.2万人。
⑥ 土地开发强度，指建设用地的面积占其行政辖区范围面积的比例。
⑦ 美国波士华城市群建设用地面积约2.6万平方公里，总人口约5479.8万人。

1.1.3　共建"一带一路"提高中西部城镇发展能级

以西安、郑州、重庆、成都、乌鲁木齐为代表的五个中欧班列集结中心建设，增强了这些城市对外开放水平和贸易便利程度，外向型产业和贸易企业不断聚集，提高了这些城市在全国城镇体系中的功能地位。以新疆伊宁、塔城，广西东兴、凭祥，云南河口、瑞丽等为代表的边境经济合作区的发展，推动了东部产业的梯度转移，提高了边境城镇的对外辐射能力，使我国东西双向开放、陆海联动的发展格局有了更稳健的支撑。

1.2　影响我国空间格局的动力和政策机制分析

1.2.1　发展动力由外源动力向多元动力转变

产业不断升级增强了城市和区域的发展实力。2001 年我国加入世界贸易组织（WTO）后，市场开放推动了产业扩张和技术进步。制造业增加值由 2000 年的 4767 亿美元增长到 2020 年的近 4 万亿美元（图 1 - 3），占全球制造业份额已接近 30%，连续 13 年居世界首位。

1.2.1.1　创新成为发展的重要驱动力

我国在 60% ~ 80% 的产业门类中，能够以自主技术生产出国际领先的产品。新能源汽车、新材料、高速铁路、风电组件、无人机以及众多智慧和智能产品的技术水平处于世界领先水平。这些高水平的制造业集中分布在长三角、粤港澳大湾区[①]，并在北京、天津、重庆、武汉、成都、泉州、青岛、烟台、合肥、西安等重点城市实现了良好发展。

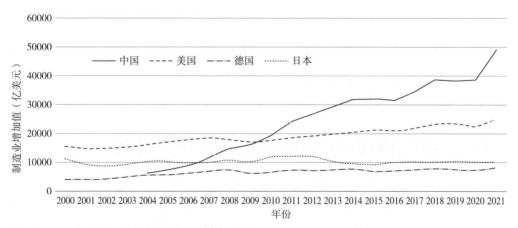

图 1 - 3　2000 年以来各国制造业增加值变化
数据来源：根据世界银行发布数据统计。

---

① 粤港澳大湾区是在珠江三角洲城市群范围的基础上，增加了香港和澳门两个特别行政区。

1.2.1.2　消费在优化城镇空间格局中发挥着越来越重要的作用

2000 年我国居民最终消费支出为 5062 亿美元，到 2020 年居民最终消费支出达到 4.3 万亿美元，仅低于美国的 14 万亿美元，成为全球第二大消费市场。消费发挥了带动城市经济发展、优化城镇空间格局的作用。随着收入水平的提高，我国居民的消费结构实现了从温饱型消费到追求质量和品牌型产品的消费过程，正在经历从产品消费到服务消费、体验消费的升级过程。城市既是消费者最集中的场所，也是规模化的消费市场。我国的许多大城市还因先锋、时尚及年轻人聚集，引领消费的潮流，增强了发展活力，提升了城市品质。

1.2.1.3　土地财政为新城新区建设注入强大动能

截至 2018 年底，以开发区、高新区、产业新城、重点功能区和郊区新城等名义建设的"新城新区"数量多达 3846 个，建成面积达到 2.9 万平方公里[①]。"新城新区"成为承载人口和产业集聚、优化城市空间结构、完善城市基础设施和公共服务的重要载体。新城新区建设需要大规模的资金投入，我国城市土地的公有制属性恰好可以承担这样的融资平台。国有土地使用权出让金从 1998 年的 508 亿元，增至 2020 年 84142 亿元（图 1 - 4），为大规模的新城新区建设提供了强大的财力保障。

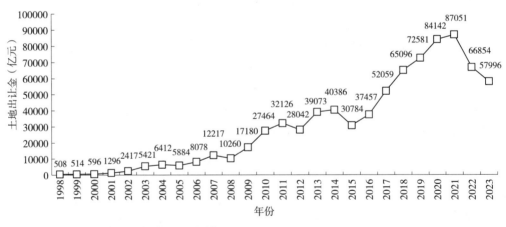

图 1 - 4　国有土地使用权出让金规模
数据来源：根据国家统计局数据整理。

1.2.2　政策机制更加注重区域协调和均衡发展

1. 国家区域政策更加精细化

改革开放以来，我国逐步形成东部率先实现现代化、西部大开发、东北老工业基地振兴和中部崛起等四大区域发展战略。随着四大区域内部的分异加

[①]　数据引自王凯，刘继华，王宏远. 中国新城新区 40 年：历程、评价与展望. 中国建筑工业出版社，2020.

剧、超大特大城市的快速崛起、区域内外统筹协调的矛盾突出，原有的区域发展战略难以应对国家空间格局和经济社会新的变化。因此，中央政府在延续四大区域发展战略的基础上，从提高区域政策的针对性出发，自 2014 年起，又相继出台京津冀协同发展、长三角一体化、粤港澳大湾区、成渝双城经济圈、中国（海南）自由贸易试验区等政策主题更加鲜明的区域政策。特别是随着流域统筹协调的问题更加突出，国家相继出台长江经济带和黄河流域两个发展规划纲要，对依据自然地理格局优化产业和城镇布局，促进人口经济的聚集与流域生态本底相适应，发挥了积极作用。

2. 主体功能区政策不断完善

2010 年我国推出了全国主体功能区战略，按照开发方式，将我国国土空间分为优化开发区域、重点开发区域、限制开发区域和禁止开发区域；按照开发内容，将我国国土空间分为城市化地区、农产品主产区和重点生态功能区，以此来推动区域协调发展。优化和重点开发地区以城市化地区为主，其主要职责是承载更多产业和人口，发挥价值创造作用。限制和禁止开发的区域主要涉及农产品主产区和重点生态功能区，它们以提供农产品和创造更多生态产品为主要职责。农产品主产区和重点生态功能区为了保护优质耕地和生态重要地区，往往会付出牺牲发展的机会成本，如果不能得到合理的补偿，对这些地区是不公平的。因此，为了推进和落实主体功能区战略，中央政府对承担农产品生产和生态保护责任重的区县通过财政转移支付进行了补助。自 2012 年以来，中央政府每年用于生态补偿的经费都超过 2000 亿元。自 2005 年起，中央财政对粮食产量比较高的市县也实施了奖励政策，奖励资金规模由初期的 55 亿元增加到 2020 年的 466.7 亿元，累计安排达到 5000 亿元。

1.2.3　城市和区域的可达性快速提升

我国的高速公路网已经覆盖了人口规模 20 万以上的所有城市，有效支撑了城市之间的人员和经贸往来。截至 2020 年已建成 3.8 万公里的高速铁路（时速达到 250 公里 / 小时以上），几乎覆盖了所有 50 万人口以上城市。目前，相邻省会城市已经实现了 1～2 小时的可达，城市群内的中心城市实现 1～1 小时可达，推动了城市群和都市圈的形成和发展，提高了中心城市的辐射带动能力。

1.3　我国优化国土空间格局面临的挑战

1.3.1　应对国土空间不平衡的挑战

1. 区域经济不平衡的挑战

南方经济活力持续增强，南北方经济差距拉大。2000—2012 年，北方经济总量在全国占比由 41.3% 上升到 45.8%。但从 2013 年起，北方地区经济占比开始大幅下降，截至 2020 年，南方和北方的经济总量占比分别为 65% 和 35%。

2. 我国城乡发展仍不平衡

2020 年，我国城乡居民人均可支配收入比 2.56，远高于大部分发达国家平均 1.25 的水平。城乡居民收入绝对差距仍在不断扩大，2020 年达到 2.67 万元。

1.3.2　应对国土安全韧性的挑战

1.3.2.1　生态环境的挑战

人口和产业持续向超大特大城市和城市群聚集的过程中，城市及周边生态绿地被大量侵占蚕食，市辖区水域、湿地等面积普遍减少 3% ~ 5%，应对自然灾害、安全风险的韧性能力降低。2020 年长三角城市群因台风洪涝造成的平均经济损失是 2010 年的两倍，直接经济损失占全国比重由 2010 年的 8.36% 上升至 2020 年的 34.35%，生态环境风险持续增加。

我国是气候变化的敏感区和影响显著区，受到的威胁尤为严重。如我国沿海海平面 1980—2020 年上升速率为 3.4 毫米 / 年，显著高于同时段全球平均水平（中国海平面公报，2021 年）。海平面上升带来风暴潮倒灌加强，对 1.3 亿沿海居民产生了重大影响，加剧了应对热带气旋的脆弱性。

1.3.2.2　绿色低碳的挑战

2020 年，我国煤炭消费总量居世界首位，石油消费总量居世界第二，天然气消费总量居世界第三。我国碳排放总量全球第一，2019 年占全球总排放量的 27.2%。同时，碳排放增速远高于世界主要经济体，2000—2018 年，我国碳排放总量年均增长 11.6%，而欧盟等主要发达经济体都已实现负增长。我国人均 GDP 仅为主要发达经济体的 1/6 ~ 1/4，但碳排总量是其 2 ~ 3.5 倍（图 1 - 5）。根据测算，我国为了实现 2030 年碳达峰、2060 年碳中和的目标，到 2035 年单位 GDP 地耗、水耗、能耗、碳排放均需下降 50% ~ 55%，方能兼顾资源紧约束和社会经济现代化目标。

1.3.2.3　经济安全的挑战

受公共突发事件和地缘政治因素影响，单边主义、保护主义以及逆全球化思潮上升，世界经济发展和布局进入深刻的调整期。全球供应链的分化、贸易保护主义抬头，对全球贸易和投资活动造成持续影响，我国产业链、供应链的安全也面临着很大挑战。我国高端设备、关键零部件和元器件、关键材料等对外依存度超过 50%，面临"断供"和制裁等风险。从布局来看，我国高端制造业在沿海地区占比达到 72.7%、新兴产业占比达到 68.0%，沿海过度集聚，会带来产业链和供应链潜在的风险。因此，我国针对国际形势的

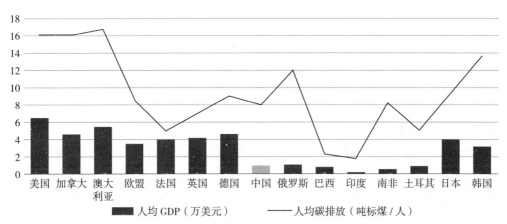

图 1 - 5　2019 年世界主要国家人均 GDP 与人均碳排放量的关系

资料来源：根据世界银行数据绘制。

最新变化，提出加快构建以国内大循环为主体、国内国际双循环相互促进的新发展格局。

1.4　国家空间格局的展望

1.4.1　构建面向未来的国家空间格局

服务于中华民族可持续发展的千年大计，围绕 2035 "美丽中国"目标，以生态文明理念下的"绿色、智慧"技术创新驱动国土空间治理，构建区域发展与国土安全相协调，城镇空间与自然环境相适应，开发建设与资源承载相匹配的国家空间保护与发展体系，促进生态、城镇和文化空间的多元共生。

继续以城市群、都市圈为核心载体，构建多点支撑、优势互补、高质量发展的重大生产力布局，提高经济安全水平。优化京津冀、长三角、珠三角城市群，重点提升长江中游和成渝城市群，形成相对完备、多点支撑的产业布局。长江中游城市群积极承接东部沿海地区产业转移，建设重要的先进制造业基地、打造具有核心竞争力的科技创新高地；成渝城市群形成相对完整的区域产业链供应链体系，世界级先进制造业集群，发展数字经济，建成西部金融中心。以其他城市群、都市圈为补充，发挥比较优势，培育特色产业。改变国家战略新兴产业布局过于倚重沿海的不利局面，充分发挥武汉、成都、西安、重庆、郑州等中西部中心城市的支撑作用，补齐产业链和创新链的"短板"，积极培育新兴产业集群。

构建由文化遗产廊道、文化片区构成的国家城乡历史文化遗产保护格局。以大江大河、古驿道、边防体系等各类文化遗产廊道串联各类文化遗产和文化资源，加强对大运河、长城、丝绸之路、茶马古道、万里茶路等跨区域文化遗产廊道的系统性保护。立足文化地理学，从方言、民族、建筑等多维因素综合划定国家文化区，包括北京古都文化区、西安－洛阳－郑州－开封古都文化区、齐鲁文化区、长三角水乡文化区、闽粤海洋文化区，以及中东铁路沿线、河西走廊、天山南北、四川盆地、滇黔、青藏高原、内蒙古高原、兴安岭等次区域文化区。保护好我国悠久的历史文化遗产，将其融入各级各类城镇与乡村地区。

推动"一带一路"倡议，全方位对外开放，继续为全球合作共赢发挥作用。不断提高新亚欧大陆桥、中蒙俄经济走廊、中国－中亚－西亚经济走廊、中巴经济走廊、孟中印缅经济走廊和中国－中南半岛经济走廊的运输能力和通关效率，继续完善 21 世纪海上丝绸之路重要港口建设，便利货物和人员往来；提高边境和合作共建园区的基础设施水平、招商引资质量和就业供给能力，提高各国的民众福祉。要顺应全球气候变暖的趋势，关注北冰洋航线的开通条件，为冰上丝绸之路开通创造条件。因此，要充分发挥乌鲁木齐、昆明、喀什、南宁等区域性国际城市功能，发挥边境枢纽作用。继续加强上海、深圳、天津、厦门等沿海城市对外开放水平，建设喀什、亚东、伊宁、瑞丽等边境重镇，实现全方位共建"一带一路"。

1.4.2　适应城市进入更新时代的要求

城镇化进入后半程的重要特征，就是城市普遍扩张期已经结束，城市面临着继续增长、出现停滞和陷入收缩等不同的未来。引导超大特大城市实现精明增长，通过开发边界、蓝绿空间和自然山体水系等多种方式，实现城市组团式发展，避免无序蔓延；对基本稳定的城市实现精明调整，以提升城市人居环境为重点，注重生态修复、文化承续、特色塑造；引导衰退城市实现精明收缩，将闲置弃用的旧厂区、旧住宅区和旧仓储区，更新为公共空间和绿地。引导人口集中工作和居住生活，降低服务成本，推动中心城区复兴。

1.4.3　满足人民多样化的空间需求

互联网技术的进一步发展使远程办公、家庭办公成为可行，使人们更自由；服务经济的灵活性和劳动力的不足，导致灵活就业群体规模更庞大，使人们更有闲。居民"更自由""更有闲"，对优美生态产品的需求更为迫切。优美的空间和切实满足需求的服务供给，往往是激发消费并使其成为经济增长主要的拉动力量。我国是拥有全球最多样化自然景观和人文资源的国家之一，充分挖掘这些宝贵的资源价值，使其成为国家经济可持续发展和人民美好生活的支撑。

1.5　小结

面对我国快速城镇化进程中资源过度消耗、生态环境破坏等问题,为了构建统筹保护与发展的国家城镇空间格局,作者于 21 世纪初提出了要以生态本底分析为基础构建国家城镇空间格局的理论方法,在《全国城镇体系规划(2006—2020 年)》编制中得到良好应用。以此为基础,针对我国地理多元、区域差异显著的复杂国情,进一步凝练出城镇与自然"精准适配"的规划理论方法,形成了"精准分析 – 适应布局 – 动态评估"的方法框架。即通过定量分析区域空间资源的本底条件,构建适应性的城镇空间布局,并对后续空间发展情况进行动态评估和调整优化,实现城镇与生态、经济、社会系统之间的精准、理性、动态适配。

近年来,为应对国土精细治理的挑战,"精准适配"的理论方法也在不断完善。气候变化引发的自然灾害频发,前 30 年大规模城镇建设累积的安全问题集中爆发,"精准适配"将安全作为关注焦点,提出开展区域安全风险分析,采取与区域安全风险相适应的城镇布局及建设模式。面对城镇布局建设忽视地域文化导致文化特色消退等问题,"精准适配"向文化拓展,提出开展区域文化空间资源分析,构建与差异性地域文化相适应的城镇空间格局和文化空间体系。展望未来,在全球化、信息化面临新挑战以及气候变化加剧的背景下,我国的城镇化和国土治理将面临更加艰巨的挑战,"精准适配"的理论方法需要在实践中不断完善。

第 2 章

城镇空间发展的理论

2.1　问题的提出

进入 21 世纪，经济全球化和区域一体化不断深入，可持续发展成为国际社会的共识，一种新的认识被普遍接受，即各国之间的竞争集中体现在以中心城市为核心的综合国力的竞争上，城镇空间发展成为许多国家城市与区域规划理论和实践的热点。空间规划特别是国家层面的空间规划逐步成为各国政府促进经济发展、社会进步、协调地区发展不平衡、实现可持续发展的重要手段和措施，成为各国政府公共政策的重要组成部分。

改革开放 40 多年来，我国经济持续快速增长，城镇化迅猛发展，城镇人口从不到 2 亿人增加到 2020 年的 9.01 亿人，城镇化率从 1978 年的 18% 上升到 2020 年的 63.9%，城乡面貌发生了巨大的变化。伴随这一规模空前的城镇化，也出现大量的问题，如资源浪费严重、生态环境遭到破坏、地区发展不平衡、城乡分离、地方文化特色丧失、社会结构分化严重等，这些问题已经成为我国可持续发展的瓶颈。2020 年底，我国人均 GDP 已经达到 1 万美元，进入社会经济发展的重要转折时期，城镇化水平也步入国际上公认的快速发展阶段的中后期[①]。如何从资源环境的角度客观判断我国城镇化的速度与规模，从空间层面统筹安排人口分布、产业发展、基础设施建设、环境保护和地区协调发展等一系列重大问题，成为国家宏观调控政策的重要组成部分。

2006 年 3 月第十届全国人大四次会议通过的《国民经济和社会发展第十一个五年规划》中，特别增加了"促进区域协调发展"的篇章，新增了国土的主体功能区划、培育新城市群、优先发展交通运输业等空间规划内容，这些都说明空间规划这一宏观调控手段正逐步成为市场经济体制下中央政府宏观管理的重要方式。事实上早在 2001 年，国家计委（现国家发展和改革委）就开始规划体制改革的理论研究，提出将空间规划内容纳入"国民经济和社会发展五年计划纲要"之中的建议，提出了"国家总体规划"的概念（杨伟民，2003）。国家"十二五"规划、"十三五"规划、"十四五"规划也都强调了大中小城市协调发展以及城镇化空间布局的重要性。原国土资源部（现自然资源部）在多年开展"土地利用总体规划"的基础上，在一些省市逐步推广国土规划的试点工作，2009 年还启动了全国国土规划纲要的编制工作并获得国务院的正式批复。原建设部（现住房城乡建设部）依据《城市规划法》从 1994 年开始策划"全国城镇体系规划"，1999 年正式启动编制工作，2005 年重新调整并通过了纲要审查。规划纲要的主要内容也是立足于城镇发展对全国空间资源的通盘规划。2015 年中央城市工作会议后，住房和城乡建设部还启动编制了

---

① 美国地理学家诺瑟姆认为城镇化进程是一条拉平的"S"形曲线，城市人口比重达到 30% 左右，城市化速度加快，城镇化水平达到 70% 以后，城镇化增速将逐渐趋缓。

新一轮的全国城镇体系规划的编制工作。上述分属不同部门的综合空间规划研究和编制，客观上已经造成了部门职能交叉、规划内容重叠、管理职责不清等很多问题。针对上述存在的问题，2019 年中央对规划体制进行了改革，由自然资源部牵头组织编制国土空间规划，将主体功能区规划、土地利用规划、城乡规划等空间规划融合为统一的国土空间规划。如何在习近平新时代中国特色社会主义思想指导下，统筹安全与发展，从资源、环境、人口、产业等多方面综合判断城镇化的趋势，提出系统完整的国家空间发展政策，建构促进可持续发展的国家空间布局既是国家社会经济协调发展的客观需要，也是当前我国城市与区域规划理论和实践面临的重大挑战。从更广泛的意义来说，这也是全面提高我国人居环境建设水平的必然要求。

2.1.1　我国快速城镇化进程中存在的主要问题

1978 年以来我国城镇化进程不断加快，至 2009 年城镇化率年均提高 0.93 个百分点，是世界同期城镇化速度的两倍，中国的城镇化已经被认为是 21 世纪国际上最具影响的两大事件之一[①]。这一时期大规模的城镇化在促进了国家的工业化发展，缓解农村富余劳动力就业压力的同时，也带来一系列的问题，从城镇化和城镇发展的角度来看，主要集中在以下几个方面。

1. 土地资源浪费严重，城镇化方式粗放

第一，随着工业化的不断推进，大量的城市新区和各级各类开发区不断出现。由于当时土地管理体制还不完善，城镇化过程中浪费土地的现象十分普遍。开发区的数量过多、占地数量巨大。截至 2004 年 12 月，全国共有各级各类开发区 6866 个，规划用地面积 3.87 万平方公里，超过了同期全国现有城镇建设用地 3.08 万平方公里的总面积。通过 2004 年国土资源部和建设部的清理整改，全国共撤销各类开发区 4813 个，占开发区总数的 70.1%，核减开发区规划用地面积 2.49 万平方公里，占原有规划面积的 64.4%[②]。

第二，开发区土地利用不集约、产出的效益差异巨大，不同城市之间的差距尤其明显。以 2008 年全国 54 个国家级高新技术开发区的单位面积产值来看，苏州、无锡等每平方公里营业总收入已经超过 200 亿元，而西部的兰州、乌鲁木齐则只有 27 亿元和 16 亿元，相差 10 倍以上（图 2 - 1）。

第三，城市土地闲置现象严重。当时我国城市土地市场处于过渡时期，"双轨制"管理土地开发建设模式并存，造成了部分城市土地闲置现象存在。据调查，在我国省级以上 900 余个开发区中，已开发面积仅占规划面积的

[①] 2001 年诺贝尔经济学奖获得者斯蒂格利茨（Joseph E. Stiglitz）认为 21 世纪影响世界的两大事件是美国的高科技和中国的城镇化。

[②] 据建设部统计，660 个城市建成区面积共 2.59 万平方公里，18000 多个镇建成区面积 2.03 万平方公里。

13.5%。仅 1999 年、2000 年北京市国土房管局就收回划拨闲置用地 20 宗，共133.479 万平方米。此外，在房地产交易市场上，房屋炒作动机导致局部用地没有发挥相应承载功能，也影响到城市土地的集约利用。

第四，在区域层面，城镇用地布局不合理和不集约。由于缺乏区域规划的支撑，加上区域城镇布局受行政条块分割和市场壁垒左右，使得区域土地资源配置不能够适应高速工业化和快速城市化的发展要求，相同的开发项目、类似的基础设施建设比比皆是，既造成了局部地区土地资源过度利用，也造成整体土地资源的浪费。

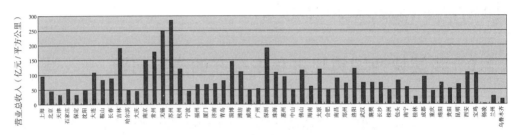

图 2 - 1　2008 年国家级高新技术开发区地均营业总收入
资料来源：2008 年高新区营业总收入数据来自《国家高新技术产业开发区综合发展与数据分析报告（2008年）》，科学技术部火炬高技术产业开发中心公布；各高新区规划面积数据来自于国家发改委、国土资源部和建设部公布的《中国开发区审核公告目录（2006 年版）》。

2.环境污染严重，区域生态与环境服务功能普遍下降[1]

第一，大气污染严重，严重威胁人体健康。根据监测，2007 年我国 283个地级城市中，劣于国家环境空气质量二级标准（居住区标准）的占 39.5%。在 113 个大气污染防治重点城市中，只有 44.2% 的城市空气质量能够达到二级标准，55.8% 的城市中的居民生活在三类及劣三类大气环境质量条件下。大气污染导致了日趋严重的大气灰霾现象，当时这种现象遍及华北、中原、华南、华东各个地区，尤其在城市密集地区，区域性灰霾现象更为频繁，如珠江三角洲的广州市 2002 年大气灰霾最长持续天数为 7 天，2003 年为 20 天，2009 年达到 70 天。大气灰霾已成为珠三角城市群主要的气候和气象灾害之一。如此严重的区域性灰霾现象，在世界其他国家和地区十分罕见[1]。

第二，水资源短缺，利用效率不高，城市面临严重的水危机。我国人均水资源量为 2304 立方米，是世界人均水资源占有量的 1/4，加上水资源的时空分布极不均匀，致使我国城市水资源问题更加突出。据统计，我国 661 个城市中，有 300 多个城市缺水，114 个城市严重缺水。一些地区地下水的开采过量还形成了大面积的地下水位下降"漏斗"，北方 10 个省市自治区，当时已形成下降"漏斗"50 余个，"漏斗"面积达 30000 平方公里。长江三角洲地区，

---

① 中国工程院 . 我国城市化进程中的可持续发展战略研究综合报告 . 2005.

过量开采地下水造成的地面沉降面积达 8000 平方公里，带来的经济损失约为 3150 亿元，其中上海市区、江苏苏锡常地区和浙江杭嘉湖地区，已形成三个区域性沉降中心，并且有连成一片的趋势，最严重的漏斗中心（无锡洛社）水位埋深达 84 米[①]。

第三，固体废弃物增量迅速，城市被垃圾包围。2002 年，国家环境保护局对 46 个环保重点城市的监测结果表明，全国城市生活垃圾无害化处理率不足 15%。全国城市生活垃圾累积堆存量 60 亿吨，占地 30 多万亩（约 200 平方公里）。20 世纪 90 年代以来的 10 多年间，以每年 4.8% 的速度持续增长，已使全国近 2/3 的城市陷入垃圾的包围之中，当时每年有 7900 万吨生活垃圾简易填埋或露天堆放在城市郊区、江河沿岸，由此引发水源污染、水质下降、土壤污染和传染病流行等一系列问题，直接威胁着城市社会经济的可持续发展。

第四，近海海域污染严重，影响沿海城市环境质量。我国沿海海域出现严重的富营养化现象，赤潮出现频率不断加大（图 2 - 2）。2009 年，赤潮累计面积达 14012 平方公里。虽然近几年赤潮频率有所下降，但我国珠三角、长三角等近海海域仍是全球污染最严重的区域之一。

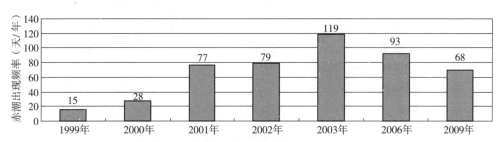

图 2 - 2　1999—2009 年我国沿海海域赤潮出现频率

3. 东中西差距加大，区域发展严重不平衡

随着城镇化的快速推进，我国区域格局产生新的不平衡。东部沿海地区凭借地理位置、资金和政策上的优势，经济飞速发展，城镇人口规模、用地规模和城镇数量大幅度增长。以长江三角洲为例，2009 年苏浙沪两省一市经济总量已经达到 71794 亿元，占全国经济的比重达到 21.4%[②]。中西部地区由于经济基础薄弱，政策相对滞后，城镇发展较为迟缓，大量的农村富余劳动力跨地域的从西向东、从北向南大规模流动，形成新一轮的移民潮和所谓的"准城市化"。从"五普"（2000 年）统计来看[③]，东、中、西三大地带城镇化水平东部

---

① 莫让桑田变沧海——有感于长三角地面沉降. 地质勘察导报，2005.

② 全国和上海、江苏、浙江等省市 2005 年统计年鉴.

③ 2000 年全国第五次人口普查城市人口统计口径按照在城市中暂住半年以上的标准统计，比较客观，但以后各年城市人口统计未按此标准.

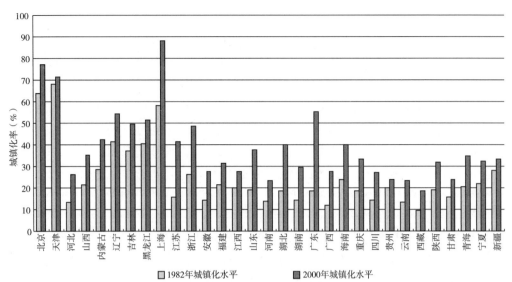

图 2 - 3　全国 31 个省、自治区、直辖市 1982 年和 2000 年城镇化水平
资料来源：中国工程院 . 我国城市化进程中的可持续发展战略研究综合报告 . 2005.

最高，为 44.60%；中部次之，为 33.50%，西部最低，为 27.66%；东西相差近 17 个百分点。从省际看，差异更大（图 2 - 3）。区域间的巨大差距，中西部地区城镇发展的严重滞后已经成为影响国家社会经济健康发展的不利因素。

从 20 世纪 80 年代起，我国先后提出东部率先发展、西部大开发、振兴东北老工业基地、中部崛起等一系列区域发展的重大决策，旨在协调地区间的发展不平衡，但这些政策的空间配套政策并没有跟上，难以从实施角度体现区域协调发展的客观要求。因此，需要从资源环境的角度和不同地区经济发展水平的分析基础上重新梳理，同时结合中心城市在区域经济发展中的核心地位，优化区域政策分区，统筹整个国家的区域协调发展。

4. 城乡差距加大，二元结构问题突出

由于城乡分割的二元体制存在，城乡之间的差距在 20 世纪 90 年代以来的 20 多年里不断扩大，城乡收入差距由 1992 年的 2.33 : 1 扩大到 2009 年的 3.33 : 1[①]。农村的人居环境质量和城市相比差距更大，当时在教育、文化、卫生、社会保障、科技、生活质量等方面均有体现。在医疗资源分配上，占全部人口 70% 的农民只消费不到 20% 的医药产品和服务。在教育资源分配上，全国农村 15 岁及以上人口平均受教育年限不足 7 年，当时全国 8500 万文盲、半文盲中，3/4 以上集中在西部农村、少数民族地区和国家级贫困县。同时，城市中大量来自农村的外来人口虽然部分实现了职业的转化和地域的转移，但

---

① 参见国务院扶贫开发领导小组办公室副主任高鸿宾在东亚地区"有利于穷人的经济增长"政策研讨会上的讲话。

缺乏身份的转变，只能算是"准城市化人口"[①]，形成城市内部的"二元结构"。进城农民获得市民权利和城市社会保障的"门槛"过高，无法充分享受到城市提供的医疗、养老、失业保险、教育、经济适用房等社会保障和权利，难以完全真正融入城市社会。另外，由于进城农民的教育水平较低，劳动技能较差也不能适应市民化的转变和城市现代化的要求。根据第五次全国人口普查资料，在 1.44 亿的流动人口当中，受教育程度初中以下的占 61.1%，难以成为城市企业实现技术进步、产业结构升级的有生力量。

5.空间秩序混乱，中心城市极化与小城镇衰落同时存在

第一，沿海特大城市地区的极化加强，开发过度。在 20 世纪 80 年代以来的 20 多年里，东部沿海地区由于经济发展较快，城镇增长迅猛，大量农村富余劳动力涌入，已经逐步形成长江三角洲、珠江三角洲、京津冀等城镇密集地区，城市发展日益呈现区域集群化的趋势。但是，这些密集地区的产业密度和人口密度过高已经造成生态环境的严重破坏。

第二，区域内的城市各自发展，相互竞争，缺乏整合与协调，没有形成区域合力，未能形成具有国际竞争力的城市群，影响了国家参与国际竞争能力的发挥。以长江三角洲为例，2003 年上海与江苏的产业结构相似系数为 0.82，上海与浙江的产业结构相似系数为 0.76，而浙江与江苏的产业结构相似系数竟高达 0.97[②]。此外，区域基础设施重复建设严重，仍以长江三角洲为例，当时上海举巨资建设的上海国际航运中心（大小洋山港）目标是建设世界级的枢纽港，但未与具有建港优良条件的浙江宁波港充分协调，没有充分考虑整个地区港群的建设和发展。而宁波、杭州和绍兴三个浙江省的城市为了加强和上海的经济联系，同时计划在杭州湾建设跨海大桥，形成浙北三座大桥连上海的复杂局面，而在杭州湾北岸的桥位选址上，上海在交通对接方面很不积极。在区域管理上，尽管当时长三角 15 市市长联席会议的机制早已建立，但在产业发展、基础设施建设、环境保护等区域整体利益协调的机制一直未能建立。区域协调的组织架构、实施规划和操作手段都还是空白。

第三，小城镇的发展受到忽视，城镇结构的基础十分薄弱。20 世纪 90年代以来的 10 年，国家产业发展、固定资产的投资主要集中在大中城市，已经造成小城镇服务功能差、自我发展能力退化等问题。小城镇经济的整体落后和特色经济的不突出，也导致人口集聚程度不高，规模偏小，基础设施建设滞后，对广大农村地区的人口和产业的吸纳能力不能得到充分发挥等问题，也未能为国家的新型工业化提供有效空间。1978 年以来，尽管我国建制镇的数量增加很快，2005 年已达近 2 万个，但根据我国第一次农业普查资料，

---

① 按照我国第五次全国人口普查的口径，在城镇生活（工作）半年以上的，统计为城镇人口，但其中大部分还是流动人口，故称之为"准城市化人口"。
② "长三角一体化呼唤破题"，文汇报，2006 年 2 月 24 日.

全国建制镇镇区规模平均只有 1221.1 户、4518.6 人，规模的偏小造成发展空间和辐射区域狭小，对资源的聚集效益偏低，难以有效地成为我国城镇化的重要空间载体。

6. 城镇经济增长方式粗放，创新动力不足

我国经济的自主创新能力不高，处于世界产业链的中段，难以获取较高的经济效益。虽然 20 世纪初我国世界"制造业大国"地位在全球受到一定的认可，如我国制造装备业方面，发电设备、机床与汽车产品数量在全球居于前列，但当时仍有 85% 的 IC 制造设备、70% 强的高档数控机床、100% 的光电子制造设备需要依靠进口。在信息产业、精密仪器、生物科技等方面，当时国内只能负责一个包装和组装工序，其他大约 90% 的产业价值都产生在国外。这种生产方式与结构难以维持长期健康快速地发展。

生产产品的资源消耗位居世界前列。2008 年，我国在全球一次性能源消费市场中所占比重达到 17.7%，仅次于美国，居全球第二位。我国以消耗全球 46.6% 的钢材、54.1% 的水泥，只创造了全球 7.23% 的 GDP。

7. 区域文化资源遭受破坏，社会发展严重滞后

第一，伴随着城镇化的快速推进，一些传统城市、历史地区、文物古迹风景名胜、自然遗产、非物质文化遗产等频遭破坏，同时一些区域性的历史文化资源随着一系列重大建设项目的实施也遭受严重的破坏。如三峡工程、南水北调工程沿线文物均不同程度地遭到损毁。

第二，区域文化特色丧失，不仅普遍出现"千城一面"，而且区域自然山水、人文景观也越来越失去其特色。一些具有历史文化传统的地区也热衷于搞现代文化景观，热衷于游乐性设施建设。一些名城与景观，已经越来越失去地域或传统文化特色。

第三，一些地区当时还热衷于大剧院、会展中心等标志性文化设施建设，对基础教育、基层文化设施的投资却相当匮乏。中心城市的大剧院、大会展中心的建设动辄上亿元甚至几十亿元，而与城市和农村广大百姓密切相关的公益性的文化设施，如社区级的文化馆、图书馆、体育设施等显得十分匮乏。表现在教育设施的建设上，热衷于"大学城"的建设[1]，而忽视基础教育，特别是村镇的中小学建设。

8. 各类专项规划和地区规划不断出现，综合规划亟待完善

第一，在缺乏对全国城镇空间布局分析的基础上，各类国家级专项规划纷纷编制。其时交通部已经组织编制了 2020 年全国公路网规划、高速公路网规划、港口布局规划，铁道部组织编制了 2020 年全国铁路网、客运专线网规划，民航总局编制了 2020 年全国航空港布局规划，国土资源部已编制第二

---

[1] 近几年，我国城市已建或在建的大学园区（城）有 60 余个。据调查，其中 30 个占地面积约 435 平方公里，平均每个园区面积 14.5 平方公里。

轮全国土地利用总体规划，国家环保总局正在编制全国生态功能区划等多项专项规划。这些规划尽管与国家的国民经济和社会发展中长期规划相关，但由于缺乏对各类设施的主要服务对象之一城市的研究，一定程度上存在布局的不合理，造成或者前瞻性不足，或者投资过度的问题。"十一五"规划作为当时国家层面社会经济发展最重要的宏观战略，综合考虑了区域协调发展和国家城镇轴带等问题，但作为一个综合的国家空间规划尚需全面完善，而能够称之为中长期的国家空间发展规划从当时基础来看更是薄弱。虽有国土资源部组织进行的新一轮国土规划研究、国家发改委组织进行的"京津冀区域综合规划"和"长江三角洲地区区域综合规划"，但全国层面的空间发展规划尚无系统整合。

　　第二，按照《城乡规划法》的要求，当时全国 27 个省区根据各自发展的要求分别编制了以城镇发展为核心，综合了社会经济、基础设施、生态环境等方面因素的省域城镇体系规划，对省域范围内产业和城镇的协调发展起到了积极的推动作用，但将这些规划拼合起看（图 2-4），就发现相互之间缺乏整合，缺乏宏观层面规划的指引。如三大城市群所在沿海省区的规划，在基础设施的衔接、资源的保护利用方面缺乏与其周边省区的联系和协调，内聚性的特征十分

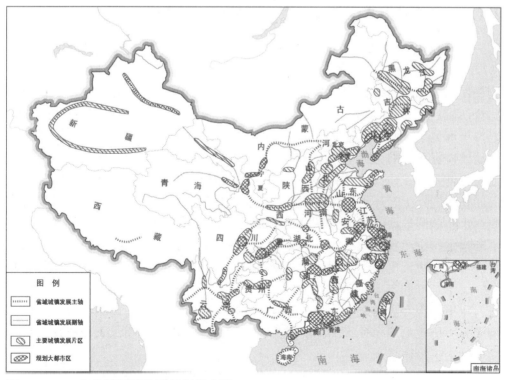

图 2-4　27 个省域城镇体系规划拼合图
资料来源：全国城镇体系规划（2006—2020 年）.

鲜明，没有充分考虑三个城市群对带动中西部地区经济发展的作用；中部地区各省都在充分利用"中部崛起"的政策优势，积极打造各自的城市群和中心城市，分别提出了中原城市群、武汉都市圈、昌九工业走廊等多个概念，形成各自为中心、相互分割的城镇空间形态，而中部崛起真正所需的区域中心城市却难以形成；西南地区地形破碎，集中发展的条件不具备，也在规划大规模的城市群，对其特殊资源条件下的发展模式和与东部、南部发达地区的经济联系和交通联系缺乏通盘的考虑；西北地区地广人稀，城镇规模小间距大，也在用轴带规划城镇体系，显得牵强附会，另外对边境地区的城市发展重视不够，缺乏加强边境城市建设对国家整体安全和能源保障意义的认识；东北三省过于注重省域内空间结构的完整性，辽宁、吉林、黑龙江分别提出各自重点发展的城镇轴带，均各成体系，忽视从哈尔滨到大连整个东北地区发展的主轴线的构筑，难以达到提高东北地区在东北亚地区发展中的地位和作用的目的。

第三，当时一些城市与地区积极开展各种形式的区域规划，典型如珠江三角洲城镇群规划、苏锡常都市圈规划、杭州湾城市群规划、哈尔滨都市圈规划、武汉都市圈规划等，这一系列多种形式的区域规划研究既促进了区域规划的发展，也存在缺乏上位规划指导、定位不准、协调不够等诸多问题。

2.1.2　我国城镇化进入新阶段以来取得的进展

随着我国体制机制变革、经济社会发展、治理能力提升，以及国内外形势变化，与快速城镇化时期相比，当前我国城镇化推进的背景环境和主要矛盾也在发生变化。目前我国总人口的 2/3、GDP 的 70%、税收的 80%、创新资源和科研院所总量的 90% 以上都集中在城市，城市在国家经济社会发展的主体地位更加突出，城市成为实现现代化的关键因素之一。特别是随着我国经济在全球的份额和影响力越来越大，我国的城镇化和城市发展，已经与世界密切联动、相依共存；生态文明建设、生态保护修复和大江大河流域治理不断推进，遏制住了国家生态环境的恶化的趋势，黄河流域、长江流域等主要江河的国控断面水质监测数据持续改善；国家重大区域战略、区域和城乡协调发展的力度不断增强，京津冀、长三角、粤港澳大湾区、长江经济带和黄河流域、成渝双城经济圈等政策机制和规划建设不断健全，城乡居民收入差距也由高峰时期的3.33：1（2009 年）下降到 2020 年的 2.56：1，东、中、西部和东北的人均收入水平差距在收敛之中。特别是党的十八大以来，我国实施脱贫攻坚战，实现了人类历史上规模最大的减贫成果，并建成了世界上规模最大、覆盖人数最多的社会保障体系。

2.1.3　我国城镇化道路的独特性和复杂性

当然也要看到，我国具有人口多、区域差异大、发展进程叠加等异常特殊和复杂的基本国情，客观上决定了我国城镇化道路的特殊性：

一是举世无双的规模体量。我国人口规模长期居世界第一，约占全球 1/5；经济体量世界第二，约占全球 17%；国土面积世界第三，与整个欧洲大致相当。

二是高度紧张的人地关系。我国的人均耕地面积仅 0.1 公顷，不到世界人均水平的 1/2、欧洲的 1/4，可开发后备耕地资源少而分散。

三是显著的区域差异。从地理格局上看，有三大阶梯之分；从人口分布上看，以胡焕庸线为界，东西两侧人口密度相差 20 余倍；从经济发展水平上看，东中西部仍然具有明显的差距。

四是特有的城乡二元结构。包括城乡二元的户籍制度和城乡二元的土地制度，这是城乡双栖、土地财政、进城务工人员、城中村等一系列现象的制度根源。

五是叠加的发展进程。我国的城镇化用四十年走过西方国家上百年的路程，又叠加了全球化、信息化、低碳化的影响，是高度压缩的城镇化进程。如此特殊和复杂的国情，使得复制任何国家的城镇化路径，都具有巨大的风险。尤其是发展中国家盲目模仿西方纯资本驱动下，效率优先的城镇化道路很容易导致人口向大城市高度集聚，产生各种经济和社会问题。拉美国家的过度城镇化就是前车之鉴，我国的国情特点还有可能使这些问题叠加和放大。

因此，我国特色的城镇化战略，应该是基于我国特殊的国情，立足以人为本，优化空间布局和结构，从以往侧重城镇化数量增长的单一目标转向多目标统筹协调发展，更加注重城镇化的质量提升和民生福祉，通过城镇化的健康有序发展，实现全体人民共同富裕。

2.1.4　研究的必要性

我国城镇化和城镇的健康发展在上述背景下面临的挑战是前所未有的，城市与区域规划面临的挑战也是空前的。

第一，立足资源紧约束的现实国情，如何走经济发展、资源集约、环境友好、人居环境质量较高的道路，城镇化与城镇发展的思路需要作重大调整。

第二，城镇空间结构的急剧变化，给我们带来了理顺城镇空间结构促进健康城镇化的客观要求，既要顺应全球化和市场经济的规律，选择一些城市和地区加快发展步伐，提高国家竞争力，同时也要有效发挥政府的宏观调控作用，防止一些地区的边缘化，实现区域的协调发展。此外，还需要应对国际局势的不断变化，提高空间格局的安全韧性和布局弹性，国家层面的城镇空间规划研究无疑具有必要性。

第三，过去40多年伴随我国快速推进的城镇化，已有大量丰富多彩的规划实践，如国土规划、省域城镇体系规划、区域规划、城市群规划、都市圈规划、城市空间发展战略、国土空间规划等，总结这些丰富的实践，创新具有中国特色的城市与区域规划理论无疑具有重要的现实意义。

随着国家规划体系的不断完善，规划类型有按照发展规划、国土空间规划、专项规划和区域规划等四种类型划分的改革趋势，并强化这些规划的衔接落实机制。国民经济和社会发展"十四五"规划属于发展规划，应突出其战略性；国土空间规划应强化基础作用；铁路、高速公路、港口、生态环境保护、水资源保护等规划作为专项规划，城市群和都市圈规划等作为区域规划，应增强其实施支撑作用。这一系列不同方面、不同内容的规划，本质上都是对国家空间资源的综合调控和优化配置，又都围绕工业化、城镇化和资源保护开发的主题。因此，综合考虑上述问题，以建设良好的人居环境为目标，提出较为系统的宏观规划思想，是城市与区域规划理论工作的客观需要。

2.2　相关概念与理论

2.2.1　相关概念

2.2.1.1　国土资源

国土是指一个主权国家管辖下的地域空间，包括领土、领空、领海和根据《联合国海洋法公约》规定的专属经济区海域的总称（吴次芳等，1995；李元，1999）。作者所指的国土主要是作为人类生存、生活和生产的活动场所，包括自然与人文两方面的资源，更确切地说是指国土资源。广义的国土资源包括一国主权范围内的全部自然资源、全部社会资源（如人力资源、社会文化资源等）和经济资源；狭义的国土资源仅指一国主权管辖范围内的全部自然资源。国土规划的"国土资源"主要指狭义的国土资源，作者所指的国土资源主要指狭义的国土资源，部分涉及广义的国土资源。

2.2.1.2　国土规划

国土规划的含义有多种理解。《中国大百科全书》建筑园林城市规划卷中"区域规划"词条认为，国土规划与区域规划并无本质上的差别，内容上都是一定地域范围各项建设进行综合布局的规划，只有地域范围大小的不同，在一定条件下两个名词可以互相通用。原国土资源部确认的国土规划概念是指对国土资源的开发、利用、整治和保护所进行的综合性战略部署，也是对国土重大建设活动的综合空间布局（吴次芳等，2003）。在自然资源部编制的《全国国土规划纲要（2016—2030）》中，提出该纲要是"对国土空间开发、资源保护利用、国土综合整治和保障体系建设等做出总体部署与统筹安排"。

2.2.1.3　城镇空间

城镇空间是指以城市为核心，城镇发展所涉及的空间环境，主要包括城市周边的自然、生态环境、交通设施、市政设施以及人文资源等。从地域范围来界定，大于建成区，小于行政辖区。作者用城镇空间这一概念主要是为了区别行政辖区意义的城市以及仅指建成区概念的地域实体，因为前者不具有空间实体意义，后者仅反映发展的现状。区域层面城镇空间发展的研究过去以城镇体系为主，侧重职能结构、等级结构和规模结构三方面内容。作者所研究的全国城镇空间发展更多地涉及国土资源分析、社会经济背景研究、城镇空间结构的动态趋势判断以及空间发展的管理机制。

2.2.1.4　城镇体系

根据《城市规划基本术语标准》GB/T 50280—1998，城镇体系是指一定地域范围内，以中心城市为核心，由一系列不同等级规模、不同职能分工、相互密切关系的城镇组成的有机整体。一些学者认为，城镇体系的概念包含多层含义：一是城镇体系是以一个相对完整的区域内的城镇群体为研究对象，不同的区域有不同的城镇体系；二是城镇体系的核心是中心城市，没有一个具有一定经济社会影响力的中心城市，不可能形成有现代意义的城镇体系；三是城镇体系最本质的特点是相互联系，通过不同区位、等级、规模、职能，城镇之间形成纵向和横向的各种联系，从而构成一个有机整体。城镇体系之所以称为系统在于其整体性、等级层次性和动态性（崔功豪，1999）。

2.2.1.5　城镇体系规划

根据《城市规划基本术语标准》GB/T 50280—1998，城镇体系规划是指一定地域范围内，以区域生产力合理布局和城镇职能分工为依据，确定不同人口规模等级和职能分工的城镇的分布和发展规划。有学者认为，从区域层面来说，城镇体系规划处在衔接区域国土规划和城市总体规划的重要地位，具有双重性质，既是城市规划的组成部分，又是区域国土规划的组成部分（崔功豪，1999）。建设部组织的"区域规划和城镇体系规划的关系"的研究认为，上述定义有明显的计划经济色彩，建议改为：城镇体系规划是我国区域规划的重要形式，是以区域城镇和城乡协调发展为目标，确定区域城镇化和城镇发展战略，合理安排区域城镇布局，协调城镇发展与产业配置的时空关系，对区域土地和各项资源利用、基础设施和社会设施配置、环境保护等要素进行统筹协调和综合安排的区域规划。

2.2.1.6　空间规划

空间规划作为专用名词出现的比较晚。从 20 世纪 80 年代起，空间规划作为一个特定含义的专用概念正式出现。如 1983 年欧洲联合会正式发布的《欧洲区域／空间规划宪章》中，把区域规划和空间规划（regional/spatial planning）

并置，认为"区域/空间规划是经济、社会、文化和生态政策的地理表达"。

2.2.1.7 国家空间规划

国家空间规划是指在全国空间范围内对经济、社会、资源环境等方面持续协调所作的总体综合安排与战略部署。国家空间规划属于宏观尺度的空间规划，通常是由中央政府或其他高层机构组织编制，是关于国家空间发展框架的10年以上的长期规划，是对大尺度的区域范围内主要经济活动和资源等要素进行综合配置的物质空间规划。荷兰从20世纪60年代至今已经开展了多次国家层面的空间规划，并将其作为中央政府实现国家的空间资源管理、区域协调发展以及城镇职能调整的重要措施与手段。作者借用这一概念在于阐述以城镇空间为核心的空间规划体系。

2.2.1.8 区域

区域是个广泛的概念，不同的学科和不同的研究对象对区域有不同的界定。政治学认为区域是国家管理的行政单元；社会学则把区域看作是具有相同语言、信仰和民族特征的人类社会聚落；经济学把区域视为由人类经济活动所造成的、具有特定地域特征的经济社会综合体；地理学把区域定义为地球表面的地域单元，认为地球由无数的区域组成。区域经济学家埃德加·胡佛认为"区域就是对描写、分析、管理、规划或制定政策来说，被认为是有用的一个地区统一体[①]"。对区域比较全面和本质化的界定由美国地理学家惠特尔西（D. Whittlesey）提出。他认为区域是选取并研究地球上存在的复杂现象的地区分类的一种方法，认为地球表面的任何部分，如果它在某些指标的地区分类中是均质的话，即为一个区域。作者运用区域的概念在于阐述城镇化的地区特征和特定功能的地域空间。

2.2.2 基本理论

本研究主要涉及人居环境科学理论、全球化理论、空间规划理论、政府干预理论。

1.人居环境科学理论

城镇空间发展归根结底是人居环境的建设。由吴良镛先生提出的人居环境科学理论认为，人居环境是远至人与生物，近至人们居住系统，以人为中心的生存环境。人居环境的建构要基于生态、经济、技术、社会、人文五个方面的基本要求。这一理论对不同层次的城镇空间发展提出了新的研究方法论。借用系统科学的理论，提出人居环境是一个复杂巨系统的思想，提出融贯、综合的研究方法，认为研究城市与区域应当被视为一种关于整体与整体性的科学。就我国的城镇发展而言，该理论认为要从国情出发，认识城市化发展的不平衡

---

① 转引自：崔功豪.区域分析与规划.北京：高等教育出版社，1999.

性，探讨城市发展的不同路径。吴良镛先生强调，建筑、园林和城市规划三位一体，融合发展，共同创造宜人的聚居环境。他将人居环境科学的探索从建筑空间概念拓展到多层次的空间模式、空间战略规划，旨在为推动城乡人工与自然环境的保护与发展，为人居环境建设提供科学指导。

2. 全球化理论

20 世纪 80 年代以来，世界经济越来越呈现全球一体化的态势。在这个大背景下，世界经济进行了新的再组织：金融结构的向心性增强，金融资本已经超出所有空间和区位的限制，对全球资源配置发挥重要的作用和影响；跨国公司在国际经济交往和国家力量中的地位提升，全球产业的分工在很大程度上是通过跨国公司得以实现；资本的跨国机动性加大，地域性特征增强，区域与全球市场的合作关系加强。资本空间的流动带来生产空间的全球位移，即所谓"流动空间"的出现，外国直接投资（FDI）是这一流动的主要特征。从全球到地方，外资在空间的各个层面发生作用，已经成为各国经济发展政策的主要内容，对地方经济发展具有驱动力作用。全球化理论成为分析市场环境下，发达地区区域空间结构演进的重要基础性理论，对探究区域发展的不平衡同样具有重要的作用。

全球化理论认为，全球化背景下，全球范围内城市的职能和地位在不断地调整和变化，逐渐形成新的组织结构。弗里德曼（Friedmann，1986）、萨森（Sassen，1991）从城市的功能属性提出全球城市的新的等级结构。霍尔（Hall，2003）提出，在全球化时代，随着生产在全世界的分散，服务活动越来越与物质生产地空间分离，全球性高端服务活动日益集中在少数几个贸易城市，特别是全球金融资本的管理以及相应的服务越来越集中在少数几个国家和几个全球城市之中。此外，霍尔等专家还认为全球化背景下一种新的城市现象正在形成之中，即特大城市地区（Mega-City Region），其具有全球生产、服务的特征，在全球的生产分工中具有不可替代的作用，空间上逐渐形成一个多功能并存、高端与低端服务兼有，由几十个乃至上百个城镇组成的空间地域。

3. 空间规划理论

近年来，西方发达国家的规划理论和实践更加关注空间发展的整体性和协调性，重新回归以物质空间规划为主要内容的规划体系，并在原有物质规划的基础上，注重经济目标、社会目标和环境目标，具有综合性、协调性和战略性。这一在欧盟首先统一的概念，逐步成为很多发达国家对不同地域层次规划体系的统称。

正如 1997 年欧盟委员会"欧洲空间规划制度概要"中所指出的，"主要由公共部门使用的影响未来活动空间分布的方法，它的目的是创造一个更合理的土地利用和功能关系的领土组织，平衡保护环境和发展两个要求，以达成社会和经济发展总的目标"。对于大多数国家而言，国家空间规划是国家完善市场经济体系，提高竞争力，进行宏观调控不可缺少的手段，是中央政府站在国家立场，防止和纠正完全自由经济体制下市场失灵、进行政府干预的一种手段。在政治上，国家空间规划规划具有体现民主政治的作用，是民主意识形态和民众参与的表现。在行政体系上，国家空间规划是协调国家各部门之间、中央政府和地方政府之间利益的一个总原则，具有行政性的协调作用。空间规划正逐步成为一些国家在全球化时代应对国际竞争、实现可持续发展和社会进步的重要规划类别。

4. 政府干预理论

经济学理论和政治学理论对空间的干预有比较本质的分析。就先发地区和后发地区的关系而言，循环累积因果理论认为不发达国家的经济存在着"地理上的二元经济"，认为政府对经济的干预是促进区域经济协调发展的必要手段。当某些地区已累积起发展优势时，政府应当采用不平衡发展战略，优先发展具有较强增长潜力的地区，以获得较高的投资效率和较快的增长速度，并通过扩散效应来带动其他地区的发展。同时，地区发展的差别应保持在一定限度之内，政府需要采取一定的特殊措施来刺激不发达地区的发展，防止累积性因果循环造成的贫富差距无限制扩大。

从区域政策视角看，政府干预总是与特殊政策区联系在一起的，正如美国著名经济学家约翰·弗里德曼（John Friedman）认为："区域经济政策处理的是区位方面的问题，即经济发展'在什么地方'。它反映了在国家层次上处理区域问题的要求。只有通过操纵国家政策变量，才能对区域经济的未来作出最有用的贡献。"因此，推动萧条区域的发展，一直是西方国家关注的重点，如长期对英格兰北部、德国鲁尔、法国洛林等这些在经济转型后持续陷入衰退的地区进行援助。美国1993年通过的《联邦受援区和受援社区法案》，是美国第一个比较系统地解决欠发达地区发展问题的法案，涉及就业机会创造、公共设施建设、人力资源培训、居民住房改善、环境保护和公共安全等很多方面。

2.3　我国城镇空间发展理论框架

2.3.1　基本原则

结合我国城镇化所处的历史阶段，我国城镇发展面临的资源、环境等条件以及我国现行的基本规划体制，在国家层面的城镇空间规划理论上需要建立以下基本原则：

（1）全球发展观。国家空间战略必须与全球经济社会发展紧密结合。促使不同地区的城镇融入世界经济大潮、有效利用国际市场和国际资本，充分利用国际资源（能源、技术、文化、管理），促进本国经济发展；构筑面向世界的空间结构（世界网络、节点城市与地区），融入世界城市体系，支持特大城市、门户城市和人流物流集中的地区。随着我国经济实力、政治影响力提升和全球化面临的新变局，构建"人类命运共同体"、融入共建"一带一路"，是我国为全球提供公共产品、推动经济发展、体现大国责任担当的重要使命。

（2）资源约束观。注重资源和生态环境对空间发展的约束，走可持续的发展道路。以人居环境科学理论为指导，综合考虑自然、人、社会、居住和支撑网络五大系统（吴良镛，2001），从空间资源的科学和有效利用角度确定人居环境建设的总方针和具体政策，建设生态安全、经济高效、城乡协调的空间体系。特别是"双碳"目标要成为我国城镇化和城乡建设的重要战略选择，推进城市的绿色低碳发展，避免高碳"锁定"效应。

（3）空间动态观。面向全球的发展趋势，立足国家现阶段的发展重点，确定开放、灵活的城镇空间结构。建立"经济流动空间"和"人居固定空间"相关性的分析体系，提高空间结构的应变能力，监控区域空间发展的走势，及时调整空间发展的重点。提高区域交通基础设施的服务水平，为空间的成长提供条件。

（4）服务公平观。立足于公平服务的原则，建立城乡一体的政府公共服务设施的标准体系。提出教育、卫生、文化等公益性服务设施的设立标准，提出空间落实的扶持政策，特别是财政、税收政策。地区间的平等应更多地体现在基本公共服务的均等化方面。

（5）政府干预观。中央政府通过国家空间规划对整个国家的社会经济发展进行宏观干预，宏观上弥补市场的缺失，体现公平的政治理念，处理中央与地方、地方与地方错综复杂的关系，确定不同层次空间发展的干预政策，对影响国家利益和维持整体人居环境质量的珍贵资源进行保护，切实保障经济、社会和环境的协调发展。

2.3.2　规划方法

2.3.2.1　顺应经济全球化的趋势，确定具有国际竞争力的城市与地区

分析跨国资本的流动趋势，把握重点城市与区域的发展方向。透彻分析我国在全球化背景下资本流动、产业链接、区域协作和城镇空间的互动关系是国家城镇空间结构分析的基础。既要关注国际投资在我国集聚的态势，识别重点城市和地区，也要顺应我国对外投资规模不断扩大的趋势，对具有对外投资能力的城市、发展服务贸易潜力突出的城市给予重点支持。

分析区域经济合作组织的影响，加强节点城市和跨境通道建设。我国地处亚太地区，城镇空间结构的建立，在很大程度上要以和亚太地区的共同发展为

目标。重点建设跨境的交通联系通道，构建面向亚太地区的联系走廊，培育边境地区核心城市，重点关注俄罗斯、哈萨克斯坦、中东、东南亚石油输入通道沿线的发展，通盘考虑湄公河地区水资源的共同开发和管理，加强以边境中小城市为基础的物流口岸建设。

充分认识产业集群的作用，因势利导组织中小城市与小城镇。因地制宜发展产业集群，是促进中小企业发挥作用的重要措施，也是培育中小城市的核心竞争力，再造小城镇的发展动力，实现健康城镇化、促进城乡协调发展的重要组成部分。在信息化的背景下，越来越多的基层单元有了链接融入大市场的机遇。

2.3.2.2 基于城镇的可持续发展，确定不同层次珍贵资源的保护与管理

以生态安全为前提，开展空间资源的层次分析。将空间资源分为生态安全层、基础设施层和人居生活层，以三个层次的分析为基础，构建城镇空间健康发展的规划方法。生态安全层为以自然和生态要素为基础的空间资源，是人居环境的基础；基础设施层是以交通为核心的基础设施网络，是空间的骨架；人居生活层为人类生活的城市、镇、村庄、工矿居民点等不同类别、不同层次的人类聚居点，这一层是人类生活的核心。开展城市、区域和国家的三层次空间资源分析是进行科学规划的重要前提。

建立三层次的空间资源规划与管理体制。根据空间资源的三层次分析，建立以资源保护（自然、人文）为主要内容，国家、区域和城市三层次的规划编制与管理体制。拟定不同层次的资源保护目录，重点在国家和区域层面提出保护的措施和手段。就资源保护而言，国家层面的空间规划应重点在自然资源类，如水资源地区、森林资源地区、湿地地区和需要生态恢复的重点地区以及历史文化类资源，如区域历史文化资源和城镇历史文化资源等。

2.3.2.3 科学预测人口增长与流动趋势，准确把握重点城镇化地区

建立产业发展、人口流动与空间拓展的灰色预测模型。城镇空间结构的演进是一个随着人口流动和产业发展不断调整的过程。加强人口、产业和空间变化之间的关系分析是准确把握城镇化趋势的关键。要根据产业发展带来的就业岗位变化态势，预测劳动力跨地域流动的趋势，判断城市产业空间的用地需求，确定区域城市的发展规模与发展方向。

根据人口流动大趋势，确定重点城镇化地区。随着区域经济的发展和城乡差异的扩大，人口逐步向经济发达地区转移和城市地区转移是一个必然的趋势。随着中心城市经济辐射带动作用的加强，以中心城市为核心的城市群呈现发展的积极态势。

2.3.2.4 立足区域协调发展，建立新的区域协调机制

建立以区域中心城市为核心的城镇化政策分区。城镇化的政策分区既要考虑综合经济区的划分要求，也要考虑地区城镇化的发展特点，还要考虑我国改革开放以来不同时期区域政策变化。根据地域地理特征的一致性和历史

文化的延续性，考虑地域内社会经济的联系紧密程度以及经济中心城市的辐射范围，尽可能保持省区行政单元的完整性，考虑区域基础设施完整的网络结构以及地区枢纽中心城市的作用等方面因素，以 1~2 个超大特大城市作为组织区域经济活动的核心和区域参与全球竞争的门户，组织地域经济活动，落实城镇化的政策要求。

建立统一高效的公共服务体制，促进城乡统筹。结合我国的实际情况，应进一步完善交通与市政设施，加强城市道路向乡村的延伸，重点加强与重点镇和中心村的道路网建设；优化农村义务教育阶段的空间布局，扩大优质教育资源覆盖和辐射范围；建立医疗服务、预防保健和卫生监督三大体系，形成覆盖城乡的卫生安全设施布局体系；构筑层次分明、满足不同群体需求、覆盖全社会的比较完备的公共文化设施体系；逐步建立与社会主义市场经济体制相适应的社会福利事业管理体制和运行机制，加快养老服务设施、儿童福利服务设施、社会救助设施、残疾人服务设施和殡葬服务设施等社会福利和救助设施建设。

2.3.2.5　基于发展的不确定性，建立动态多元的城镇空间结构

建立面向全球、动态的城镇空间结构体系。要将中国城市体系尽快纳入世界城市体系之中，特别要与亚太地区的城镇空间融为一体，建构开放的空间结构。选择若干具有国际影响的城市，参与全球竞争，形成与纽约、伦敦、巴黎、东京等相匹敌的全球城市。根据我国工业化和城镇化所处的不同阶段以及发展的趋势，进行多方案的动态模拟，随着工业化的不断变化，国家空间结构方案应随着发展的不同时期及时调整。

以城市群为核心构筑国家城镇空间结构主体。随着我国城镇化进程的深入，城市群这一独特的城镇空间形态，由于其经济上的巨大作用和空间使用上的突出效率，其在我国城镇化进程中的作用愈益重要。以主要城市群来构筑全国城镇的空间结构符合城镇化的发展趋势，利于空间资源的集约使用，可以起到促进区域协调发展的作用，起到提高国家综合竞争力的作用。

以交通为核心构筑城镇发展的支撑体系和服务体系。城镇空间的发展水平在很大程度上依赖于基础设施的供给水平。就全国空间发展而言，欠发达地区能否防止边缘化在很大程度上取决于其区位的可达性，并由此带来的与发达地区联系的便捷程度。构筑分层次的区域交通网络，覆盖所有人居的主要空间是完善国家空间结构的重要组成部分。

2.3.2.6　以新型工业化为指导，促进城镇经济增长方式的转变

新型工业化要求以信息化带动工业化，以工业化促进信息化；注重依靠科技进步和提高劳动者素质，改善经济增长质量和效益；强调经济建设和生态建设协调发展，走可持续发展的道路；强调正确处理提高生产率和扩大就业的关系，使人力资源优势得到充分发挥的工业化。

要通过新型工业化，实现城市与区域产业结构的优化。一是要促进工业

化进程在全国范围内的深化，东中西协调发展；二要实现工业经济结构的合理化和现代化，实现工业产业结构的高级化；三要加快农业产业化的进程，处理好工业与农业的关系；四要转变工业经济增长方式，以集约型经济增长为基础，强调利用技术进步提高经济效益；五在实现机制上，强调市场机制的作用，使政府职能得到切实转变。从总体上看，我国具有大国超大市场的独特优势，不同地区产业梯度的跨度很大，城市和区域要结合资源禀赋条件和区位优势，强化大中小城市和小城镇产业分工协作，逐步形成横向错位发展，纵向分工协作的发展格局。

2.3.2.7　持续优化和完善规划体制，强调"全国一盘棋"的整体均衡发展

发挥空间规划在国家社会经济协调发展中的作用。我国自1992年确定社会主义市场经济体制以来，特别是2001年加入世界贸易组织以后，市场在资源配置中发挥了越来越大的作用。建立符合我国国情的空间规划调控机制，从传统的计划色彩浓厚的"国民经济和社会发展计划"转向以空间资源的合理配置为核心的"国家空间规划"调控和管理体制。

要推进"全国一盘棋"的整体均衡发展。县城是服务三农、实现乡村振兴的基础，未来城镇化的发展重点不仅要有城市群，还要有广大的县城，这样才能兼顾我国的国际竞争力与国内稳定，避免出现"过度大城市化"的弊端，真正实现大中小城市与小城镇协调发展；要构建形成"点、线、面"整体均衡、特色突出的国家城镇体系格局，实现沿海与内陆、东中西区域差异化均衡发展；要促进形成"全国一盘棋"生产力布局和一体化市场体系，增强防范外部风险冲击的韧性。当然，也要建立以财政、税收等经济政策为基础的规划实施措施与手段。

2.3.2.8　建立城镇空间规划智库，促进规划决策的科学化

建立全国人大"空间规划专门委员会"，依法规范规划立法。在全国人大委员会设立"空间规划专门委员会"，对国务院所属各部门的规划进行梳理，从立法的角度统合各类规划，促进规划决策的科学化。

健全国家、省区规划督察员制度，促进区域空间决策的科学化。从我国政治体制和国情出发，建立一整套从上而下的以专业技术人员为骨干的规划督察员制度，是保障空间规划决策与实施科学化的重要途径。国家规划督察员的具体职能可以集中体现在监督全国城镇空间规划的实施、对跨区域的重大建设项目提出建议、协调有关跨省区的事宜等方面。

建立省、市总规划师制度，落实、监督国家空间规划的实施。在建立城市总规划师的基础上，建立省（区）的总规划师制度是保障省级政府规划科学决策的重要手段。通过专业化的服务，在一定的程度上弥补"任期制"决策上的过失。以上，形成我国城镇空间发展研究结构（图2-5）。

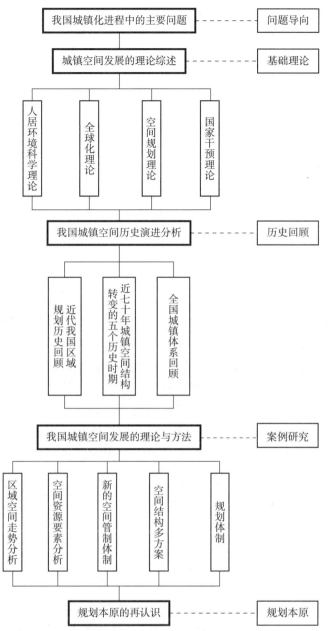

图 2 - 5 我国城镇空间发展研究结构框图

2.4 人居环境科学理论对城镇综合协调发展的分析

2.4.1 理论脉络

人居环境理论借用系统科学的思想，对不同层次的城镇空间发展研究提出了新的方法论，认为人居环境是一个复杂巨系统，由全球、区域、城市、社区

（村镇）、建筑等五大层次构成，整个系统要采取融贯、综合的研究方法，认为研究城市与区域应当被视为一种关于整体与整体性的科学。人居环境科学的核心是以人为本，强调以人民群众的需求为出发点，创造宜居的聚居环境。人居环境科学还强调了科学与人文的结合，用科学促进人居环境的变革，用人文来引导和规范科学的发展。就中国的城镇发展而言，该理论认为要从国情出发，认识城市化发展的不平衡性，探讨城市发展的不同路径。就城镇体系而言，认为城镇形态的演变有一些自身的规律，如超大特大城市、大城市有着从集中的、单中心的结构形态向地区性扩散趋势，在经济发达、人口密集的地区，农村集镇随着工业的扩散，有从分散向相对集中的趋势，就整个城镇体系而言，"大中小城市要协调发展，组成合理的城镇体系，逐步形成城乡之间、地区之间的综合性网络，促进城乡经济社会文化协调发展"（吴良镛，1982）。

2.4.2　规划实践的启示

从20世纪80年代开始，吴良镛先生从"太湖地区小城镇发展与规划建设"入手，对区域层面的城镇空间发展进行系统研究（图2-6）。在20世纪80年代的上海、苏州城市总体规划的研究中，他从区域角度提出构筑城市的空间结构，如上海的浦东开发战略、苏州的"大十字"结构，他还就特大城市地区发展、发达地区区域整体化等重要问题提出自己的观点，认为特大城市地区要逐步形成经济发展上的整体性、区域空间上的整体性、城乡发展上的整体性和发展阶段上的整体性。在"发达地区城市化进程中建筑环境的保护与发展"研究中，对沪宁地区的城镇空间发展进行了深入的研究，提出不仅要建设紧凑城市，还要建设可持续发展的地区，建设具有系统开放特性的区域基础设施网络。要加强对区域发展系统化的认识，重视在有限目标下的融贯研究，综合分析区域经济、社会、环境、文化等发展与空间地域的关系，以及区域发展的总体协调与区域基础设施走廊、区域空间发展的新生点及其空间形态的关系，即从城市规划角度推进区域规划工作。

在后来的"滇西北人居环境可持续发展规划研究[①]"中重点探讨了复杂生态、生存条件下的人居环境建设问题，在"三峡库区人居环境研究[②]"中对大型工程建设中的自然环境、人文资源的保护、城镇发展、地区产业结构调整提出了一系列的重要观点。在"京津冀地区城乡空间发展规划研究"中，进一步对全球化视野下的特大城市地区发展，提出了从区域层面构筑城镇空间结构的重要思想。这一研究跳出北京的行政地域，在北京、天津和河北整体协调发展基础上提出了大北京的空间结构，对京津两市城市空间结构的调整具有长远的战

---

① 参见：吴良镛.滇西北人居环境可持续发展规划研究.昆明：云南大学出版社，2000.
② 参见：赵万民.三峡库区人居环境研究.北京：中国建筑工业出版社，2000.

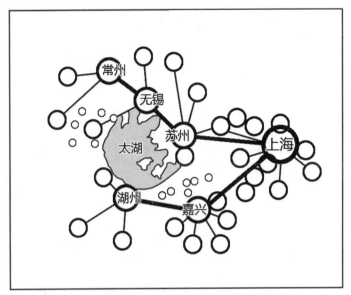

图 2 – 6　上海与太湖地区"彗星式"城镇体系示意图
资料来源：吴良镛 . 太湖地区小城镇建设 .

略意义，也为河北的城镇发展理清了空间思路。归纳上述重要的规划实践，可以看出人居环境科学强调城镇空间的发展要充分考虑影响人居环境的外部因素，特别是生态环境、经济基础、社会人文等条件，在错综复杂的发展环境中，要结合地区的特点抓住主要问题，解决主要矛盾，整个研究和规划的框架是一个包含问题分析、目标确定、行动纲领梳理、具体措施落实的完整的网络体系[①]。

2.5　全球化理论对当代区域空间演进的分析

2.5.1　全球化理论对区域空间的基本认识

20 世纪 70 年代以来，全世界呈现以经济全球化为特征的变化过程，生产要素在全球范围内的自由流动和优化配置加快，国际分工深化、生产过程全球化，各国和各地区之间的经济联系越来越密切，在城市与区域层面，生产的再分散和管理的再集中两种趋势同时加强（Hall，2003）。在制度层面，市场规则和政治法则也越来越全球化（Amin，1994）。全球化已经成为国际学界分析全球经济、社会发展普遍应用的一个的重要概念，规划界和地理界均对此做了

---

① 从"发达地区城市化进程中建筑环境的保护与发展"研究开始，在滇西北、三峡库区等研究中，吴良镛先生倡导融贯、整体的研究框架，多次提出结合不同主题的框架矩阵示意图。

大量的研究，特别是对全球化背景下地理空间的变化过程及其意义做了大量的分析。

经济全球化从理论上说，意味着工业生产、商业活动、资本流动、通信技术、信息传播、货币等在全球范围的扩散，可以忽视边界的存在，即所谓"无疆界世界的到来"；意味着几乎所有的经济活动通过网络把各个地方联系起来；也意味着文化在形式与内容上的快速混合，并更加依赖于世界市场（Amin，1994），即地方的经济活动被越来越深地卷入到全球范围内的生产和消费活动的重组之中（王缉慈，2001）。尽管 2001 年美国 "9·11" 事件之后，有学者对 "空间距离的死亡" 提出异议（Morgen，2001），但各国政府普遍的认识是经济全球化仍然是未来发展的主流[1]。

全球化理论认为，全球化背景下世界经济进行了新的再组织，其特征为：一是全球金融结构的向心性增强。金融资本在现代社会里已经成为一种独立的力量，货币已经超出所有空间和区位的限制，对全球资源配置的支撑作用不断增强，正在创造一个全新的货币地理空间。二是跨国公司在国际经济交往和国家力量中的地位提升。埃明（Amin，1994）认为我们进入了一个跨国公司和国家政府在全球层面讨价还价的新世纪，全球产业的分工在很大程度上是通过跨国公司得以实现的。三是国家层面的管理弱化，区域层面的管理加强。由于资本的跨国机动性加大，地域性特征增强，所以，国家层面的纵向集中管理与市场共享的相关性减弱，区域与全球市场的合作关系加强。

从全球范围来看，资本空间的流动带来生产空间的全球位移，即所谓"流动空间"的出现，外国直接投资（Foreign Direct Investment-FDI）是这一流动的主要特征。在全球范围内，长线资本的跨国流动已经成为全球商业发展的核心所在（Nolan，2001）。外国直接投资从 20 世纪 80 年代初到 90 年代后期呈现迅猛的上升趋势。1981—1985 年，外资年均流动 480 亿美元。1991—1993 年上升到 1860 亿美元，2001 年更达到 7351 亿美元（UNCTAD，1999）。流入中国发展中国家的外资比例不断提高，从 1990—1995 年的年均 743 亿元上升到 2001 年的 2048 亿元。奥登（Alden，1999）认为从全球到地方，外资在空间的各个层面发生作用，已经成为各国经济发展政策的主要内容[2]，对地方经济发展具有驱动力作用（Alden，1999）。

伴随经济全球化的是贸易的自由化。1980 年代后期开始，全球贸易自由化的步伐加快。据统计，20 世纪 90 年代国际贸易增长速度几乎是世界生产增长速度的两倍，增长的主要部分来自于发展中国家的出口（Nolan，2001）。这些出口与跨国公司将生产放在不同的国家、以使生产过程的不同部分成本

---

[1]　胡锦涛在十六届三中全会报告中认为未来 20 年经济全球化仍将继续深化。

[2]　中国政府自 1979 年起，通过设立经济特区和经济技术开发区的方式吸引外资的流入，对国家经济和社会发展产生重大影响。

最低，即所谓的"分解价值链"（slicing up the value chain）的过程相关。据估计，1990 年代中后期，几乎 1/3 的世界贸易是在全球生产的网络中发生的（World Bank，2000）。可以说，贸易的自由化促进了生产的全球化，生产的全球化也促进了贸易的自由化，二者的相互作用带来发展中国家大量产业空间的拓展以及由此带来的城镇化的浪潮和城镇空间的巨大发展。

当然也要看到，近几年中美在创新高端领域竞争加剧，地缘政治风险上升，使全球化面临着新的形势和挑战。世界主要经济体均推出增强产业链、供应链安全韧性的措施和政策，如我国提出的"双循环"新发展格局、美国提出的制造业回归、欧盟推出的优势产业近域化组织、日本引导企业生产基地多点布局等。要从分析影响产业链、供应链空间布局的长远因素着手，研判其变化特征和未来趋势，并基于空间治理和响应视角，提出国家和地方政府通过治理体系和空间组织的优化，来顺应、服务和影响产业链供应链的重构。

2.5.2　跨国公司对区域空间的影响

随着交通运输体系和信息技术的革命，世界各国生产和贸易活动已经密切地联系在一起，全球经济成为从产品设计、生产、运输、销售、回收再利用等一系列价值创造活动。当前，全球经济总量的 40%、经济增长 25%，已经依赖商品、服务和资本的跨境流动。产业内贸易占国际贸易的份额，已经由 20 世纪 90 年代的 30%，迅速提高到 2017 年的 70% 份额（既包括零部件、原材料等工业中间品，也包括服务贸易）。跨国公司作为全球跨境投资、生产、服务和贸易的主体，对各国的区域空间格局带来深刻影响。

跨国公司出于降低交易成本、市场风险、追求规模经济的考虑，将不同层次的遍布全球的供应商、物流商、经销商等联系起来形成全球业务和知识交流网络（Emst and Kim，2002）。特别是 20 世纪 90 年代以来，随着运输成本和通信成本的持续下降，为跨国公司大规模地开展"离岸"生产和"服务外包"创造了条件。他们在低成本的发展中国家"离岸"生产，既能大幅度降低成本，也可以保证质量；对发展中国家从事这些业务的区域而言，生产任务的流程化、标准化、模块化，使它们有能力保证生产的质量，并形成了越来越聚集的经济区域。大规模的服务外包和离岸生产，对各国基于比较优势、参与全球分工的经济和贸易政策，带来重大挑战。参与全球竞争的主体，不再是基于比较优势的国家主体，而是以跨国公司为主体的生产网络。以宝马汽车和丰田汽车为例，它们之间的竞争，已经不再是德国汽车和日本汽车之间的竞争，而是宝马公司整合的全球产业链和丰田公司整合的全球产业链之间的竞争。谁能够更有效整合全球产业链，谁就会获得更强的竞争优势（理查德·鲍德温，2020 年）。

利用上述的分析逻辑，就是"发达国家高技术 + 发展中国家廉价劳动力"的组合，会打败"发达国家高技术 + 高成本劳动力"，以及"发展中国家低技术 + 低成本劳动力"的组合。那些试图依靠本国竞争力参与国际竞争的国家会发现，它们完全无法与那些积极参与全球价值链、集成了各国比较优化的国家匹敌，这对发达国家和发展中国家都会带来巨大的现实挑战。发达国家如果试图阻止跨国的产业链重组，那它就会更快地"去工业化"；发展中国家如果想依靠自己的力量来推动工业化，它的低技术与低劳动力成本的组合，面临的是高技术与低劳动力成本的组合优势，它成功的几率很小。

随着服务外包和离岸生产大规模展开，在全球尺度逐步形成了以中国、美国和德国为中心，邻近国家产业内贸易不断强化的重点区域。以 2019 年数据为例，中国大陆、美国和德国，分别以高居全球前三位的进出口规模（4.9 万亿美元、4.3 万亿美元、2.9 万亿美元），带动全球形成了亚太自由贸易区（RECP，中日韩、东盟和澳大利亚、新西兰共 15 个国家），美国—加拿大—墨西哥自由贸易区和欧盟（西欧和新入盟的 13 个国家）这三个地理邻近、国际化不断深度融合的区域。与这三个区域紧邻的国家和地区，获得了"发达国家高技术 + 发展中国家低成本"的组合发展机会，远离这三大地域的经济体，尚未等到融入全球生产网络更好的契机。

应对跨国公司对全球生产网络和空间的重塑，核心是获得其知识的溢出和优质的工作岗位。要善于抓住身边的学习机会，掌握跨国公司协调离岸生产与其国内研发、营销、售后、客服等协调控制的能力，遵循其产品标准、可靠性和质量管控体系，建立离岸生产与国内经济活动关联的方法，如管理人员培训、知识传播、鼓励相关的创业等。

2.5.3　产业集群对区域空间的影响

与跨国公司全球产业配置并行的是，以中小企业为主要构成的企业集群或产业集群（industrial cluster）逐渐成为各国区域经济发展的重要组成部分。这一现象具有普遍性，随着联合国等有关机构的推动，逐渐成为各国公共政策的重要组成部分（王缉慈，2001）。

所谓"产业集群"是一组在地理上靠近的相互联系的公司和关联的机构，它们同处或相关于一个特定的产业领域，由于具有共性和互补性而联系在一起（Michael E.Porter，1998），产业集群包括一批对竞争起着重要作用的、相互联系的产业和其他实体。产业集群经常向下延伸至销售渠道和客户，扩展到辅助性产品的制造商以及与技术或投入相关的产业公司。这一概念最早出现于波特 1990 年的《国家竞争优势》（The Competitive Advantage of Nations）一书。

国际上产业集群的现象比较普遍，根据王缉慈的归纳（王缉慈，2001）主要代表有美国硅谷 128 公路的微电子群、纽约麦迪逊大街的广告业群、明尼阿波利斯的医学设备业群、加州的娱乐业群、麻省的制鞋业群等。在意大利，70% 以上的制造业、30% 以上的就业、40% 以上的出口量都是在专业化产业区域内实现的，在德国和法国，分别有刀具业群、机械业群和网络业群、香水玻璃瓶业群等很多实例。在拉丁美洲的秘鲁、巴西、墨西哥等国，有几百个区域政府大约 15000 个城市，几乎到处都有集群计划。在亚洲的日本、印度、韩国、巴基斯坦、印度尼西亚存在发达程度不同的专业化的集群。集群的经济产出已经占到国家经济很高的比例，如美国硅谷的加利福尼亚州，其经济总量相当于各国经济总量排名的第 11 位，集群的大量存在，形成了色彩斑斓、块状明显的"经济马赛克"（economic mosaic）（王缉慈，2003）。

企业集群有明显的外部规模效应，产业相关性很强。在地域空间上它有相当程度的自组织性，空间上完全按照产业链接关系，集中在城镇，形成"群式"的产业和空间集聚，"自下而上"的特征十分明显。美国的 128 公路沿线是这样，浙江宁波的服装业集群也是这样。

2.5.4　世界新的城市等级结构

前面从经济活动的特征分析了区域空间变化的动因，进而言之，经济活动本身的层级关系也影响了城市体系的结构与内容。霍尔（Hall，2002）曾对全球性城市做过功能上的分析，他认为伦敦、巴黎、纽约和东京是最具代表性的全球城市，其主要功能是金融和商务（如银行、保险、法律、设计等）、指挥和控制（国家政府、国际组织、跨国公司总部）、文化和传媒（表演、展览、博物馆、印刷）和旅游业（饭店、餐馆、娱乐、交通等）。由于这些活动是高度相关的，所以，这些高端服务的活动在一定城市和地区的聚集也是必然的。

萨森（sassen，1991）认为在 1990 年代以来的 15 年里，经济活动的重心在很大程度上已经从底特律、曼彻斯特等制造业基地转移到金融和高端专门化服务中心。这些职能的转移，既有众所周知的"全球城市"（global city），也有所谓的"亚全球城市"（sub-global city）。根据霍尔（Hall，2003）的分析，将城市的功能属性和城市之间的相互关系统一分析，得出对传统的克里斯塔勒城市等级系统的修正，提出全球城市、亚全球城市、区域城市和省级城市的新的城市等级结构。

特大城市地区在空间上和职能上都不是单中心的，而是多中心的、空间连绵不断的。这一地区的产生，不仅具有经济上的必然性，而且也是一种"人居空间组织的新式摇篮"（Gottmann，1961）。英格兰的东南部、纽约地区、东京——大阪地区以及中国的长江三角洲、珠江三角洲都是典型的地区。

2.5.5　解构、重构中的亚太地区空间结构

在分析全球空间组织变化的时候，亚太地区在过去的几十年里空间的变化过程更值得我们关注。首先，亚太地区在过去的 50 年里，经历了工业化的快速发展过程。从全球范围来看，这一过程可以看作是全球产业重新集聚的重要过程。有研究认为，20 世纪 80 年代以来，尽管世界范围内经济衰退期延长，但是亚太地区的经济发展，由于我国以及一些前计划经济体制国家的改革使得这一地区的发展继续进行。著名的亚太地区经济发展"天鹅图"展示了过去 50 年，亚太地区经济发展和融入全球的市场化进程（图 2 – 7），这个变化过程在国际、区域、国家等各个层面展开。

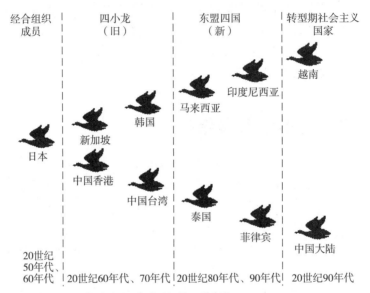

图 2 – 7　亚太地区经济发展"天鹅图"
资料来源：Handbook of urban Studies. SAGE PubliCation 2001，P421.

对于亚太地区全球化背景下的城市化和区域空间特征，学界有多种分析。有研究认为，亚太地区的城市化特征可以分为投资牵引的"外生城市化"（Exo-urbanisation）（杨春，1997）、村落城市化（Desakota）（MCGee，1991）和大型项目驱动型（Hall，2003）。麦吉的村落城市化（Desakota）的提法有广泛的影响，近年来麦吉在这一研究的基础上又逐步演变成"扩展的大都市地区"（extended metropolitan regions）的概念，这一概念以曼谷、雅加达等案例来支撑。麦吉认为（MCGee，1995），亚太地区的城市化过程由三种主要的动力驱动：全球化、交易革命（transactional revolution）和结构性变革，上述空间特征不仅是 一种新的城市形式，而且是跨国经济发展新形式的空间表达。

也有研究认为，东亚特大城市地区的发展也存在着一系列的问题，如城乡

环境差、建设成本高和运行效率低等。亚洲开发银行 1997 年度报告指出："如果没有妥善的干预，不去解决这些问题的话，特大城市地区将变得空间越发拥挤，环境越发污染，生产越发不健康，价格越发昂贵，社会分化越发严重。外来投资如果受阻，将出现一个下降螺旋线：特大城市比较优势将缩小，解决日益严重问题的资源也会相应地减少"（Montagnon，1997）。由此可见，亚太地区 高度城市化地区存在的问题具有普遍性。

随着中国取代日本成为亚太地区最大经济体，中国作为"世界工厂"成为整合该地区产业链、供应链的中心。各经济体已经按照比较优势，从价值链分工的角度，形成了产业分工和密切的协作网络。日本、韩国、中国台湾等经济体是高端和核心零部件的供给方，中国大陆则是加工制造和转化的引擎，并带动产业链向东南亚等区域延伸和拓展。中国作为重要的投资者，还在亚太地区的基础设施和公共服务领域开展了大规模投资，改善了整个区域的经济社会发展基础和条件，增强了区域的整体发展动力和活力，众多的产业园区和开发区成为带动当地就业和融入全球生产网络的载体。

2.6　空间规划对城镇发展的引导

2.6.1　空间规划的地位作用

20 世纪 80 年代以来，西方发达国家的规划理论和实践更加关注空间发展的整体性和协调性，重新回归以物质空间规划为主要内容的规划体系，并在原有物质规划的基础上，更加注重经济目标、社会目标和环境目标。欧盟为了避免各国城乡规划、区域规划体系称谓不同，将这种具有整合和协调功能的规划称为空间规划（spatial planning）。这种规划具有综合性、协调性和战略性，逐步成为其他国家对不同地域层次规划体系的统称。

对于大多数国家而言，国家空间规划是国家完善市场经济体系，提高竞争力，进行宏观调控不可缺少的手段，是中央政府站在国家立场，防止和纠正完全自由经济体制下市场失灵、进行政府干预的一种手段。在行政体系上，国家空间规划是协调国家各部门之间、中央政府和地方政府之间利益的一个总原则，具有行政性的协调作用。

2.6.2　国家空间规划的历史演进

1912 年英国生物学家格迪斯（P. Geddes）在《演进中的城市》（Cities in Evolution）一书中首创区域规划理论。在随后的一个世纪里，为了解决快速工业化和城市化进程中的城市与区域发展问题，区域规划得以重视和发展。1906

年比利时政府为比属刚果制定了公共设施投资计划，这被认为是世界上第一个
具有真正意义的国家中长期规划，标志着市场经济体制国家制定中长期规划的
开始（杨伟民等，2003）。苏联于 1920 年开展综合区域研究，并于 1921 年首
先制定了全国经济区划，倡导在国家计划指导下有组织、有步骤地对全国进行
区域开发。英国于 1923 年开展纽卡斯尔煤矿区的区域规划，美国于 1929 年开
展了具有相当影响的纽约地区规划，并于 1933 年以流域为对象，跨七个州进
行了田纳西流域区域规划。这些不同内容和不同层次的区域规划实践为二次大
战以后空间规划的大发展奠定了基础。

2.6.2.1　快速工业化带来国家空间规划的大发展

1944 年英国艾伯克隆比主持编制了大伦敦地区规划，成为以大城市为中
心进行区域空间规划的开创性尝试。这一规划实践的意义不仅在于对伦敦发
展的研究从城市拓展到了区域，还在于该规划的产生对战后英国经济的快速恢
复和发展提供了空间上的技术支持。从世界范围来看，宏观层面空间规划，特
别是国家层面的规划真正得以重视大都缘于该国的经济处于快速的发展阶段，
且中央政府具有较强的干预能力所致。20 世纪 50 年代，战后的日本经济开始
复苏，为了促进地区经济的发展，实现国土的均衡发展，于 1950 年就制定了
《国土综合开发法》，并于 1962 年制定了《第一次全国综合开发规划》和一系
列大经济区的综合开发规划（张季风，2004）。韩国作为亚洲的"四小龙"之
一，在其经济飞速发展的 20 世纪 70 年代也开始着手全国层面的规划，并于
1972 年颁布了《第一次国土综合开发规划》，通过培育新的国家经济增长中
心，促进经济的快速发展。从时间上来看，荷兰是第一个率先提出国家空间规
划的国家，荷兰于 1960 年颁布了第一份国家空间规划报告，针对二战后国家
经济的快速发展提出了统筹兼顾公平与效率的发展目标。此后法国、德国等国
进行了类似的规划。

2.6.2.2　人口增长和能源、环境的压力导致新一轮对国家空间规划的重视

20 世纪 70 年代以来，伴随世界人口的急剧增长和石油危机的出现，工业
和人口继续向大城市集中、城市环境日益恶化的趋势，使许多国家意识到进行
区域整体研究的重要性，空间规划的深度和广度也大大加强。亚洲一些国家由
于人口众多、资源相对短缺，对区域空间规划更为重视，典型如日本、韩国和
新加坡。日本在 1977 年颁布的《第三次全国综合开发规划》根据能源对发展
的限制调整了整个国家的开发计划。韩国在 1982 年颁布的"第二次国土综合
开发规划"明确提出了保护国土自然环境的目标。荷兰 1973 年的第三个国家
空间规划报告把"有选择的经济增长"作为目标，减少环境污染是国家发展的
战略目标之一。法国和德国根据经济发展的需要把全国分成若干相互联系的区
域进行规划，英国则成立区域经济规划委员会以协调空间利用规划（由环境、
交通和区域部承担）和经济规划（由贸易产业部承担）。

2.6.2.3　全球化时代提高国家竞争力成为国家空间规划再度崛起的重要动力

20 世纪 90 年代以来，经济全球化、贸易自由化和网络化的迅猛发展，加剧了各个国家、各个地区之间的竞争。为了在全球竞争体系中占据更高的地位，各地方强调区域内的联合以形成合力，参与全球竞争。几乎所有的国家和地区都不同程度地卷入地区性的经济组织，由此带来了对区域整体发展、城乡协调发展、生态共存共生、设施共建共享等多方面的需求。规划已经不再局限于解决区域内部的具体问题，而是为了增强区域自身的竞争力获取更多的发展机会。因此，大尺度区域规划或跨行政区区域规划受到重视，以国家为对象的空间规划尤其如此。如日本、韩国、荷兰等国 2000 年前后的国家空间规划以及英国、德国等国家的空间政策都明确提出提高国家的竞争力，参与全球竞争，积极打造具有国际竞争力的城市地区的目标，如日本提出东京都地区要成为世界城市，荷兰提出要把兰斯塔德地区打造成与大巴黎、大伦敦一样的欧洲重要经济中心。一些跨国或以大洲为对象的区域发展规划也迅速发展，如《欧洲空间发展展望》（ESDP）、东欧 8 国空间规划、拉丁美洲安第斯山周围地区（玻利维亚、哥伦比亚和秘鲁）的规划等。

2.6.2.4　注重发挥协作和市场的力量，促进国土空间的全面、协调和可持续发展

近年来，空间规划越来越强调市场和私营部门主导的开发，越来越强调不同形式的区域治理和地方权力。如日本在 2005 年的《国土形成法》中强调，国土形成规划要推进协议式、协商式与参与式结合。设立国土审议会，调查审议与国土形成规划及其实施有关的必要事项。国土形成规划制定须根据国土交通省法令，预先征求国民意见，同时与环境等其他相关行政机构协商，听取都道府县及指定城市意见。《美国 2050 空间发展战略》，无论是在规划编制阶段，还是规划实施阶段，都吸纳了利益相关者的意见和广泛的公众参与。该空间战略不仅包括物质设施和环境空间的安排，还包括了对不同利益相关者的矛盾冲突和关系的协调。规划通过后，为了鼓励不同利益相关者在规划实施中的广泛参与，《美国 2050 空间发展战略》还提出了相应的激励政策体系和管理制度。

宜居和提高空间品质成为规划的重要目标。日本 2003 年国土交通省发表了《美丽国家建设政策大纲》，同年日本政府制定并实施了《观光立国行动计划》，从维持创造国家魅力的角度对各地区城市景观建设提出新要求。2004 年12 月日本颁布施行《景观法》《实施景观法相关法律》《城市绿地保全法的部分修改法律》，合称"景观绿三法"，促进城市和农、山、渔村等地区形成良好的景观，通过综合制定景观规划及相关措施，力争实现美丽而有风格的国土、丰富而有情趣的生活环境、健全而有活力的地域社会，最终促进国民生活水平的提高以及国民经济与地域社会的健全发展。

2.6.3 国家空间规划的几种主要模式

2.6.3.1 规划体制的三种类型

由于各国存在不同的历史背景、社会制度、经济条件、地理环境和文化传统，所以各国空间规划的侧重点、政策导向以及规划的理论也不同。但总的说来，空间规划被作为国家和区域政府对区域经济发展的一种引导和调控手段。根据法、德学者的看法，现代市场经济存在两种不同的类型，一种是所谓的"莱茵模式"（西欧、北欧发达资本主义），另一种是"盎格鲁·撒克逊模式"（英、美模式）。"莱茵模式"实行经济中长期发展计划，有较大规模的国有经济，在处理政府与市场的关系上，实行政府主导模式，注重政府对市场的干预。而"盎格鲁·撒克逊模式"奉行自由市场模式，政府对市场的干预较低，国有企业也比"莱茵模式"国家少得多。需要指出的是，苏联、东欧、越南、朝鲜和改革开放前我国等社会主义国家奉行的"苏联模式"是另一种重要的经济模式（计划经济）。这一模式实行国家对经济的干预，国有经济占绝对主导地位，各项建设严格按照计划实施。概括起来说，国家的政治经济体制决定了空间规划的编制和实施的总体模式，它不仅是一项技术过程，而且是一项政治过程，一种政府行为和社会行为。根据已有的国家空间规划的理论和实践，可以把空间规划体系分为三种不同的类型。

1.国家强干预体制

这类国家以前苏联和东欧等社会主义国家为代表，也包括资本主义国家中法国、荷兰、希腊、日本、新加坡等。这些资本主义国家，一般拥有较高的中央集权传统，社会主导价值提倡集体主义和国家主义，法律上规定土地归国家所有或国家对私有土地有较强的开发控制权，规划权力比较集中在中央政府及各级政府手中，大多成立大区政府来协调较大范围内城镇群体的发展，即建立了双层领导的行政体制，规划是各级政府的主要职责之一，拥有健全的规划机构与机制。同时由于这些国家国土狭小，普遍具有强调区域空间的集约发展的内在需要。

前苏联是计划经济体制国家空间规划的典型。1920年由列宁主持制定的《全俄电气化计划》是世界上第一个全国性的国民经济长期计划。它按照建立合理的生产地域组织理论，以电气化为动力，将当时苏联欧洲部分划分为八个区，提出了各个地区的特点以及恢复建设的具体任务。20世纪20～30年代，制定了以开采石油为中心的依托巴库、以动力工业为主体的地聂伯等地的综合规划，拉开区域规划的序幕。此后，以促进和协调不同等级区域经济有计划、按比例协调发展为目标的经济区划成为苏联国家计划委员会的一项经常性的工作。20世纪20年代，在"基本经济区是国家独特的经济上尽可能完善的、但不是自给自足的一部分，它是全国国民经济的一个环节"思想指导下，将全国划分为21个基本经济区（其中欧洲部分12个，亚洲部分9个），并计划在此基础上划分 140～150 个二级经济区和 3000 个左右基层经济区，到 20 世纪 30 年代末期又将基本经济区归并为 13 个。到第二次世界大战前，三级经济区划是制定全苏和各个加盟共和国以及边疆区、州及自治共和国等一级行政区经济发展的中长期计划的重要地域单元，在工业、能源、交通、城镇布局等建设上发挥重要作用。从 1937 年的第三个五年计划起，正式拟定国家层面的空间规划，至 1988 年苏联解体前，全国划分三大经济地带，149 个经济行政区，3225 个州内经济区。

前东欧社会主义国家在经济管理体制上与前苏联基本一致，都是通过国民经济计划对国土和区域发展进行调控。强调遵循劳动地域分工和生产力均衡布局理论，促进全国和各大区域经济的高速发展与生产力布局。如匈牙利发展规划由计划委员会和建筑部共同编制，并将其作为国家长远发展的一项战略决策。1960 年正式完成的规划方案，1971 年由匈牙利议会批准，经过长期实践，目标基本达到①。

法国是一个高度中央集权的国家，历史上就形成了国家干预的传统。从中央至各级政府都建立了由上至下紧密制约的规划机构。1959 年以来国家有计划地在全国 300 多个市镇间设置了若干个辛迪加（syndicate）式的联合委员会，政府在各主要稽核城市地区设有区域研究协会（Regional Research Institute. RPI），因而中央政府、地区的整体规划观念基本可以得到层层的落实，有可能编制并实施诸如全国范围内的"平衡性大都市"规划（1965）以及对以巴黎为中心的城镇密集群体空间的轴向切线分解发展规划（1965）。1979 年和 1980 年又对此方案作过两次修订。

荷兰被称为"规划的国家"（planned country），城市规划不仅仅局限于对城市，而是把国家像一个城市一样进行规划。1960 年、1966 年、1976 年、1990 年、2000 年国家先后五次编制了《国家规划报告》。与其他欧洲国家相比，荷兰的空间规划体系既综合又详尽。国家规划重点是对未来理想的空间布局的总体概述以及城市化问题的关注。省级结构规划在国家规划与城市土地使用规划之间发挥着重要作用。任何建设活动都必须依据建设许可，只有符合城市规划时才能给予建设许可。

日本的国土规划体系分为四级：（1）全国综合开发规划；（2）三大都市圈建设规划、七大地区开发规划、特殊地区规划（岛屿、山村、欠发达地区等特殊地区）；（3）都道府县综合发展（长期）规划；（4）市村町综合发展（长期）规划。根据基本法"国土综合开发法"（1950 年）及相应的配套法规，由国土厅（2001 年与建设省、运输省、北海道开发厅合并改组为国土交通省）负责制定全国、大地区和特殊地区规划。都道府县起承上启下的作用，听取市村町的建议制定都道府县所负责的综合发展长期规划，并协调区

---

① 转引自：吴次芳. 国土规划的理论与方法. 北京：科学出版社，2005.

域内及与周围地区的开发规划。中央制定的国家规划通过国土规划审议会审议后，由内阁会议通过。与全国规划相配套，国家各部门制定 14 个公共投资建设长期计划（5 ~ 7 年计划），对国家负责的领域进行公共投资及对地方进行补助（图 2 - 8）。

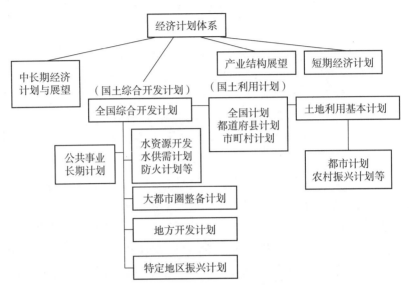

图 2 - 8　日本国土规划的体系
注：（　　）属于国土厅与其他部门合作；文本框中内容则不属于国土厅。

2. 充分地方自治体制

这种模式以美国为代表。国家不对规划作集中统一管理，各类规划由区域或城市自行编制，但国家通过立法和财政手段引导空间资源的全国配置。

美国实行的是联邦制，中央政府几乎没有规划权力，规划权力被下放给州政府，而州政府又将规划权力下放给州以下的各级自治机构。联邦政府在国内事务上的权力和影响，主要是通过联邦基金的分配、引导来实现的。联邦政府基本不编制区域性的规划，也没有统管各州和地方政府规划的国家规划。美国国家空间规划的经典范例是 20 世纪 30、40 年代田纳西河流域规划，规划范围跨越了美国南方中心地带的七个州，并因此成立了田纳西河流域管理局（TVA），其经验后来被许多国家学习和仿效，但美国却没有再进行类似的规划。

美国虽然不存在明确的区域规划，但从有关类似"区域规划"的文件中可以看到一些跨州的"区域规划"。如全国大的公共工程规划（如交通），以规划为基础，向州级政府发放补助资金，制定法律和规章，管理资源的开发利用和保护，间接干预州级规划。

近些年来，美国政府有意识地欲强化政府的调控作用，提出增长管理

（growth management）的概念。在区域内多个行政区之间强调资源共享、功能互补、义务共担。针对区域的不受节制的无序发展，近年来政府鼓励建立各种各样的跨行政区的联合大都市协调管理机制，通过联邦基金的调配来增加政府的调控能力，如规定为了获得联邦的公路资金，地方区域必须做出一个综合性的规划。

欧盟是当今世界一体化程度最高的区域政治经济集团组织。随着欧盟一体化进程的不断推进，欧盟各成员国对于建立欧盟层面的空间发展指导框架成了广泛的共识。在 1994 年的欧盟成员国空间规划和区域发展主管部长的非正式会议上，15 个成员国就起草"欧洲空间发展展望"（ESDP）的原则达成一致，并在 1999 年公布了 ESDP 的正式文件，指导各成员国的空间发展。尽管 ESDP 是指导性而不是指令性文件，但欧盟要求各国在发展规划中遵循和体现 ESDP 的各项原则和政策，并通过"结构基金"促进规划的落实。ESDP 的指导原则和政策目标体现了欧盟各国空间发展和规划的共同价值取向，政策选择更多地关注各个国家和地区的多样性。

"欧洲空间发展展望"是欧盟各国历时多年制定完成的空间一体化规划政策，是欧盟区域政策的重要组成部分。ESDP 无论从其制定的方式还是实施运行的机制，都充分体现了不同国家和地区之间运用规划手段，实现共同目标，推进各自国家和地区发展的政策力量。

3. 适度干预体制

这种模式以英国、德国、丹麦、意大利等国为代表。中央政府有意识地适度干预和总体协调，规划在一个主管部门下按统一程序分级进行。中央政府对地方规划具有一定的指导权和裁定权，并在法律、政策、经济等多方面进行调控。

英国 1928 年就在苏格兰地区成立联合城市规划咨询委员会（Joint Town Advisory Committee），进而在全国范围内展开区域规划工作。在二次大战以后的区域规划实践中，虽然以经济规划为主要内容，但一开始即成为一种城市区域范围的空间规划，充分考虑基础设施、新的工业区、住宅区和港口、机场等空间要素。城市规划体系主要包括结构规划（structure plan）、地方规划（local plan）和综合发展规划（unitary development plan）。结构规划由郡规划部门编制，由中央政府环境大臣批准方能生效，大都市地区则必须编制综合发展规划。在国家层面由环境部制定国家规划政策方针（planning policy guidance，简称 PPG）和国家区域政策方针（regional policy guidance，简称 RPG），指导各个地区和城市的发展规划。在新一轮的城乡规划体制改革的讨论中，提出了较大范围的区域规划范畴，要求以此为单元编制区域发展规划。

德国是联邦制国家，但在中央、州、市三级政府之间在空间规划上存在紧密的联系（图 2 - 9）。国家有联邦区域规划、建筑和城市发展部，通过编制综合性区域规划，协调联邦和各州之间的发展，并有专门的机构—空间规划部长

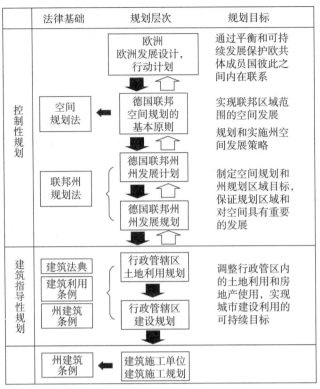

法律基础	规划层次	规划目标

图 2－9　德国空间规划体系

会议（Ministerial Conference for Spatial Planning，简称 MCSP）[1]。德国空间规划的特点是在联邦政府的基本法指导下，主要由州制定和实施州国土规划。根据基本法《联邦空间发展法》，联邦规定全国空间发展的理念、原则和程序，各州有绝对的自治权和立法权，在考虑联邦法的理念、原则的情况下，制定州法和州规划。联邦也与州合作，共同制定涉及联邦整体的政策和基本方针。基本法的理念是通过综合的和上位的规划，促进全国和各地区的开发、建设、保护，协调社会经济目标与生态功能目标，在大范围内保持地区的均衡和可持续发展。国家规划体系分为四级：（1）联邦空间发展政策大纲；（2）州发展规划；（3）区域规划；（4）市镇村规划。事实上，德国政府往往通过为区域提供基础设施和财政支持引导统一开发政策的制定与实施。

　　此外，意大利行政体制中的"大区"是制定区域规划和实施产业发展的关键实体，拥有较大的行政实权，主要职能是制订法规和布局重大企业建设工程。丹麦的区域规划由环境部负责制定并实行统一管理，分四级依法进行规划编制，即国家和区域规划条例、大都市区区域规划条例、市规划条例和城乡分区条例。

---

① 该机构仅是一种咨询和协调性质的机构。

2.6.3.2　几种主要的规划模式

1. 以引导发展为核心的日本模式

日本自 1962 年以来先后制定了五次全国综合开发规划，从全国层面对工业化、城市化带来的人口、产业发展中的问题，以空间规划为基础进行了通盘规划。这五次规划对全国范围的空间资源的高效和合理使用起到了积极的作用，也在世界范围内产生重要影响。

第一次全国综合开发规划（一全综）于 1962 年颁布（图 2 – 10）。规划针对 20 世纪 50 年代日本全国经济高速增长过程中，企业向沿海过度集中、大城市日益膨胀、地区间差异扩大和用地用水严重等问题，提出了实现区域间的平衡发展的规划目标。通过《太平洋沿岸带状产业布局构想》和《国民收入倍增计划》来对上述问题进行综合解决。在空间政策上，提出了"据点"开发构想，除东京、大阪和名古屋以外，重点发展侧重工业开发和侧重城市功能的两类"据点"，以此带动地区经济的发展。

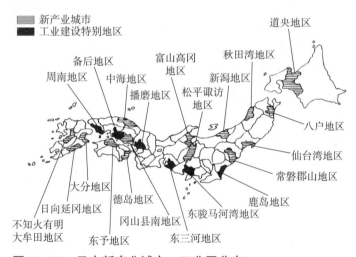

图 2 – 10　日本新产业城市、工业区分布

资料来源：日本国土综合开发论. 北京：世界知识出版社，2004.

第二次全国综合开发规划（二全综）于 1969 年颁布。规划针对 20 世纪 60 年代区域发展过密过疏的深化、企业继续向沿海集中和农村劳动力过剩等问题，提出以工业、牧业、交通等大规模开发项目为中心，进行更大规模的国土资源开发利用的目标。在空间政策上提出调整大城市的功能，分离其工业，加强中枢管理功能等措施。在欠发达地区提出增加公共投资，进行产业开发和旅游开发，提高生活环境条件，并重点在交通网络的建设上提出了规划建议。结合大的产业布局，提出了东北地带、中央地带、西南地带，以及北海道圈、东北圈、首都圈、中部圈、近畿圈、中四国圈、九州圈七个"广区域生活圈"①的概念。"二全综"规划通过大规模的开发项目，使"据点"得以延伸，对日本经济发展起到了很重要的作用。

第三次全国综合开发规划（三全综）于1977年颁布。规划针对20世纪70年代快速工业化带来的环境公害、区域过密过疏以及石油危机带来的资源短缺等问题，提出了建设适宜人居住的综合环境目标，即以有限的国土资源为前提，扎根于历史的和传统的文化，发挥地区的特长，使自然与人协调，建设健康型的、文化型的、具有人情味的综合环境。空间政策一改过去强调经济开发的模式，提出将定居圈作为基础单位，重点进行住宅、教育文化和医疗等生活设施建设，控制大城市集中，推进均衡发展。该规划还提出了技术集聚城市的构想，响应科技立国战略。"三全综"在目标取向上强化了人居综合环境的理念，更加尊重地方自治的主体性，对片面强调经济效益进行反省，是一次对发展理念的重大调整。

第四次全国综合开发规划（四全综）于1987年颁布。规划针对20世纪80年代东京一极化趋向严重、产业结构变化、就业压力加大、老龄化现象和国际化潮流的挑战，提出了建立"多轴多极分散型"国土开发结构，排除人口、经济和行政等诸功能向某一特定地区的过度集中，更多地体现公正和效率，加强中央与地方的联系，促进地区间和国际上的相互补充和融合，建设世界城市。"四全综"对分散东京过于集中的城市功能起到了重要作用，为形成多样化且有自身特色的地区产生了积极的影响，特别在全国建设人员、物资和信息网络方面具有重要意义。

第五次全国综合开发规划（五全综）于1998年颁布。规划针对20世纪90年代全球化和信息化的挑战、传统工业地带向第三世界转移，总人口减少等问题，提出适合国际化、信息化潮流，形成广域的国际交流圈，建立向世界开放的"多轴型"国土结构②，同时让国民享受自然的恩泽，更新和改造大都市等措施。在开发模式上提出了政府与企业的合作，中小城市与周边农村、山村之间的区域协作，不同层次中枢城市的协作，推动区域层次国际交流，促进产业、福利、教育、文化和旅游发展为目的的区域协作等重要政策。"五全综"在规划理念上贯彻了经济全球化、可持续发展等思想，空间结构上以多轴型代替一极一轴，城镇体系的扁平网络结构代替传统的等级结构，以城市的自立和互补来代替对中心城市东京的依赖，交通、通信等设施追求高效率、机会均等和对环境负荷小。

综观日本五次综合规划的制定，其最大的特点在于规划根据国际形势的发展和国家发展的需要，有针对性地解决区域发展中的问题，特别在空间政策上

---

① "广区域生活圈"为国土开发和区域开发的基础单位，比通勤圈、购物圈、学区圈大，半径30～50公里，每个广区域圈内有一个具有城市功能水平的中心城市。

② 即西日本国土轴、东北国土轴、日本海国土轴和太平洋新国土轴。

通过产业和城镇的布局推动均衡发展的目标，无论是早期的据点、广域圈、定居圈还是后来的多极多轴都体现这一理念。在过去的 50 多年里，五次综合规划成为日本经济发展、国土开发、资源保护和地区均衡发展的最重要指导原则，对国家社会经济的发展起到了积极的推动作用。

2005 年以后，日本将"综合开发规划"改称为"国土形成规划"，意味着在人口减少和社会发展相对成熟的背景下，日本从以"开发建设"为主导转向以"提升质量、更新保护"为主导。2008 年公布的第一次国土形成规划（习惯称为"六全综"）的特点是"新公众"理念下的国土域状开发。规划针对国民价值观念多样化、人口减少和地方分权的发展，提出"实现美丽宜居国土"。规划将整个国家划分为 10 个广域地区，促进各广域地区与东亚地区的交流与合作、制定具有地方特色的发展战略，增强广域地区的活力；推进由多个市町村构成的"生活圈域"，通过各"生活圈域"分工合作，确保公共服务的提供和区域社会的运转，促进资源的集约利用。

2015 年公布的第二次国土形成规划（习惯称为"七全综"）的特点是"紧凑 + 网络"理念下促进国土的活力"对流"。为应对人口持续减少和高度老龄化，规划提出推进"紧凑 + 网络"型结构。"紧凑"是地区内各种服务功能紧凑布局；"网络"是实现城市间、地区间的协作，确保高层级功能必要的圈域人口规模；"对流"是多种个性的地域相互协作产生地域间的人、物、资金、信息的双向流动，是促进国土活力的源泉。

2. 以控制不平衡为核心的韩国模式

韩国自从 20 世纪 70 年代起，针对其快速工业化和城市化进程中产生的大量问题，先后进行了四次国土规划。

第一次国土综合开发规划（1972—1981 年）针对 1960 年代以来经济高速发展的态势以及投资重点在生产性较高工业部门，形成以汉城（现首尔）和釜山为中心的城市化特征，提出了保持经济持续增长，提高国土利用效率和改善国民生活环境等总目标。在空间政策上提出建设大规模的工业基础设施，建立交通、通信、水资源及能源供应网，加强后进地区的区域功能，开发适合地域特性的产业的规划政策。第一次国土综合开发规划，对迅速提高韩国的国力和工业化水平起到了作用，但对汉城为中心的首都圈人口和产业更加集中并没有起到实质作用。

第二次国土综合开发规划（1982—1991 年）的产生是为了消除首都圈更加集中、地域不平衡等问题而编制的。规划提出诱导人口向地方定居，建立国土多核心结构，缓解以汉城和釜山为中心的两极化现象，将成长潜力大的地方城市培育成新的成长点，对汉城、釜山两大城市的成长进行抑制和管理，加强交通、通信等规划，加强落后地区的开发，将具有旅游资源、地区特产物等开发潜力的落后地区规划制定为特殊地域，积极支援或开发。第二次国土综合开发规划使韩国更大区域范围的经济得到了持续增长，国民生活环境得到了改善。

第三次国土综合开发规划（1992—2001 年）仍然是源于汉城—釜山的过度极化现象。规划提出了形成地方分散型的国土格局，改变抑制首都圈集中的消极的均衡开发方式，转换为以地方开发中心的积极方式。在大城市设立业务团地，在中小城市选定育成符合城市特点的主力产业，在国土中西部及西南部地区形成新产业地带，诱导与中国的交流和竞争，并将集中的京釜轴的产业功能向西海岸分散。提出构筑综合的高速交流网，扩充国内外干线交流，确立交通、流通和通信设施间的相互联接体系。强化国土规划的执行力度，明确中央政府、地方政府及民间部门之间的职责。第三次国土综合开发规划，构筑了韩国经济增长的基础，大幅度改善了国民生活环境。但是，向汉城—釜山极轴与首都圈的人口和产业的集中趋势还在加剧，到 2000 年，在占全国国土面积 11.6% 的首都圈集中着全国 46.5% 的人口、88% 的大企业以及 84% 的国家公共机构。

第四次国土综合开发规划（2000—2020 年）的产生是为了用新理念，彻底转变不平衡的空间发展格局。规划提出要形成更加富饶的"均衡国土、绿色国土、开放国土、统一国土"的目标，指向半岛南北协调的统合。空间政策上提出构筑开放型统合国土轴规划，在韩国内陆地区形成三个发展轴，在韩国沿海地带形成三个沿岸国土轴，提高内陆发展水平和沿海地区的竞争力。提出形成健康、适宜的国土环境，通过高度、容积率限制等方式，使山地成为优美的田园居住地和文化休闲空间，追求城市地区的绿化，保护西海岸的湿地。提出构筑高速交通网和国土情报网，将全国连成一个快速的生活圈。

总结韩国四次国土综合开发规划（表 2 - 1），其主要特征是针对市场力的强大惯性，国家通过产业引导、提高地区的生活环境质量，培育地方自身的发展能力，促进区域的协调发展。其中基础设施条件的根本改善，对均衡的国家空间格局具有重要作用。

当前，韩国正在编制第五次国土综合规划（2021—2040 年）。规划将摆脱过去以开发和发展为主的模式，转向确保安全、实现大城市"瘦身"、解决地方中小城市衰退等问题。应对人口减少和城市萎缩问题是这次国土规划关注的焦点，编制的方向主要是扩大国土、健康国土、快乐国土。扩大国土指与大陆连接、与虚拟国土连接，形成统筹国土 – 海洋 – 山地的国土网络；健康国土是指确保社会、经济、环境的健康性，重视可持续国土和国民的生命、安全、生活。快乐国土是实现国土价值最大化，提高生活质量，享受休闲和幸福生活[①]。

---

① 周静.韩国国土规划发展经验与新动向及启示 [J]. 中国国土资源经济，2020，33（7）：47-50.

韩国四次国土综合开发规划的主要内容　　　　　　　　表 2－1

	第一次国土综合开发规划（1972—1981 年）	第二次国土综合开发规划（1982—1991 年）	第三次国土综合开发规划（1992—2001 年）	第四次国土综合开发规划（2000—2020 年）
基本目标	有效利用和管理国土；扩充开发基础；资源开发与自然资源保护；改善国民生活环境	人口向地方分散；全国性国土开发；提高国民福利水平；保护国土自然环境	构筑地方分散型国土骨架；确立生产型和集约型的国土利用体系；提高国民福利与保护国土环境；奠定朝鲜半岛统一的基础	均衡国土；绿色国土；开放国土；统一国土
基本战略	建设大规模工业基地；扩充交通、通信及能源供给体系；强化开发落后地区的地域机能	国土多核结构的形成；广域开发；缓解地域差距；落后地域开发	首都圈集中控制与地方城市发展；西南部产业带培育与产业尖端化；构筑高速公路网；强化国土规划的执行力；南北韩交流区的开发与管理	开放型国土轴构筑；提升地域竞争力；亲环境型国土管理；建设高速交通网、信息网；建设南北韩交流协作基础
规划项目	产业基础的构筑；交通通讯网的扩充；城市开发；水资源开发	定居体系与人口配置；国民生活环境整备；国土开发基础扩充；国土利用管理	地方城市发展与首都圈集中的控制；工业布局及旅游开发；综合型交通网构筑；国土资源管理	区域经济发展；旅游、文化产业开发；高速交通网、信息网建设；国际客物流基地建设
措施	成长据点开发；流域圈开发	分散式据点开发；生活圈开发	多极核开发；地域经济圈开发	广域圈开发；国土发展轴开发
圈域设定	4 大流域圈（汉江圈、锦江圈、洛东江圈、岭山江圈）、8 中圈、17 小圈	5 大城市生活圈、17 个地方城市生活圈、6 个农村城市生活圈	未明确划分	10 大广域圈、首都圈、2 大发展轴、6 小发展轴

资料来源：吴次芳等 . 国土规划的理论与方法 . 北京：科学出版社，2003.

3. 以提高竞争力为核心的荷兰模式

1960 年荷兰政府正式编制了第一个国家空间规划报告。该报告提出把统筹兼顾公平与效率目标作为国家空间规划的出发点。从这两个目标出发，报告提出一方面要控制全国人口的分布，适当疏散兰斯塔德地区的人口和就业岗位，同时把各种社会和文化设施分散到全国，以弥补边远地区劣势；另一方面要把一些重要的经济职能，如跨国公司、战略决策中心、港口和港口工业、出口产业等集中到兰斯塔德，提高中心地区的发展能力。

1966 年荷兰政府编制了第二个国家空间规划报告。针对当时私人小汽车的快速发展和城市郊区化的趋势，规划报告提出，兰斯塔德的人口和就业岗位应沿着便捷的交通线路向外扩散，按照"有集中的分散"原则，把人口成组地分布在城镇集聚区中。这一原则既保护了兰斯塔德的历史风貌，又改善了居民的居住环境。同时，为使荷兰成为西欧大城市群区的一部分，报告中还提出了发展兰斯塔德南、北两翼（urban wing）的设想，以此构筑欧洲中心城市体系的一部分。

1973 年荷兰政府开始编制第三个国家空间规划报告。针对 20 世纪 70 年代兰斯塔德地区一些主要城市的人口规模出现减少的趋势，以及大量的城市富人逐步迁移到小城镇甚至乡村地区的状况，提出了"有选择的经济增长"的规划理念，提出要对现有城镇给予特别的优先，实行有限制的人口疏散，增加现有城市人口，防止城市的萎缩。并把城市区域作为荷兰国家空间规划的一个重要概念[①]，报告认为兰斯塔德是一个由许多城市区域所组成的综合体，在城市区域内部及城市区域之间，将主要发展公共交通系统，通过现有基础设施水平的提高，加强地区的发展能力。

1988年荷兰政府公布了第四个国家空间规划报告。与第三个报告相比，这个报告具有三个明显的特点：一是特别强调日常生活环境质量的提高和空间结构的改善，并把"持续发展"作为其基本的出发点之一；二是重新强调兰斯塔德的重要性，以便提高荷兰的国际地位，增强其国际竞争力；三是十分重视中央、省和地方政府之间以及公营部门与私营部门之间的合作。在报告中提出把经济核心区由兰斯塔德逐步扩展，形成一个由众多城市组成的中部荷兰城市圈，其中心是一个比兰斯塔德绿心地带更为开阔的农业地区。中部城市圈中，鹿特丹是世界第一大港，阿姆斯特丹是荷兰的首都、金融中心和欧洲重要的航空港，海牙则是荷兰政府和众多国际机构的所在地，今后该地区将是创造一个具有国际竞争力的城市区域，与巴黎、伦敦、布鲁塞尔等大城市区相抗衡。

2000年荷兰政府公布了第五个国家空间规划政策文件草案。规划对荷兰未来的住房、就业、基础设施、娱乐、体育、自然环境、空地、农业、水等各种用地趋势进行了展望和预测，提出了继续注重提高空间质量和引导经济社会活动对空间的使用两个主要的目标。为更清晰地阐述规划目标，第五个国家空间规划使用了层次分析法，将荷兰空间分为基础层、网络层和应用层三个层次。基础层指空间变化所赖以发生的自然物质和生态条件；网络层指全部的公路、铁路、水路、管道和下水道、港口、机场、中转站和数字网络，又分为基础设施网和交通运输网；应用层指人们的生活、工作和休闲场所，在应用层中，城市与乡村、发达地区和不发达地区之间差别非常显著，规划强调要在保证社会公平的前提下，保持城市和乡村之间、城市与城市之间、乡村与乡村之间的空间差异性，提高空间质量。规划还从国际合作、城市与乡村、城市网络及水资源四方面对目标进行细化并构建相关政策框架。其中加强荷兰的竞争力，重点建设好鹿特丹港口和阿姆斯特丹国际机场，引入"三角洲大都市区"概念，将兰斯塔德大都市区建成国际城市网是规划的重要目标。在城市与乡村规划中，提出政府进行干预的三种战略：一是集约使用土地，适用于城市地区；二是综合利用土地，适用于乡村地区；三是转换城市和乡村的空间，以更好地满足需求。规划将荷兰分为三类地区：红线区（建成区）、绿线区（生态区）、过渡地带。根据各个地区的特点，确定其细化的空间目标，采取不同的空间干预战略和政策措施。

[①] 所谓城市区域，就是中心城市与其周围的增长中心（新城）按照交通原则有机连接起来的整体。

2008 年荷兰规划体系进行了重大改革，国家空间规划报告被结构愿景所替代，这意味着国家空间规划的编制审批程序也相应简化，内容更加战略化。2012 年颁布的《基础设施和空间结构愿景（2040）》报告，充分体现了这一特点。报告明确在未来的 30 年里，荷兰的空间发展战略将与经济增长与竞争力、交通可达性、宜居和安全这几个概念紧密结合。报告提出"将使用者放在第一位，优先考虑投资并将空间规划和基础设施建设结合起来"。报告主要目的是刺激经济增长，并尽可能地扫平一切阻碍经济发展的障碍。

荷兰空间规划在理论和实践上比较系统和成熟，始终将区域的平衡发展和提高核心地区的竞争力结合起来，始终将核心地区的发展放在欧洲和全球的层面去分析，始终将城乡关系作为一个整体来分析。在技术方法上，一系列科学的分析手段、分地区的政策指引和控制措施都有相当的借鉴意义。

4. 以地区协调发展为核心的德国模式

随着德国的统一、欧洲共同市场的形成以及可持续发展观念的增强，德国建设部自 1990 年代起制定了三个重要文件：《空间秩序规划报告（1993）》、《空间秩序规划政策导向框架（1993）》和《空间秩序规划政策措施框架（1995）》。其中《空间秩序规划报告（1993）》是德国统一后的联邦政府第一个全面的空间发展规划报告。

空间秩序报告的主要内容是制定促进经济发展、地区均衡发展和增加就业岗位等的区域政策和有关措施；确定区域整治目标、原则和有关规定，如各地区经济发展、人口流动、土地利用结构、环境保护和基础设施的最低标准；提出建设全国性大型基础设施项目的总体要求。

德国联邦政府层面上的空间规划政策框架强调地区是空间秩序实施行动的层面；强调用欧洲的尺度思考空间发展问题，在考虑大城市和边界城镇发展时强调与欧盟合作；强调交通和环境在国家空间发展中的特别重要的作用；进一步明确划分空间秩序规划和州域规划编制和实施过程中，联邦政府职能主管机构与地方政府的权利与义务。

作为 21 世纪德国空间规划的任务，德国建设部在 1996 年公布了九大发展目标和任务：（1）加强疏解全国居民点结构；（2）建立城镇体系网络；（3）扩大城市与周边地区联系；（4）保护农业地区民族文化的多样性；（5）合理混合居住、工作与游憩用地；（6）保证自然生存基础条件的可持续性；（7）建构可承受交通；（8）与欧洲邻国合作；（9）建设首都地区。上述目标反映了主导德国空间规划 21 世纪的核心思想是分散化集中、城镇结构网络化和城乡一体化。把柏林与其所在的勃兰登堡州以及与柏林连接的地域空间结合在一起共同完成一个空间发展规划，是大都市及其周围城镇群建设规划的有益探索。

从德国国家空间政策可以看出，地区协调发展是国家健康发展的基础，但在整体发展的同时，保持地方的多样性是全球化时代非常重要的一个方面，同时提供高效率的基础设施供给是促进地区全面发展的重要条件。

5. 以经济、社会、环境综合协调为目标的欧盟模式

"欧洲空间发展展望"是欧洲一体化过程中重要的一步。为了实现欧洲大陆经济和社会的融合、保护自然资源和文化遗产、欧洲地区竞争力的更为平衡，1999 年 15 个成员国共同签署了这一以空间规划为核心的报告。报告用一个简明的图示展示了报告的目标（图 2 – 11）。随着欧盟范围的扩大，在这一报告基础上又开展了次区域的规划研究工作。

图 2 – 11　欧盟空间发展目标示意

资料来源：欧盟空间发展展望，欧盟委员会，1999.

就欧盟而言，各地经济潜力严重不平衡，这种不平衡阻碍了区域性的协调发展和可持续发展。在"繁荣"和"贫穷"地区间经济力量差距慢慢缩小的同时，大多数成员国内部地区间的差距却在增大。为解决此问题，欧洲空间规划提出了比较综合的发展目标：实现一个平衡和可持续发展，通过加强经济和社会的聚合来实现。实现欧盟空间发展政策的三个导则是：发展一个平衡的和多中心的城市体系以及一种新的城乡关系；确保平等地享有基础设施和知识；实现可持续发展，明智的管理以及对自然和文化遗产的保护。

实现欧盟空间发展的基本行动主要是：共同体竞争政策；泛欧网络（TEN：Trans-European Networks）；结构基金（Structural Funds）；共同农业政策（CAP）；环境政策；科研、技术与开发（RTD）和欧洲开发银行的贷款活动。具体如下：

（1）确定共同体竞争政策

竞争政策在共同体级别上规定了一系列的准则，以避免卡特尔、垄断企业的市场滥用。它对公司的合并与收购起控制作用，也为政府补助提供了框架，对经济活动的地理分布和整个欧盟的贸易方式产生影响。

（2）构建泛欧网络

要求共同体为组织和开发交通运输、电信、能源供应等贯穿欧洲的基础设施网络作出贡献。建设一个运行良好和可持续的运输体系，特别将孤立、封闭、边缘地区与中心地区连接起来。通过高速铁路的建设，连接欧洲主要大城市地区。并积极发展现代通信技术和能源网络为农村和交通不便地区提供支持。

（3）构筑多中心空间结构

欧盟的核心地区由伦敦、巴黎、米兰、慕尼黑和汉堡组成的五边形组成。这一地区提供了强大的全球经济功能和服务，ESDP 在空间政策的取向上，强调多中心的、平衡的城市体系和城乡合作关系。创建若干动态的、在欧盟区内布局合理的、由通达国际都市化地区及辐射腹地（各种规模的城镇和农村地区）的交通网络组成的国际经济一体化区域。

（4）通过结构基金实施规划

除传统的补贴外，根据划分较小的地区的人均 GDP 水平，确定结构基金的

申请条件。通过结构基金的提供，促进地区经济的发展（图 2 - 12）。在更大的跨越国界的合作地区内，将重点放在影响地域空间开发的各因素的关系协调上。

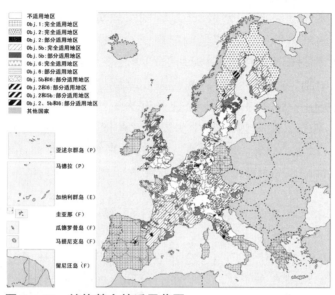

图 2 - 12　结构基金的适用范围
资料来源：欧盟空间发展展望，欧盟委员会，1999.

在实施上，ESDP 提供了政策实施的整体框架（图 2 - 13）。这种实施不是单个主管部门的职责，而是包括了一系列有关空间发展（土地使用、区域规划、城市规划）和规划主管部门的职责。

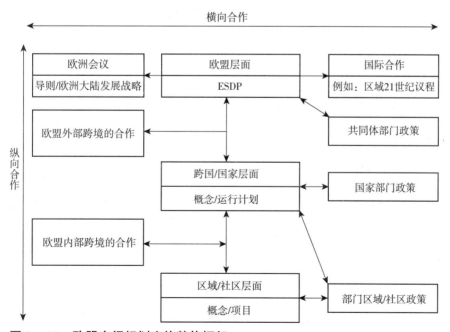

图 2 - 13　欧盟空间规划实施整体框架
资料来源：欧洲空间发展展望，欧盟联合委员会，1999.

2.6.4 国家空间规划的实施机制

2.6.4.1 法律手段

在市场经济体制国家，以法律为基础制定和实施规划是大多数空间规划比较成功的国家的基本特征。法律是制定规划的依据，也是实施规划的保障。一些发达国家大都制定有包括空间规划的基本任务、组织和管理等内容的基本法，并在实施中制定相关的法令、法规以及政策。

日本在 1950 年制定的《国土综合开发法》，具有国土开发基本法或组织法的特点。日本的五次全国综合开发规划就是依法制定的，针对大城市地区发展、工业区发展、欠发达地区发展、山村振兴等诸多方面还制定了 60 多项法规，如《首都圈整备法》《首都圈工业配置控制法》等，落实全国综合开发规划[①]。

法国《国土规划法》就是建设的基本法。1982 年《计划改革法》提出了"计划合同"，合同有两种形式：其一是国家和大区之间的合同，目的是落实经济发展和国土整治的优先项目，合作双方保证为落实具体项目提供必要的资金；其二是国家与国有企业之间的合同，合同不规定任何数量指标，主要确定企业中长期发展计划和优先建设项目，明确双方共同制定的战略总方针，说明国家期望企业达到的社会效益目标，以及国家在财政补贴、投资和外部环境等方面对企业承担的义务。计划合同一旦签订，对双方具有法律效力。1995 年，法国议会也通过了《领土整治与开发指导法》，包括制定全国性领土整治纲要、创建领土整治与开发全国委员会、设立新的行政区试点、建立新的行业发展基金，极大地强化了国家财政补贴力度以及对重点地区的倾斜政策。

美国并没有明确的区域规划法，但《地区复兴法》《城市增长与社区发展法》等承担了一定的区域性管理权力。涉及全国整体利益以及跨州的开发任务，联邦往往制定相应法律，规定规划的任务、目标和经济政策，责成或鼓励有关部门和各州积极进行规划组织实施，跨州的规划往往由一个实体性机构负责组织协调和实施，属于各州的事务根据联邦立法和总体要求及资金的情况立法，组织专门机构实施。

2.6.4.2 经济手段

经济手段是发达国家引导空间发展、保护空间资源最主要的手段，主要是通过政府的公共投资、经济补贴、基金、税收政策等方式来保障规划的实施。

欧盟的"结构基金"是欧盟范围内执行多年的行之有效的规划实施促进手段。自 20 世纪 50 年代起，尽管欧洲联盟的组织方式多次变动，但结构基金作为引导产业布局、振兴衰败地区、促进地区协调发展的主要手段一直发挥着其他任何方式不可替代的作用。

日本在 1965 年规定在新产业城市或工业准备特别整备地区的建设基本计

---

① 张季风.日本国土综合开发论.北京：世界知识出版社，2004.

划中，有关住宅、道路、港湾、卫生、教育等公共设施，可获得国库提供的一定的补助金以及贷款利息方面的优惠。日本在 1972 年规定凡在制定的诱导地区兴办企业，可依法减免税收。

德国在《基本法》中规定联邦政府承担建设和管理联邦基础设施、负责社会保障、进行跨区开发以及全国性经济发展与调整等。规定人均收入高的州通过拨款帮助人均收入低的州，联邦政府通过纵向拨款补助财政不足的州。联邦政府财政预算中一直保持 20% 的社会基础设施投资。历年德国各级国土主管部门均掌握一部分对企业的补贴资金，用以引导企业按国土规划的要求进行建设。

2.6.4.3 行政手段

1. 职责明确的管理机构

日本拥有自上而下的强有力的国土规划管理机构。国土交通省是日本实施国土规划、区域规划、城市规划的主体，各职能部门负责专项规划的编制，如通产省负责工业的开发、再配置规划，运输省负责公路、铁路、港口、码头的交通规划，经济企划厅主管国家经济政策规划等。国土交通省是集国土规划编制、管理、实施于一体强有力的规划机制，为战后日本经济的崛起起到了关键的作用，成为国际上区域空间规划管理的典范。

法国长期以来实行中央高度集权的行政体制。20 世纪 60 年代初，法国政府将 96 个省组合为 22 个大区，以便提高国土整治效率，1982 年大区成为国家一级行政区域。法国公共工程、住房、交通和旅游部的国土整治与城市规划司主管全国城市规划，负责国家宏观规划的制订和管理。中央和地方的协调主要是通过城市发展部委协调委员会和城市发展基金进行。国家在大区和省设有分支机构，指导和协调市镇的规划工作，负责征求地方当局和公众的意见，监督有关市镇基础设施、公共和防灾工程等国家重点建设计划。

美国联邦政府并没有明确的区域规划机构。国家级规划管理权限主要设置在总统办公室内设的都市事务委员会。联邦政府的住房和城市发展部对区域、都市组织和地方市、县的各项规划工作在财务上和技术上给予支持。联邦政府主要通过联邦基金的划拨来获取一定的支配管理权力。需要指出的是，美国虽然缺乏实施区域规划、行使区域规划职权的机构，但解决各种区域问题的专门性组织或行使某种单一职能的"特区政府"却广为存在。例如大洛杉矶地区有"南海岸大气质量管理委员会（AQMD）""南加州政府联合会（SCAG）"，主要职能是进行区域性问题的协调，具体是通过分配每年数十亿美元的经费来实施"规划"。

英国环境部是全国最高区域与城市规划机构（下设城乡规划司、规划监察委员会），并在郡级、市级设置规划部门，负责组织和指导各层次的区域空间规划。1980 年代以后，随着私有化进程的加快，私人企业以及众多利益团体的利益与所在区域的发展息息相关，不断要求参与区域规划。在英格兰还出现一种被称为区域联合会的新型区域管理机构，此外还有由中央政府统一管理的政府区域办公室网络以及管理欧盟区域项目的机构等。区域管理已经从一元走向多元，从政府单一行为到私人部门、相关团体的广泛参与。

2. 以项目审批为核心的管理方式

一般是通过审批、发放许可证、签订合同等鼓励或限制某些地区、某些项目和企业的发展。德国主要是通过行使土地管理和审查权，限制和制止某些企业的建设和发展。日本的各省（厅）都拥有相应的审批权力以及贷款、税收、补贴等鼓励性政策。法国对巴黎的各项建设用地，只有非适合在外省搞的项目，经"外迁委员会"审核、发放许可证后方可进入。

2.6.4.4　社会手段

采取公众参与以获得广泛的社会支持，保证与监督区域规划的实施。在德国，国家空间秩序规划编制过程中，其草稿要印发给各级政府和有关部门征求意见，并与公众见面，听取意见，修改后的规划经议会通过后，由政府下达，并向公众宣传。企业和涉及的有关单位都要十分熟悉国土规划的要求和原则，并在工作中自觉遵循。日本的国土规划在制定过程中反复征求各部门、各地区的意见，达成共识后才提交内阁会议决定通过，规划出来后，大力向社会宣传，并动员政府、地方公共团体、民间团体和居民都来参加国土的开发建设。

2.6.4.5　其他手段

1. 定期检查制度

德国政府每两年向议会作一个全国范围的国土规划基本情况的报告。日本在执行"三全综"时，由于发现国际环境出现大的变化（石油危机），原规划目标难以实施，决定停止执行"三全综"并重新修订。荷兰中央政府制定了国土规划监督员制度，每个监督员负责监督 2 ~ 3 个省的国土规划实施工作，并有权向省国土规划委员会和市政府部门提出规划建议，确保省、市规划符合国家政策。

2. 采取先进的技术手段，提高规划的科学性

为加强规划的科学性，欧盟建立了欧洲国土发展与凝聚力观测网络（ESPON），该网络通过欧盟统计局、各成员国的空间研究机构及私人公司等部门获取数据信息，对各成员国地区的人口、失业、通勤、人均 GDP、气候变化等进行专题性、政策影响研究并开展跨国合作，2014 年完成的"欧洲国土愿景（ET2050）"是其重要成果，旨在提出欧盟 2050 年前瞻性的情景方案和建设性愿景，为欧洲未来国土凝聚政策提供决策支撑。报告首先对欧洲的国土多样性现状和演变趋势进行了分析，然后对 2030 年的基线情景和 2050 年的三个国土情景方案（A、B 和 C）进行了定义和预测，揭示了欧洲未来国土发展潜力。以情景方案为参考，ESPON 监督委员会与欧洲委员会、欧洲议会和区域委员会等利益相关者进行了反复研讨磋商，最终确定了《欧洲 2050 国土愿景》，提出了实现愿景所需的政策改革建议和实现路径。当然，由于报告是 2014 年完

成的，没有考虑到英国脱欧、美国挑起贸易战、中东局势复杂化等因素对欧洲一体化进程和未来凝聚政策的影响。但报告所体现的开放、多中心国土凝聚发展的核心理念，特别是针对国土空间的预测方法、政策情景设定以及政策实现路径等，对我国开展的国土空间规划编制与实施有着重要的参考价值。

3. 有稳定的规划编制咨询机构

德国在联邦、州、管理区及市县均常设有国土规划管理机构，负责编制每五年的规划滚动修改工作。还有一些独立的国土规划研究机构，如德国国土研究和国土规划科学院，任务是在早期阶段认识空间及环境开发方面的问题并提出解决办法。韩国的国土开发研究院专门从事国土规划的研究和编制。

2.6.5　规划实施效果

计划经济体制下的国土或区域规划虽然在 20 世纪前 50 年发挥过重要作用，但自 20 世纪 60 年代以来逐渐暴露出管得过多、统得过死，地方和企业缺乏活力，以及投入高、产出低等问题，加之经济结构农轻重严重失调，产业结构升级动力不足，致使 20 世纪 80 年代以来经济发展明显下滑，并最终导致计划经济体制的瓦解。但需要指出的是，计划经济体制下的全国产业布局和以区域为单元的地域空间组织对短期内迅速提高国家的工业化水平和改善国民的生活水平还是起到了积极的作用。

市场经济体制下的国家空间规划或区域规划由于其类型的多样化，其发挥的作用也不一样。日本在二战后制定的一系列国土规划对战后日本的经济复兴和迅速提高国家的整体竞争力发挥了重要的作用，至今仍将其作为国家政策的重要组成部分。韩国自 20 世纪 60 年代开始的国家空间规划对解决工业化快速发展时期大量的问题，如地区发展不平衡、城乡不协调起到了积极的作用。荷兰自 1960 年开始的五次国家空间规划对提升荷兰在欧洲的地位和改善荷兰的人居环境质量起到了关键性的作用。美国在 20 世纪 20 年代的纽约区域规划以及 30 年代开展的田纳西流域规划对美国区域空间的发展产生重要影响，为以州为基础，落实联邦政府有关全国建设计划的区域规划模式奠定了基础。英国自二次大战后大伦敦规划以来，在区域层面开展的规划基本没有停顿，从新城建设到衰败地区的振兴、再到新世纪东南部地区的区域规划，以及在国家层面的区域规划政策指引表明宏观层面的规划政策和指引一直在发挥着重要的作用，近来关于区划调整的讨论再一次激起人们对区域规划作用的重新认识。

综上所述，空间规划是市场经济体制下，国家综合协调经济、社会、环境和地区发展的重要手段，是一项公共政策的制定过程。它对产业发展的引导和空间资源的管理具有重要的作用。从现有的案例来看，其主要的技术方法有：（1）以全球发展为视野，培育参与国际竞争的城市与地区，提高国家的竞争力；（2）以产业发展为引导，构筑均衡发展的城镇空间结构；（3）重视地区间的协调发展，既解决人口、经济活动过密地区的问题，也要促进相对落后地区发展；（4）积极引导公共投资，加强基础设施的建设，提供公平化的服务体系；（5）保护和科学利用好土地、水、能源、海洋、矿产、森林等空间资源，实现可持续发展；（6）以立法、财政、公众参与等手段促进规划的实施，加强空间开发引导的资金保障。

国家层面的空间规划要重点处理好以下几个关系：（1）政府与市场的关系。在市场经济体制中，规划是政府进行宏观调控和干预市场的一个重要手段，这种干预不是去破坏市场法则，而是要弥补市场的缺失。（2）中央与地方的关系。规划要站在全国整体发展的立场上，协调中央与各个方面之间的复杂关系，实现全国利益的最大化。（3）地方与地方的关系。通过规划协调各个地方在开发和利用空间资源中的各种利害关系，确保地区的经济发展和资源的合理使用。（4）产业与城镇空间之间的关系。处理好产业发展、人口迁移与城镇空间拓展之间的关系。（5）开发与保护的关系。在促进资源开发和利用的同时，注意生态环境的保护和危机的防范。（6）城乡之间的关系。通过规划协调好城市和农村之间发达与落后、过密和过稀等问题。

2.7 政治经济理论对国家干预的认识

全球化时代区域空间结构的演进受经济力的强大影响，但城市与区域的发展并不完全是一个经济过程。从国家竞争力的角度来看，国家作为一个整体，在全球化时代仍然具有相当的政治意义。所以，从经济学和政治学的角度来分析国家干预的理论，对于我们当前正在从事的社会主义市场经济实践具有重要的现实意义。

2.7.1 非均衡理论对空间开发秩序的引导：先发与后发地区的关系

2.7.1.1 均衡发展理论及不足

发展经济学家从研究伊始就关注到空间在发展理论中的作用。发展经济学的最早的经典理论是以哈罗德—多马新古典经济增长模型为理论基础发展起来的均衡发展理论，包括罗森斯坦—罗丹的大推进理论和纳克斯的平衡发展理论。大推进理论"揭示了金融外部经济对于发展的潜在条件"（克鲁格曼，2000），平衡发展理论认为，落后国家容易陷入供给不足的恶性循环（低生产率—低收入—低储蓄—资本供给不足—低生产率）和需求不足的恶性循环之中（低生产率—低收入—消费需求不足—投资需求不足—低生产率）。打破恶性循环的关键是要同时在各产业、各地区平衡发展，促进各产业、各部门协调发展，提高供给和需求水平。因此，平衡发展理论重视产业间和地区间的关联互补，主张生产要素在各产业、各地区之间的均衡配置。这一思想在前苏联和我国计划经济时代均有所体现。

均衡理论继承了新古典经济学的主要思想，旨在促进产业协调发展和缩小地区发展差距，但由于其实质是以牺牲效率为代价，追求经济发展的公平，而且在实际应用中缺乏可操作性而受到了广泛的批评，因为资本稀缺是发展中国家面临的普遍问题，发展中国家不可能具备平衡发展的条件（韩凤芹，2004）。

2.7.1.2　非均衡理论与空间发展政策

非均衡发展理论立足于发展中国家发展资源稀缺性的现实，强调应重点发展重点地区和重点部门以带动经济的整体发展，对空间的开发秩序具有积极的指导意义。

1. 增长极理论

增长极理论最早由法国经济学家佩鲁（perroux）提出，后来，法国经济学家布代维尔（J. B. Boudeville），美国城市经济学家弗里德曼（John Frishman），瑞典经济学家缪尔达尔（Gunnar Myrdal），美国经济学家赫希曼（A. O. Hischman）在不同程度上丰富和发展了该理论。增长极理论认为，"一个国家实施平衡发展只不过是一种理想，在现实中是不可能的，经济增长通常是从一个或数个'增长中心'逐渐向其他部门或地区传导。因此，应选择特定的地理空间作为增长极，推动空间经济极化发展。优先发展某些特定地区的目的是，通过对生产要素的集中使用，有利于集聚经济效益出现。集聚与集中能够带来生产要素的节约，使资源配置更加合理"[1]。20世纪60年代，罗德文（Rodwin）首次将增长极理论应用于区域规划中，后来便逐渐成为发展中国家和欠发达地区区域规划中应用最广的一种开发模式。

2. 点轴理论

点轴理论由我国地理学家陆大道系统提出。点轴理论是增长极理论的延伸，在重视"点"同时，还强调"点"与"点"之间的"轴"的作用。"点"指各级中心地，起带动区域发展的作用，"轴"指在一定方向上联结若干不同级别的中心城镇而形成的相对密集的人口和产业带[2]。1984年，陆大道认为"无论国家和地区，在经济大规模开发的初期及稍后一段时期，由于资金、物力和区域基础设施的限制，只能集中在少数几个点或地带。这样，较之分散投资而形不成集聚效果的情况可以获得较高的经济增长速度"[3]。点轴理论认为，工业总是首先集中在少数条件较好的城市或企业的优区位，并呈点状分布。点和点之间由于生产要素交换的需要，通过交通线路、动力供应线、通信线、水

---

① 张锦鹏. 增长极理论与不发达地区区域经济发展战略探索. 当代经济科学，1999（6）.

② 陆大道. 区域发展及其空间结构. 北京：科学出版社，1995.

③ 陆大道. 2000年我国工业生产力布局总图的科学基础. 地理科学，1986，6（2）.

源供应线等相互连接起来形成轴。要优先发展条件较好的点和轴，从而带动区域整体发展。随着经济的发展，发展轴线逐步向较不发达地区延伸，逐步形成新的发展中心，不同级别的增长中心和发展轴线组成社会经济的空间网络[①]。通过网络发展，逐步实现区域经济的均衡协调发展。

3. 循环累积因果理论

瑞典经济学家缪尔达尔（G. Myrdal）运用动态的非均衡分析和结构主义分析方法，提出了"地理上的二元经济"结构理论。循环累积因果理论的基本含义是，发达地区对落后地区产生"回波效应"[②]和"扩散效应"。回波效应趋向于实现马太效应使发达地区越来越发达，落后地区越来越落后；而扩散效应则有利于带动落后地区的发展。缪尔达尔通过观察认为，在市场力量的作用下，回波效应远大于扩散效应（G. Myrdal，1957）。"市场力所起的作用是趋向于增加而不是减少区域差异"（G. Myrdal，1957），从而形成累积性的循环发展趋势，这是造成区域经济不平衡的根源。根据上述理论，缪尔达尔等认为，政府干预是促进区域经济协调发展的必要手段。当某些地区已累积起发展优势时，政府应当采用不平衡发展战略，优先发展具有较强增长潜力的地区，并通过扩散效应带动其他地区的发展。同时他也指出，地区发展的差别应保持在一定限度之内，政府需要采取措施防止累积性因果循环造成的贫富差距无限制扩大。

4. 不平衡增长理论

赫希曼（A. O . Hirsch man）的不平衡增长理论与缪尔达尔有某些相似之处。他将增长地区设为"北方"，而将落后地区设为"南方"，指出北方的增长对南方将"渗透效应"（trickling down effects）和"极化效应"（polarizes effects）并存。渗透效应产生北方对南方商品的购买力和投资的增加，以及落后地区隐蔽失业和外向移民。极化效应产生北方对于关键生产要素的吸引，抑制了南方的经济活动，扩大南北方的经济发展差距。赫希曼对区域经济不平衡发展的认识比缪尔达尔更为深入，他倡导把非均衡战略看作经济发展的最佳方式。他明确指出，发展是一种不平衡的连锁演变过程，强大的经济增长力将在这最初的出发点周围形成空间的集中，增长点或增长极的出现必然意味着增长在区域间的不平等是增长本身不可避免的伴生物和前提条件，经济增长的累积集中是发展的必然。因此，他主张，发展的目的是使不平衡存在，而不是使其消失，"落后地区的基础设施稍落后生产活动有助于落后地区合理利用稀缺的资金资源"，发展政策的任务是保持地区间不平衡和势能落差。

5. 梯度开发理论

梯度开发理论最早源于美国哈佛大学教授弗农（Raymond Vernon）等人提出的"工业生产生命周期阶段论"。后由胡佛和我国经济学者总结发展为区域

---

① 陆大道 . 关于"点—轴空间结构系统的形成机理分析". 地理科学，2002，22（1）.
② 回波效应是指各种生产要素向发展极的回流和聚集。

经济开发理论。该理论认为，"一个国家各区域的发展往往存在着发展次序的先后和发展水平高低的梯次；梯次水平主要由该地区产业结构的优劣，特别是主导产业部门在工业生命周期中所处的阶段决定；高梯度地区是新产品、新技术、新思想和新的生产经营管理与组织方法的发源地；产业结构的更新和地区经济的发展随着时间的推移和生命周期的衰退，逐步有次序地由高梯度地区向低梯度地区多层次转移和推进；梯度推进过程，是在动态上产生的极化效应、扩散效应共同作用的结果；在区域经济发展次序上应先支持和促进高梯度地区经济的发展，以取得较好的经济收益，带动和促进低梯度地区经济发展"。①

6. 新兴古典经济学的城市化理论

新兴古典经济学由杨小凯在 20 世纪 90 年代创立。他运用超边际分析对于古典经济学进行了比新古典综合派更加深入和全面的综合。其在研究城市问题中，抛弃了规模经济的概念而改用专业化经济的概念作为研究工具。新兴古典经济学认为，集中交易、节省交易成本是城市起源的根源。市场会自发形成大中小城市的分层，而这种分层是对集中交易带来的效率和成本进行权衡的结果。大中小城市的分工格局或每个城市的地位和作用取决于其分工网络的大小或分工水平的高低。随着分工专业化的发展，市场会逐渐形成合理城市体系，这一体系是对集中交易带来的效率（好处）和费用（坏处）进行折衷的结果，其必然是大中小不同规模城市的布局。新兴古典经济学表明在空间开发中，既不能只强调大城市也不能只强调小城市，大中小城市协调发展是符合市场化的选择。②

2.7.2　道德风险普遍性要求中央政府的干预：中央与地方的关系

2.7.2.1　地方政府道德风险普遍性的理论依据

制度经济学认为，在现代社会中，拥有"完备知识"经济人是不存在的，人类和他人的交往受制于两种不足——"纵向不确定性"和"横向不确定性"③（柯武刚，史漫飞，2001），信息不完备是现实中的常态，在经济博弈中不同参与方所拥有的信息的量和质总是存在差异，从而使专业化成为必要。问题是在经济行为中由于委托人和代理人之间的信息也不对称，代理人的行为也很难受

---

① 朱厚伦. 中国区域经济发展战略. 北京：社会科学文献出版社，2004.

② 参见：杨小凯、黄有光. 专业化与经济组织——一种新兴古典微观经济学框架. 北京：经济科学出版社，1999.

③ "纵向不确定性"是指缺乏对未来了解而产生的对未来的不确定，人们的行动必须建立在对未来猜测的基础上。"横向不确定性"是指对资源、潜在交易伙伴等的精确特征的不确定性，特别是当人们需要合作时，常常对于那些代理人可能的行为难以判断。

到委托人的制约，在科层制下，委托代理的层次越多，链条越长所带来的信息衰减可能性越大，道德风险产生的可能性因而增大，委托方更难以及时发现和纠正微观单位的机会主义行为。

布坎南将经济人假设由经济领域扩展到政治过程，分析了政府的自利性倾向，为中央政府与地方政府关系的分析提供了重要基础前提。中央政府和地方政府，在质的规定性具有一致性，都是国家权力的行使者，但由于各自所处的层级不同，各自对国家所应负的责任不同。中央政府作为从整体上代表国家的政府，肩负着从国家整体利益出发，行使维护政权的稳定、国家的统一和经济社会持续发展的职责。尽管地方政府与中央政府有质的规定一致性，但地方政府与中央政府存在利益差别。当地方利益和自身利益大到一定程度，足以冲破政府行为规范约束的时候，地方政府就会不管全局利益而追求地方利益和自身利益，使整个社会经济生活陷入严重的新型条件下的"公用地灾难"，全局利益受到地方利益和组织的侵蚀（黄永炎，陈成才，2001）。实际上，地方政府对上级主管部门和公众的不负责任、难以协调合作等问题是世界性的通病[①]。

2.7.2.2 地方政府道德风险的防范

基于委托代理关系中道德风险问题，新制度经济学家认为要从事前、事中、事后等各个阶段由委托人对代理人进行控制。事前是通过事先预见性的规划和预防性的措施，确定代理人合理的行为规范、准则和权力边界，尽可能对代理人的机会主义行为进行约束。事中控制就是迫使代理人增强执行的透明度，从程序上对代理人行为进行检查、监控。事后控制是对代理人的行为绩效进行考核，通过奖惩措施诱使代理人和委托人利益一致。事前控制是控制的关键环节。

从市场经济国家政府的控制方式来看，西方发达国家的行政控制方式曾经经历过重大的变革。凯恩斯主义兴起之后，西方政府普遍接受了宏观调控的思想，采用宏观管理、行政指导和行政管制对经济行为进行规制。但为了克服传统行政控制僵化、消极性，西方发达国家政府采取了行政指导的方式。行政指导通过引导、指导、鼓励等方式，既发挥了中央政府主动、积极管理的主动性，又调动地方管理的积极性，提高了政府行为的效率。

2.7.2.3 软预算约束

软预算约束理论由匈牙利籍的著名经济学学雅诺什·科尔奈提出的。预算是约束政府的强有力的手段，它既规定了政府服务的内容，也规定了政府公共服务的质量，其核心要义是"量入为出"。软预算约束则破坏了这样的约束规则，对地方政府而言，是指当它遇到财务上的困境时，借助外部组织的救助力量得以继续生存的经济现象。由于软预算约束现象的存在，导致政府预算无法对政府行为形成强有力的约束力。预算失控使原来的收支平衡计划被打破，预

---

① 参见：OECD. 分散化的公共治理（中译本）. 北京：中信出版社，2004.

算失去了严肃性，严重时会形成大量的财政赤字。

对我国而言，地方政府在经济发展、基础设施和公共服务供给、城市规划建设等方面，面临着激烈的竞争。相对于地方政府庞大的投资计划和资金需求，其财政资源和融资能力总是有限的，因此地方政府会想方设法突破预算约束，从而在地方政府之间激烈的竞争中赢得先机。近年来，我国地方政府暴露出的融资平台风险、地方债务危机、城投公司违约等现象，就是软预算约束的典型表现。

2.7.3　外部性要求规划在区域范畴发挥作用：地方与地方的关系

2.7.3.1　地方政府间的冲突与博弈

除了与中央政府的冲突之外，地方政府的经济人属性还表现在地方间关系上。在这一领域，地方政府的特点是"在法定范围内，具有影响或借助国家权力威严来调动社会资源的能力，并以此实现政绩，带来政治集团成员的利益（如收入及收入返补）"（高觉民，2005）。在此基础上形成了形形色色的地方政府间的竞争与冲突。

地方政府之间的竞争具有排他性质，维护自己的"地盘"是其本能。从扩张性角度讲，当地域这一自然因素确定后，地方政府实现向外扩张的方式就是经济势力的向外区域渗透，从中获取更多的蛋糕份额。无论是世界史还是国家史，或者是区域发展史，总是一部合作与冲突交织的历史（张可云，2005）。

2.7.3.2　外部性与"囚徒困境"

竞争中的区域利益主体在追求自身利益最大化时，其理性是有限的。区域利益主体的行为和自然人与企业一样具有"外部性"。意味着利益主体的活动总是对其他的利益主体造成或正或负的影响。区际外部性的存在是导致区域经济利益矛盾和区域利益与整体利益间矛盾的根源。

公共产品供给的"囚徒困境"：公共产品是具有生产中的不可分性、自然垄断性，消费中非拒绝性、非竞争性的产品（余永定，1997）。公共产品的性质决定了在公共产品供给领域搭便车难以避免。对地方政府而言，享有公共产品但不付成本是最好的选择，次优选择是享有公共产品同时按自己的份额付出成本，再次优选择是不享有公共产品也不付出任何成本，最坏的结果是自己付费让其他人搭便车。搭便车困境是区域公共物品供给领域最常见的一种"囚徒困境"。在这种困境下，当公共产品不足时，地方政府就会期待上级政府或中央政府的财政分配，然后在财政分配领域展开利益争夺，弱势区域则干脆采取机会主义的态度，等待强势区域提供区域公共产品而搭便车。

公共资源利用的"公用地悲剧"："公用地悲剧"是英国科学家哈丁揭示的在缺乏规则的情况下，公共资源常遭到过度利用的普遍现象。他设想了一个开放的牧场，当牧民养牛的数量超过草地的承受能力时，过度放牧就会导致草地逐渐耗尽。哈丁认为，如果没有法律限制村民牧牛的数量，上述悲剧是无法避免的。因为尽管草地的毁坏最终会使每个人的利益都受到损害，但每个人计算的仅仅是自己增加一头牛的收益会高于自己所付出的成本，因而会尽可能地增加牧牛的数量，这使得每个人在追求自身收益最大化的过程中，损害着包括自己在内的每个人的最大利益。在进取型竞争中，地方政府通过改善基础设施、提供优惠政策等软硬环境的改善，来提高地方引资的能力。然而由于缺少规则，各地方政府不惜代价地进行大规模基础设施建设和提供优惠政策，结果损害了竞争各方利益。

2.7.3.3　囚徒困境的解决与中央政府的介入

无论是区域公共产品的供给不足还是公共资源利用的公用地悲剧，都会损害区域的利益。囚徒困境的解决有赖于合作制度和机制的建立。博弈论从博弈过程本身找到了合作博弈存在的条件，即相同的博弈者不断重复博弈，合作解就会出现。按照新制度经济学的观点，制度变迁是对制度非均衡的一种反应，是制度由非均衡到新的均衡的变化。为了解决交易成本过高甚至交易无法进行而影响冲突解决的问题，冲突双方往往会诉诸于第三方。利用第三方所具有的强制力或影响力，迫使冲突一方通过平等协商解决。这样第三方的引入就显著降低了交易成本，使原本不可能通过协商解决的冲突能够解决，非合作博弈演变为合作博弈。

从区域的共同利益来看，作为地方利益代表的地方政府之间确实存在着通过协商、谈判、交流信息进行合作的可能性，但事实上，区域在依存和互补关系中并不和谐，博弈各方地位并不对等。作为较落后地区在谈判中往往具有很强的硬约束，显得较为被动；而对于强势的一方，其可选择性，变身为谈判的"过硬"的话语权，主动性明显。当这种内部契约难以达成，区域利益难以在内部协调的情况下，引入第三方即中央政府，通过国家的法律、法规、规划来弥补制度有效供给不足就显得极为必要。国家的干预并非是厚此薄彼的，而是为了促进双方或多方共赢利益格局即区域公平机制的形成。国家干预主要通过区域间清晰的初始产权关系的界定（如水权、排污权等）、对具有国家意义的区域公共产品的直接供给（如区域基础设施）、区域协作制度的供给、协调区域间的冲突与纠纷等手段来进行。应该说，空间规划是其中的主要方面。

2.7.4　起点公平与规划干预区域差距：发达与落后地区的关系

2.7.4.1　经济发展与发展中国家的后发劣势

经济发展是一个量和质融合的概念。增长固然在发展中占有相当重要的地位，但二者并不具有必然联系。发展概念质的规定性体现在经济结构的变化，包括投入结构的变化、产出结构的变化、居民生活水平的变化以及分配状况的改善。如果在经济增长过程中，生产方式没有变革，产业结构没有优化，居民生活水平得不到改善，收入分配的不平等程度加剧，那么这种增长就不会带来真正的经济发展（张培刚，2001）。

对于发展中国家而言，在当前经济全球化激烈竞争的环境下，经济发展已经成为发展中国家构筑政治合法性的主要基石，政府面临着极大的发展压力。然而在实践过程中，忽视对社会全体成员基本需要的满足，忽视增长成果的公平分配和社会进步，成为这些国家发展过程中面临的普遍问题。其根本原因在于"发展中国家过于仓促的国家建设和过于迫切的现代化压力却使这些国家得不到必要的时间生长制度，以便对政权建设过程和现代化建设过程两厢交织并发产生的各种病症逐一地、制度性地加以解决"（胡位钧，2005）。一般说来，当经济发展的后来者试图赶上发达国家时，通常首先模仿工业化模式，接着是经济制度，然后才是法律体制和行为规范（Jeffrey Sachs，胡永泰，杨小凯，2003）。

与发展中国家不同的是，早期的发达国家较慢的发展制度使得其制度能在长达数百年现代化过程中得以成熟和完善。而对于发展中国家而言，短期内"不断积累并渐至恶化的经济权利不平等和政治权利不平等，将造成严重的利益对峙，社会冲突和政治动乱"（胡位钧，2005），因此，发展的失衡构成了对发展中国家政治稳定的严峻挑战，这一问题的解决与经济增长具有同等的重要性。

2.7.4.2 能力贫困与机会平等

应当看到，经济差距只是发展不平等的表象，更深层次隐藏的是政治权力的不平等和发展能力的缺失。"对收入而言的相对剥夺，会产生对可行能力而言的绝对剥夺"（阿马蒂亚·森，2002）。能力贫困的后果在于固化甚至加剧不平等的程度。从地区发展的经济与政治的关系来看，"当经济差距导致政治问题时，政治权力分配的不平等也会造成经济发展不平等……在解释地区不平等时，往往忽略了地区发展在政治方面的影响。然而空间的权力关系显然会对地区发展产生直接的影响。在中央决策中有影响的地区比在中央决策中没有分量的地区更能为自己的发展争得更多的资源"[1]。发展能力的缺失导致了社会分层结构相对凝固和贫困群体自身的不断复制。贫困地区陷入了"贫困—能力缺失—贫困"的恶性循环中。关键是我们的政策能够多大程度地消除能力贫困，给所有人以平等发展的机会。正如罗尔斯所说，一个社会所应该具有的伦理选择必须要考虑社会中最不幸的人他们的社会机会，只有机会均等的社会才是公平的社会（约翰·罗尔斯，2000）。

---

[1] 参见：YUHUDA GRANDUS. The role of polities in regional inequality: The Israeli case.

2.7.4.3　起点公平与中央政府的责任

机会平等首先意味着起点的平等，即经济竞争起点的均衡和合理。在起点公平、过程公平和结果公平的统一关系中，起点公平起决定作用，它是过程公平和结果公平的根本保证。因为如果起点上是不公平的，甚至是两极分化的，那么，竞争过程就不可能公平，而且不公平的竞争会放大起点的不公平效应，从而使结果上出现扩大了的不公和两极分化。"如果无视起点的公平状况，单纯强调过程中的所谓公平竞争，甚至只通过社会福利制度和政府的再分配机制，就试图消除社会的两极分化，其结果只能以失败告终，甚至会适得其反。这不仅是一个理论逻辑回顾，而且是发达国家政策实践的真实总结"（段雪梅，2004）。

从这个角度来看，缩小区域差距的行为就不只是社会福利制度和收入再分配的完善，最根本的是要努力完善落后地区的发展条件，实现起点的公平。正如亨廷顿在解决城乡差距导致政治失序中提出重建政治稳定需要城市集团和农村大众形成联合一样，国家政治的稳定同样在需要不同区域形成某种联合，要将发展落后地区的利益纳入到国家政治的视角，动员落后地区群众参与到政治中来。因此，政府应在人的生存、健康、教育等事关社会公平、缩小贫富差距、扶持弱势群体方面发挥主导作用，承担更多责任，而国家层面空间规划的主要作用也正在于此。

2.8　小结

国家城镇空间的发展涉及诸多方面，从人居环境建设的角度来看，城镇发展要有综合的思想和宏观的视野；从经济全球化的角度来看，城镇空间的发展要基于全球竞争环境的考量；从规划的角度来看，空间规划是政府对国家和区域发展的一种引导和调控手段，不仅是一项技术过程，而且是一项政治过程；从经济学和政治学的理论角度来看，国家对空间发展进行干预也是十分必要的，可以起到防止市场力的无限放大和回波效应等诸多作用，对于起点较低、发展较快国家尤其如此。从国家竞争力的角度来看，国家作为一个整体，在全球化时代仍然具有相当的政治意义。城镇空间的发展要充分考虑生态环境、经济基础、社会人文等条件，城市与地区的发展要与人居环境的建设结合起来。

第3章

当代我国城镇空间发展的历史回顾

3.1 近代我国区域规划的初步实践

3.1.1 张謇开创"地方自治"式的区域规划实践

1840 年鸦片战争以后，中国进入半封建、半殖民地的时代。资本主义列强迫使清政府签订一系列不平等条约，打开了中国的大门，由此带来我国沿海通商口岸城市商业和贸易的发展。在"办洋务"的背景下，民族资本主义也有了一定的发展，沿海一带的工商业城市发展较快。这个时代的城市与区域规划经历了一条艰难而曲折的道路。殖民地城市有一些城市规划，且大都具有宗主国的烙印。区域层面的规划以 19 世纪末张謇在南通进行的"地方自治"式的区域开发为近代我国最早的实践。有研究认为，张謇在《记论舜为实业政治家》（1904 年）一文中初步构想了"成聚、成邑、成都"的区域规划思想，对南通的发展不仅基于城市观念，而是谋求城、镇、乡地区的协调发展（吴良镛，2003）。拟议中的通、泰、盐经济区和开放吴淞的计划，比今天苏锡常经济区要早半个多世纪。在具体实践上，从 1895 年起，通过兴办实业、兴办教育、兴办慈善事业，以工业化为龙头，奠定区域现代化的经济基础，然后以教育提升区域民众的整体素质，进而以交通、水利和慈善公益等事业来改善区域的生态和人文环境，体现出南通现代化进程循序渐进和全方位的特征。张謇所倡导的"村落主义"集中体现了他追求和实践地方事业以及区域规划的思想。"村落主义"，是将地方作为国家的一个局部，形象地说，是"面"中的"点"，通过地方自治，在动荡的时局与恶劣的社会环境中自谋发展道路（武廷海，2005）。张謇认为，"自存立，自生活，自保卫，以成自治之事"[①]。"南通一下县，其于中国直当一村落"（张謇，1919），经营好南通，可以左右一方，化理想为现实。

有研究认为"村落主义"在空间上的推行是个由点而面的过程。他曾有意于以通海地区为出发点，在苏北一带建立一个独立于江宁以外的新的政治、经济中心，以谋在更大范围推行地方自治，逐步实现拟议的"徐州建省"计划。尽管"徐州建省"计划落空了，但张謇并未放松向通海以外地区发展的努力，由垦牧乡而苏北沿海，由苏北沿海而徐州建省，就是他所追求的"成聚、成邑、成都"的构想。张謇着眼于区域发展的全过程，通过规划来重组区域，通过建设来改造区域，最终建设"一新新世界雏形"，他将规划作为区域开发的一个环节，作为解决区域发展问题的一种手段，但更是着眼于"社会的整体改良"（吴良镛，2003）。

---

① 参见：南通市图书馆.张謇全集，第 4 卷，事业，自治会报告书序.南京：江苏古籍出版社，1994.

研究认为，比照同时期近代城市规划理论和区域规划理论的奠基者霍华德（E. Howard，1850～1928）和格迪斯（P. Geddes，1854～1932），张謇不仅将城市建设与地区发展综合思考，而且付诸实践，具有不可磨灭的历史业绩（吴良镛，2003）。

3.1.2　孙中山《建国方略》奠定国家空间规划的基础

孙中山先生是中国民主革命的先行者，1921 年他提出的《建国方略》[①] 从多个方面提出了整个国家建设的初步设想，可以认为是我国现代史上最早的国家空间规划雏形。在《建国方略》中，孙中山先生提出了一系列重大建设的规划，至今仍然对许多城市的发展产生重要的影响。

《建国方略》分"心理建设""物质建设""社会建设"三部分，其中"物质建设"亦名"实业计划"[②]，为关于中国经济发展、基础设施建设的全面规划。规划按照孙中山的设想，按照地域提出了六个地区的发展设想，内容涵盖交通、住宅、产业等方面的内容。

孙中山认为实业发展是中国存亡的关键，军阀割据的一个重要原因就是各地交通极不发达，经济联系极不密切，没有一个统一市场。因此，《实业计划》主要以区域来划分，并以交通建设发展为最先原则，具体分为六大计划：第一计划，以北方大港为中心，建西北铁路系统；第二计划，以东方大港为中心，整治扬子江水路及河岸；第三计划，以南方大港为中心，建设西南铁路系统；第四计划，铁路建设计划，造中央、东南、东北、扩张西北、高原等五大铁路系统，以及创立机关车、客货车制造厂；第五计划，民生工业计划，包括粮食、衣服、居住、行动、印刷等工业；第六计划，矿业计划，包括铁矿、煤矿、油矿、铜矿、特种矿之采取，以及矿业机器之制造、冶矿机厂之设立。

《实业计划》设定了十大目标：（1）交通之开发；（2）商港之开辟；（3）铁路中心及终点并商港地设新式市街，各具公用设备；（4）水力之发展；（5）设冶铁、制钢并造士敏土之大工厂（注：指水泥厂），以供上列各项之需；（6）矿业之发展；（7）农业之发展；（8）蒙古、新疆之灌溉；（9）于中国北部及中部建造森林；（10）移民于东三省、蒙古、新疆、青海、西藏。涉及交通、商港、城市、水利、工业、矿业、农业、灌溉、林业、移民等。综其要旨，在增进人民生产能力，提高人民生活水平，尤希望各国共同开发中国富源，促进国际间之经济合作。

有研究认为《实业计划》是一项借鉴国际经验的空前规模的建设规划（武

---

① 原名"The International Development of China"（国际共同发展中国实业），系 1918—1919 年间用英文写成，最先发表于 1919 年《远东时报》6 月号。1921 年 10 月上海民智书局出版中文本。

② 孙中山称"为实业计划之大方针，为国家经济之大政策"。孙中山 . 建国方略之二：实业计划（物质建设），孙中山全集（第六卷）. 北京：中华书局，1985.

廷海，2005）。孙中山研读过格迪斯（P. Geddes，1854～1932）的《演进中的城市》和豪（F. C. Howe，1867～1940）的《现代城市及其问题》（薛毅，2005），两位作者都是规划方面的知名专家。此外，孙中山还阅读了1912—1916年间出版的城市规划最新著作，包括凯斯特（F. koester）的《现代城市规划和保养》，努莱因（J. Nolen）的《小城市的重新规划》，朱利安（J. Jullan）的《城市规划入门》，昂温（R. unwln）的《城镇规划的实践》等，这些著作的研读从一个侧面反映了孙中山在撰写《实业计划》时，广泛吸取了欧美等国的成功经验并具有相当丰富的规划专业知识。

孙中山先生制定的《实业计划》，尽管由于其时的中国处于半封建、半殖民地的状态使其理想难以实现，只能成为空想。但从历史的角度来看，孙中山先生的伟大之处在于他首次把国家的经济发展从国土层面做了比较详细的分析，特别是一系列港口、铁路等交通设施的规划布局对整个国家空间结构的构筑起到了十分重要的作用。

3.1.3　南京国民政府的区域规划实践

1927年4月，南京国民政府宣告成立，开始建立机构发展经济。1935年4月，在原建设委员会、全国经济委员会、国防委员会的基础上组成资源委员会（以下简称"资委会"），"以便于统筹运用，并赋予开发全国资源，经办国防工矿事业之任务，以建立腹地国防经济为工作重心"（程玉凤，程玉凰，1984）。1935年4月至1938年3月，资委会的工作范围从调查、研究、设计等方面，开始走上了主要创办工矿企业的道路。

1936年3月资委会根据1935年国民党中央五届一中全会通过的《确定国民经济建设实施计划大纲案》，首先拟定了一个《国防工业初步计划》，中心内容是在江西、湖南一带建立一个国有化的重工业区，并开发西南各省的矿产资源，并拟定《重工业建设五年计划》，进而修订为更为详尽的《中国工业发展三年计划》。这些建设计划，确立了以国防为中心，突出了重工业的建设。

1937年抗日战争爆发，资委会工作重心转移，主要研究国防工业三年计划、战后工业建设五年计划和区域经济之调查研究等。抗战期间，资委会重点在中国中西部地区发展重工业，建立了11个工业中心区，改变了此前中国工业分布主要集中在东部沿海地区的不平衡格局。早在抗战胜利前几年，资委会就开始考虑战后重建问题。1943年翁文灏发表《战后中国工业化问题》一文。抗战胜利不长的时间内，资委会所辖的工矿企业大批复员，同时从日伪手中接管了大批工矿企业，资委会迅速膨胀，成为最大最集中的中国重工业管理结构。

在学术研究方面，1936年，冀朝鼎出版影响深远的博士论文《中国历史上的基本经济区与水利事业》，他把"经济区"分成"基本经济区"（Key

Economic Area）与"附属经济区"两种，其中基本经济区是指"其农业生产条件与运输设施，对于提供贡纳谷物来说，比其他地区要优越得多，以致不管是哪一集团，只要控制了这一地区，就有可能征服与统一全中国……"。他认为经济区是我国历史上统一与分裂的经济基础和地方区划的地理基础，这一研究把区域分析的意义提高到一个新的水平。

　　由于解放战争的爆发，国民党领导的国民政府彻底失败，近代中国工业化建设、城市与区域规划也告一段落。

3.2　七十年来我国城镇空间调整的五个重要时期

3.2.1　"一五"时期156项[①]工程建设与城镇发展相得益彰

　　1949 年，中华人民共和国成立。随着三年恢复工作的顺利完成，我国从1953 年开始实施国民经济第一个五年计划，开始了中国历史上最大规模的工业化历程。"一五"计划是以 156 项建设为核心，以 900 多个大中型项目（限额以上项目）为重点的大规模经济建设，是中国工业化的奠基石和里程碑（董志凯，吴江，2004）。由于 156 项工程及其配套工程是在全国范围选址和布局，而且始终贯彻与城市建设结合的方针，因此它对全国城市的空间布局和发展规模产生了极其重要的影响。它具有新中国成立以后第一次全国城市空间布局的实际作用。

　　"一五"计划是根据党在过渡时期的总路线和总任务而制定的。它的基本任务是，集中主要力量进行以苏联援建的 156 个建设项目和其他限额以上项目组成的工业建设（表 3 - 1）。"一五"计划规定，在五年内经济建设和文化建设支出总额为 766.4 亿元，其中基本建设投资 427.4 亿元，占总支出的 55.8%，在基本建设投资中，工业占 58.2%[②]。工业建设的重点在冶金、煤炭和机械方面。在布局上考虑到战备、资源等方面的因素，将钢铁、有色金属、化工等企业选在矿产资源丰富及能源供应充分的中西部地区；将机械工业布局在原材料生产基地附近。在投入施工的 150 个项目中，分布在 17 个省、54 个城市，其中民用企业 106 个，除 50 个布置在东北地区外，其余绝大部分布局在中西部地区，即中部地区 29 个，西部地区 21 个；44 个国防企业除部分船厂布局在沿海，布置在中西部地区的达 35 个（宁越敏，张务栋，钱今昔，1994）。"一五"时期确定的以重工业为核心的发展道路对我国产业结构、区域格局和工业新城市的建设产生了重要影响。1956 年，国家宣布第一个五年计划提前一年实现，

---

① 根据董志凯、吴江"新中国工业的奠基石——156 项建设研究"认为"156 项工程"中苏两国最后实际确定为 154 项，其中两项重复计算、两项未建，实为 150 项。
② 根据相关网站"十个五年计划回顾"整理。

1957 年我国国民生产总值、工农业总产值、财政收入均比 1952 年增长 60% 以上，昭示"一五"取得了显著的成绩。

156 项（实为 150 项）重点工程部分名录与分布   表 3－1

省	项目个数	市	项目个数	项目名称
辽宁	24	沈阳	7	风动工具厂、电缆厂、第一机床厂、第二机床厂等
		抚顺	8	东露天矿、抚顺电站、抚顺龙凤矿、抚顺老虎台矿、西露天矿、抚顺胜利矿、第二制油厂、抚顺铝厂
		阜新	4	阜新平安立井、阜新海州露天矿、阜新热电站、阜新新邱一号立井
		鞍山	1	鞍山钢铁公司
		本溪	1	本溪钢铁公司
		大连	1	大连热电站
		杨家杖子	1	杨家杖子钼矿
		葫芦岛	1	渤海造船厂
陕西	24	西安	14	西安热电站（一期、二期）、西安开关整流器厂、西安电力电容厂、西安绝缘材料厂、西安高压电瓷厂等
		兴平	4	陕西柴油机重工公司等
		宝鸡	2	长岭机器厂等
		铜川	1	王石凹立井
		户县	2	户县热电站等
		渭南	1	陕西华达公司
黑龙江	22	哈尔滨	14	哈尔滨量具刃具厂、哈尔滨仪表厂、哈尔滨铝加工厂（一期、二期）、哈尔滨碳刷厂、哈尔滨滚珠轴承厂、哈尔滨电机厂、哈尔滨汽轮机厂、哈尔滨锅炉厂、阿城继电器厂等
		富拉尔基	3	热电站、特钢厂（一、二期）、重机厂
		鹤岗	1	鹤岗东山立井
		双鸭山	1	双鸭山煤矿
		鸡西	2	鸡西煤矿、密山煤矿
		佳木斯	1	造纸厂
山西	15	太原	11	第一热电站、第二热电站、氨肥厂、制药厂、化工厂等
		大同	2	大同鹅毛口立井等
		侯马	1	平阳机械厂
		潞安	1	潞安洗煤厂
吉林	10	吉林	6	热电站、铁合金厂、电极厂、染料厂、氨肥厂、电石厂
		丰满	1	水电站
		长春	1	第一汽车制造厂
		辽源	1	中央立井
		通化	1	通化湾沟立井

续表

省	项目个数	市	项目个数	项目名称
河南	10	洛阳	6	滚珠轴承厂、热电站、矿山机械厂、拖拉机厂、有色金属加工厂等
		三门峡	1	三门峡水利枢纽
		平顶山	1	平顶山二号立井
		郑州	1	郑州第二热电站
		焦作	1	焦作中马村二号立井
甘肃	8	兰州	6	热电站、石油机械厂、炼油化工机械厂、炼油厂、氮肥厂、合成橡胶厂
		白银	1	白银有色金属公司
		郝家川	1	甘肃银光化学工业集团
四川	6	成都	5	成都热电站等
		重庆	1	重庆热电站
河北	5	石家庄	2	华北制药厂、石家庄热电站（一、二期）
		峰峰	2	中央洗煤厂、峰峰通顺 3 号立井
		热河	1	热河钒钛厂
内蒙古	5	包头	5	四道沙河热电站、包头钢铁公司、宋家河热电站等
北京	4	北京	4	北京热电厂等
云南	4	个旧	2	个旧电站（一、二期）、云南锡业公司
		东川	1	东川矿务局
		会泽	1	会泽铅锌矿
湖南	4	株洲	3	株洲硬质合金厂、热电厂等
		湘潭	1	船用电极厂
江西	4	南昌	1	江西洪都航空集团
		赣州	3	大吉山钨矿、西华山钨矿、归美山钨矿
湖北	3	武汉	3	青山热电厂、武汉钢铁公司、重型机械厂
安徽	1	淮南	1	谢家集中央洗煤厂
新疆	1	乌鲁木齐	1	乌鲁木齐热电站

资料来源：根据《新中国工业的奠基石——156 项建设研究》整理。

　　"一五"的成功在很大程度上得益于 156 项工程在大布局上的前瞻性和具体项目布局上的科学性。中华人民共和国建国初期，全国工业总产值 77% 以上集中在占国土面积不到 12% 的东部沿海狭长地带，其中 68% 集中在以上海为中心的长江三角洲（占全国的 23%）、以沈阳为中心的东北南部（占 20%）、以天津为中心的京津唐地区（占 10%）、以青岛为中心的胶济沿线（占 5%）和广州（占 3%）等少数几个地区；而占国土面积 45% 的西北和内蒙古地区，工业总产值仅占全国 3%；占国土面积 23% 的四川、云南、贵州和西藏，工业总产值仅占全国的 6%（陈栋生，1993）。这种格局不利于资源的合理配置，也不利于国家的经济安全（董志凯，吴江，2004）。1956 年毛泽东在著名的《论十大关系》中指出"我国的工业集中在沿海，所谓沿海，是指辽宁、河北、北京、河南东部、山东、安徽、江苏、上海、浙江、福建、广东、广西。我国全部轻工业和重工业，都约有 70% 在沿海，只有 30% 在内地。这是历史上形成的一种不合理的状况"[1]。

为了配合 156 项重点工程的布局和建设，中央各工业部在全国 200 多个城镇搜集资料，分析建厂条件。1953 年 4 月，国家计委主任李富春率领由各工业部和铁道、卫生、水利、电力、公安、文化、城建等部门领导、技术人员和苏联专家近百人组成的"联合选厂"组，重点到郑州、洛阳、西安、兰州等城市实地踏勘。确定 91 个项目集中在北京、太原、西安、郑州、兰州、包头、武汉、成都、沈阳、吉林、哈尔滨、富拉尔基等 15 个重点城市中。

1953 年 9 月中共中央指出："重要工业城市规划工作必须加紧进行，对工业建设比重较大的城市更应组织力量，加强城市规划设计工作，争取尽可能迅速地拟定城市总体规划草案，报中央审查"[2]。全国 150 多个城市先后编制了城市总体规划，国家建委、城市建设部分别审查批准了太原、兰州、西安、洛阳、包头等重点工业项目集中的 15 个城市的总体规划。并按照工业化建设为中心的思想，对全国的城市进行了分类：第一类，重工业城市：北京、包头、西安、大同、齐齐哈尔、大冶、兰州、成都 8 个城市；第二类，工业比重比较大的改建城市：吉林、鞍山、抚顺、本溪、沈阳、哈尔滨、太原、武汉、石家庄、邯郸、郑州、洛阳、湛江、乌鲁木齐 14 个城市；第三类，工业比重不大的旧城市：天津、唐山、大连、长春、佳木斯、上海、青岛、南京、杭州、济南、重庆、昆明、内江、贵阳、广州、湘潭、襄樊 17 个城市；第四类，除上述 39 个重点城市外的一般城市。万里同志事后总结道："'一五'时期，我们搞了一批重点城市，就因为当时有一点远见，至今看来大体不错"[3]。

1956 年 5 月中共中央在《关于加强新工业区和新工业城市建设工作几个问题的决定》中指出"社会主义建设，要求正确地配置国家的生产力。积极开展区域规划，合理地布置第二个和第三个五年计划期内新建的工业企业和居民点，是正确地配置生产力的一个重要步骤[4]。"决定中还就区域规划的意义做了阐述，指出"区域规划就是在将要开辟成为若干新工业区和将要建设新工业城市的地区，根据当地的自然条件、经济条件和国民经济的长远发展计划，对工业、动力、交通运输、邮电设施、水利、农业、林业、居民点、建筑基地等基

---

[1] 参见：毛泽东《论十大关系》. 毛泽东选集。

[2] 参见：建设部. 我国市场经济条件下城乡规划工作框架. 1997.

[3] 参见：万里，论城市建设. 北京：中国城市出版社，1994.

[4] 根据武廷海的"区域规划"课程资料整理。

本建设和各项工程设施，进行全面规划；使一定区域内国民经济的各个组成部分之间和各个工业企业之间有良好的协作配合，居民点的布置更加合理，各项工程的建设更有秩序，以保证新工业区和新工业城市建设的顺利开展。"1956年开始进行了 10 个地区的区域规划，即包头—呼和浩特地区，西安—宝鸡地区，兰州地区，西宁地区，张掖—玉门地区，三门峡地区，襄樊地区，湘中地区，成都地区和昆明地区。万里多次讲道"'一五'期间的 156 项是在统一规划、统一计划下搞起来的，效果是好的。"

156 项在大的布局上有几个重要原则：一是考虑国防安全，重点摆在内地；二是接近原料地和燃料地；三是利用现有的城市的生活和生产基础；四是接近交通干线和交通枢纽；五是适当考虑民族地区和欠发达地区的发展（陆大道，1990）。从实施效果来看，既保障了国家经济的安全，也协调了东西部地区发展的不平衡。65% 的项目分布在京广铁路以西的 45 个城市和 61 个工人镇；35% 的项目分布在京广铁路以东及东北地区的 46 个城市和 55 个工人镇。同时，选择一批城市进行建设项目的集中布局，使这些城市短期内形成一定规模的生产能力，既促进了工业的发展，也带动了城市的建设和发展。虽然 156 项工程的建设并没有全国的城镇空间规划，但其以产业为主导，以城市为依托的布局方式，非常类似于日本、韩国等国家早期的国土规划和荷兰等欧洲国家早期的国家空间规划，因此也可以说，"一五"时期 156 项重点工程的布局起到了新中国第一次国家空间规划的作用。

3.2.2 "三线"时期"靠山、分散、进洞"战略与城镇发展相脱节

1964 年，党中央和毛泽东针对当时国际形势和战争危险，提出了关于加强"三线"战略后方建设、积极备战、准备打仗的思想。1965 年 4 月，中央发出《关于加强备战工作的指示》，作出了加快全国和各省区战略后方建设的决策。根据毛泽东的指示精神，"三五"和"四五"计划的制定以及生产建设，都转向了以备战为中心、以"三线"建设为重点的轨道。由于"三线"建设涉及中西部地区大规模的开发建设，动用全国基本建设 50% 以上的投资，涉及沿海 380 个项目和 14.5 万名职工和 3.8 万多台设备的搬迁，而且在整个建设过程中"不建集中的城市"，其影响涉及全国所有的城市[①]，可以认为这是新中国第二次全国范围的空间结构大调整，只是这是一次代价高昂的调整。

"一线"地区是指地处战略前沿的地区，包括东南沿海地区和东北地区；"三线"地区为全国战略大后方，指"京广线以西、甘肃乌鞘岭以东、山西雁门关以南的地区"，包括西南地区的四川、贵州和云南三省，西北地区的陕西、

---

① 参见：当代中国的城市建设.北京：中国社会科学出版社，1990.

甘肃、宁夏和青海四省自治区，中南地区的河南西部、湖南省西部和湖北省西部以及广东省北部、广西壮族自治区西北部，华北地区的山西省西部和河北西部地区。二线地区是指处于"一线"和"三线"地带之间过渡地带。

"三线"建设大体上可分为两个时期[①]："三五"时期，主要是以西南为重点开展三线建设，修筑连接西南的川黔、成昆、贵昆、襄渝、湘黔等几条重要铁路干线，建设攀枝花、酒泉两大钢铁基地以及为国防服务的 10 个迁建和续建项目；煤炭工业重点建设贵州省的六枝、水城和盘县等 12 个矿区；电力工业重点建设四川省的映秀湾、龚咀，甘肃的刘家峡等水电站和四川省的夹江、湖北省的青山等火电站；石油工业重点开发四川省的天然气；机械工业重点建设四川德阳重机厂、东风电机厂、贵州轴承厂等；化学工业主要建设为国防服务的项目。这五年内，内地建设投资达 631.21 亿元，占全国基本建设投资的 64.7%。其中"三线"地区的 11 个省、区的投资为 482.43 亿元，占基本建设投资总额的 52.7%。"四五"时期，三线建设的重点转向"三西"（豫西、鄂西、湘西）地区，同时继续进行大西南的建设。这期间，将全国划分为西南、西北、中原、华南、华东、华北、东北、山东、闽赣和新疆等 10 个经济协作区，要求在每个协作区内逐步建立不同水平、各有特点、各自为战、大力协作的工业体系和国民经济体系（山东、闽赣和新疆要建成"小而全"的经济体系），要求各省（市、自治区）建立各自的"小三线"。

在"三线"建设过程中，国家有计划地把一大批沿海地区老企业逐步搬迁到"三线"地区，国家建委在 1965 年确定了"大分散、小集中"的搬迁原则，少数国防尖端项目要"分散、靠山、隐蔽"，有的还要进洞。1966 年 3 月，中共中央西南局在四川成都召开西南"三线"建设会议时，专门总结了以工厂为主，避开城市建设工厂的经验。经过近 10 年的建设，在三线地区尽管建成了近 2000 个大中型企业和科研单位，形成了 45 个大型生产科研基地和 30 个新兴工业城市，建成了拥有全国 1/3 以上工业固定资产原值、以国防工业和机电工业为主体的庞大"三线"工业，但由于"三线"工厂过于分散的布点，人为割断生产的有机联系，致使宏观和微观经济效益都较"一五"时期大幅度下降。且由于工厂布局强调不与城市结合，给生活带来极大的不便，这与"一五"时期时刻强调与城市的结合，甚至考虑在一个城市中不同工业类别男女职工的合理比例形成鲜明的对照。

"三线"建设尽管对西部一些地区形成若干工业中心和新兴工业城市[②]起到了一定的作用，但也造成了一定的损失。首先影响了沿海城市的经济发展，"三线"建设不仅将资金集中到西部地区，而且通过将沿海城市的工厂、设计

---

① 陈栋生. 区域经济学. 郑州：河南人民出版社，1993.
② 如钢铁城市攀枝花、嘉峪关，煤炭城市六盘水、铜川、石嘴山，汽车城市十堰，有色金属城市金昌、白银等。

院、研究所一分为二的办法，向"三线"地区迁移了大批单位，这种大规模的迁移削弱了沿海城市的生产能力。其次，由于"三线"建设中工厂选址的"靠山、分散、进洞"原则，工厂布局基本不依托城市，而是一厂一点，甚至是一厂几点，不仅长期形不成生产能力，而且长期形不成城市。

从历史的角度看，"三线"建设是党中央根据当时严峻的国际形势，为了保障国家安全作出的以备战为中心的重大战略决策，是我国产业空间和城市发展的又一次重大转折。由于对当时国际形势和战争威胁估计过于严重，在建设中出现了成本过高、选址布局与城镇发展脱节等问题。但作为特定历史条件下的战略选择，"三线"建设确保国家有了安全可靠的战略大后方，在西部地区建成了一批工业交通基础设施和新兴工业城市，对我国的工业和城镇布局产生了深远的影响，为西部地区的现代化奠定了坚实的基础。

3.2.3 20世纪80年代沿海开放战略促使沿海城镇带大发展

1978 年党的十一届三中全会召开，确立了改革开放的发展战略，沿海地区得到空前的重视，至此，我国城镇空间结构又出现一次新的重大转折。1979 年中央在制定第六个五年计划时，对中华人民共和国成立 30 年来我国生产力和布局的经验教训进行了历史总结，在《国民经济和社会发展第六个五年计划》中明确指出要积极利用沿海地区的现有基础，"充分发挥它们的特长，带动内地经济进一步发展"。在"六五"期间，我国生产力布局是以提高经济效益为中心，向优势地区倾斜为原则的。在全国基本建设投资分配中，沿海地区所占比重由"五五"时期的 42.2% 提高到 47.7%，内地由 50.0% 下降到 46.5%，投资结构上的变化反映出国家发展重点的区位转移[①]。

从 1978 年开始，我国再次实行不平衡的发展战略。1979—1980 年，我国先后设立深圳、珠海、汕头和厦门 4 个经济特区，1984 年开放大连、秦皇岛、天津、青岛、烟台、连云港、南通、上海、宁波、温州、福州、广州、湛江、北海沿海 14 个港口城市并设立国家级经济技术开发区，1985 年长江三角洲、珠江三角洲、厦漳泉三角地带划为经济开放区，1988 年海南全省批准为经济特区，1990 年又决定开发浦东新区，至此掀开我国产业空间和城市发展重点向沿海地带的又一次的重大转移（图 3 - 1、表 3 - 2）。从 1980 年起，以开发区为特征的沿海地带城市经济迅猛发展。据统计，2009 年，东部 34 个国家级开发区工业总产值 4.06 万亿元，占全国 54 个国家级开发区工业总产值的 79%，深圳、珠海、大连、青岛等一批"明星城市"脱颖而出。

---

① 陈栋生. 区域经济学. 郑州：河南人民出版社，1993.

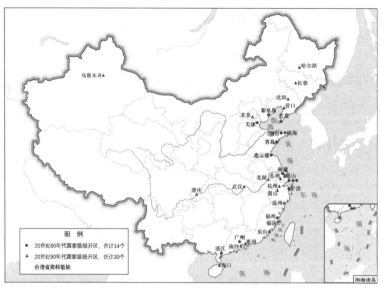

图 3 - 1　1995 年以前国家级经济技术开发区空间分布图

1995 年以前通过规划审核的开发区名单　　　　　　　　　　　表 3 - 2

省区市名称	开发区名称	批准时间	批准规划面积（公顷）
北京	北京经济技术开发区	1994 年 8 月	3980
天津	天津经济技术开发区	1984 年 12 月	3300
河北	秦皇岛经济技术开发区	1984 年 10 月	690
辽宁	沈阳经济技术开发区	1993 年 4 月	1000
	营口经济技术开发区	1992 年 10 月	560
	大连经济技术开发区	1984 年 9 月	2000
吉林	长春经济技术开发区	1993 年 4 月	1000
黑龙江	哈尔滨经济技术开发区	1993 年 4 月	1000
上海	闵行经济技术开发区	1986 年 1 月	308
	虹桥经济技术开发区	1986 年 8 月	65.2
	漕河泾新兴技术开发区	1988 年 6 月	1330
江苏	昆山经济技术开发区	1992 年 8 月	1000
	苏州工业园区	1994 年 2 月	7000
	南通经济技术开发区	1984 年 12 月	2429
	连云港经济技术开发区	1984 年 12 月	300
浙江	杭州经济技术开发区	1993 年 4 月	1000
	萧山经济技术开发区	1993 年 9 月	920
	宁波经济技术开发区	1984 年 10 月	2960
	温州经济技术开发区	1992 年 3 月	511
安徽	芜湖经济技术开发区	1993 年 4 月	1000
福建	福州经济技术开发区	1985 年 1 月	1000
	福清融侨经济技术开发区	1992 年 10 月	1000
	东山经济技术开发区	1993 年 1 月	1000

续表

省区市名称	开发区名称	批准时间	批准规划面积（公顷）
山东	青岛经济技术开发区 烟台经济技术开发区 威海经济技术开发区	1984 年 1 月 1984 年 10 月 1992 年 1 月	1250 1000 572
湖北	武汉经济技术开发区	1993 年 4 月	1000
广东	广州经济技术开发区 广州南沙经济技术开发区 惠州大亚湾经济技术开发区 湛江经济技术开发区	1984 年 12 月 1993 年 05 月 1993 年 05 月 1984 年 11 月	3857.72 2760 998 920
海南	洋浦经济开发区	1992 年 3 月	3000
重庆	重庆经济技术开发区	1993 年 4 月	960
新疆	乌鲁木齐经济技术开发区	1994 年 8 月	430
合计	34 个		45100.92

资料来源：中国开发区年鉴 2005.

开发区的建设对沿海地区城市发展具有重要的影响，一方面是原有城市的规模有了很大的拓展，上海、大连、青岛、宁波等城市在近 20 年里城市人口和用地规模都增加一倍以上；另一方面是大量新城市的出现，深圳、珠海是其突出的代表，大量中小城市在长江三角洲和珠江三角洲蓬勃发展，典型如南海、顺德、张家港、昆山、萧山等城市。更重要的是沿海城市的发展逐步形成了我国参与全球竞争的核心地区，以长江三角洲、珠江三角洲和京津冀地区为核心的城镇密集地区成为外向型经济的主要基地，在空间上形成了城市群的雏形，这是我国城镇形态从单个发展向集群发展的重大转折。这一高效、发达的城市地区形态对我国城市化的发展和城镇现代化的发展均具有十分重要的意义。

从规划的角度来看，沿海城市空间的拓展在很大程度上就是开发区发展的过程。而随着开发区与城市区在建设、管理上的协调统一，沿海地区城市的发展本身就是一个产业用地不断扩张、城市人口不断增长的过程，城市发展犹如一个巨型开发区的发展过程。应该说，开发区的政策，从宏观上奠定了我国近 20 年城镇空间大格局的基础，奠定了东中西三个地带城镇经济、城镇规模、城镇发展质量逐次递减的大格局。尽管这一结果比当初想象的地区差距要大得多，但客观上已经奠定我国城镇空间未来 20 年的大格局。

在沿海地区大发展的同时，从 1981 年起，国家逐步开展了国土开发整治与规划工作（陈栋生，1993）。在党的十一届三中全会之后，当时某省领导同志在出访西欧三国回来给中央的报告中提出："西欧国家进行地区整治的许多经验，……特别是在整治中，围绕一个目标，协调各方面行动，使措施落实，成效比较显著，是值得我们学习和借鉴的"[①]。此后，党中央和国务院领导同志

---

① 毕维铭. 国土整治与经济建设. 北京：首都师范大学出版社，1994.

曾多次向当时的国家建委提出要抓地区开发工作。理论界和学术界的许多有识之士也多次提出我国要开展国土整治的建议。如于光远 1980 年 6 月在全国林业会议上倡议开展国土经济学研究等。可以说，这是我国开展国土工作的初期舆论准备阶段。

1981 年 4 月，中共中央书记处第九十七次会议作出关于开展国土整治工作的指示："国家建委要同国家农委配合，搞好我国的国土整治。建委的任务不能只管基建项目，而且应该管土地利用、土地开发、综合开发、地区开发、环境整治、大河流开发。要立法，搞规划。国土整治是个大问题，很多国家都有专门的部管这件事，我们可不另设部，就在国家建委设一个专门机构，提出任务、方案，报国务院审批。总之，要把我们的国土整治好好管起来"（毕维铭，1983）。同年 8 月 15 日国家建委向国务院提出《关于开展国土整治的报告》。国务院领导很快就批示：先把工作开展起来。以后在实践中再改进。同年 10 月 7 日，国务院正式向各省区市、各部门批转了国家建委的"报告"。并在批示中指出："在我们这样一个大国中，搞好国土整治是一项很重大的任务。目前，我国的国土资源和生态平衡遭受破坏的情况相当严重，在开发利用国土资源方面要做的事情很多，迫切需要加强国土整治工作。这项工作牵涉面很广，希望各地区各部门密切协作，把这件大事办好。"同时指出国土整治的内容包括考察、开发、利用、治理和保护五个方面，并批准在国家基本建设委员会内设置国土局，主管国土工作（吴传钧，侯峰，1990）。

1982 年初，国务院机构进行改革，撤销国家建委，国土局划归国家计委领导。从 1984 年起，由国家计委组织、国务院各相关部委参加的国土规划开始编制。城乡建设环境保护部作为该项规划的参与者，负责起草"2000 年全国城镇布局发展战略"，对全国的城镇空间发展提出系统的思想（后文详述）。

从 1982 年开始国家计委陆续在京津唐、吉林松花湖、湖北宜昌、浙江宁波沿海地区、新疆巴音郭楞蒙古自治州和河南豫西地区进行试点。1982 年 7 月和 9 月先后在松花湖、宜昌分别召开了北、南试点经验交流和现场考察会，1983 年又在各省区市试点的基础上，全面铺开。为了更好地指导与推进国土规划工作的开展，经过几年的探索和实践，于 1984 年开始组织编制《全国国土总体规划纲要》，1987 年公布了《国土规划编制办法》（后简称《办法》）。《办法》对国土规划的性质、作用、任务、内容、编制原则、审批程序等作出了规定。《办法》规定了国土规划的性质"是国民经济和社会发展计划体系的重要组成部分，是资源综合开发、建设总体布局、环境综合整治的指导性计划，是编制中、长期计划的重要依据。"《办法》对国土规划的任务作出如下规定"根据规划地区的优势和特点，从地域总体上协调国土资源开发利用和治理保护的关系，协调人口、资源、环境的关系，促进地域经济的综合发展。"

1987 年公布的《全国国土总体规划纲要》提出了以沿海地带和横跨东西的长江、黄河沿岸地带为主轴线，以其他交通干线为二级轴线的我国国

土开发与生产力布局的总体框架，确定未来国土综合开发的 19 个重点地区
（表 3 - 3）。随后陆续展开一些跨省（区市）的国土规划，如攀西—六盘水地
区、湘赣粤交界地区、晋陕蒙接壤地区、金沙江下游地区、乌江干流沿岸地区
等都先后编制了国土规划，海南省也组织了中日合作编制的《海南岛综合开发
规划》（1988）。到 1990 年代初，全国已有 22 个省、自治区、直辖市和计划单
列市，223 个地（市、州）、640 个县编制了国土规划（毕维铭，1994）。

国土综合开发的 19 个重点地区　　　　　　　　　　　　表 3 - 3

地区	范围	面积（万平方公里）	人口（万人）	区域开发优势	区域开发主要制约因素
1. 京津冀地区	北京、天津、河北省的唐山市、秦皇岛市、廊坊地区	5.5	2672.1	地理位置重要，交通方便、经济基础雄厚；铁矿、煤炭等矿产资源丰富，石油储量前景乐观	水资源严重短缺，工业过分密集于京津唐三大市区，城镇结构不合理，局部地区环境质量恶化
2. 长江三角洲	上海、苏州、无锡、常州、南通、杭州、嘉兴、湖州、宁波、绍兴 10 市 55 县	7.5	5153.6	地理位置优越，水陆交通方便；农业基础好，是"鱼米之乡"；工业基础雄厚，门类齐全，经济效益高；科技发达，智力资源丰富；城市密集，城镇化水平较高；内外贸易发达沿海滩涂面积大，旅游资源丰富	能源严重不足，原材料短缺，交通运输紧张，基础设施能力不足；工业过分集中，环境污染严重
3. 辽中南地区	沈阳、大连、抚顺、鞍山、本溪、辽阳、铁岭、丹东、营口、盘锦 10 市 30 县	7.7	2271.5	铁矿、菱镁矿、硼矿等资源丰富，重工业基础雄厚，门类齐全	能源不足，供水紧张，环境污染
4. 珠江三角洲	广州、佛山、江门、深圳、珠海、东莞	3.7	1510.8	毗邻港澳，水陆交通方便；工业门类比较齐全，基础较好，亚热带经济作物主要产区，石油、石油化工前景较好	能源缺乏
5. 山东半岛	青岛、烟台、潍坊、威海、东营、日照	6.0	2156.1	多港口，海上运输便利；石油、黄金、石墨等矿产丰富，旅游业和海洋捕捞业发达	水资源严重缺乏
6. 闽南三角地区	厦门、漳州、泉州及其所属的同安、晋江、惠安、南安、安溪、永春、东山、龙海、漳浦等 9 县	1.4	1017.0	盛产亚热带水果及经济作物，多天然良港，水产资源丰富，地理位置优越，有利于发展外向型经济	交通和城市基础设施薄弱，投资环境需要完善
7. 海南岛	海南岛	3.4	600.0	我国最大的经济特区，热带资源丰富，土地潜力大，港湾多，海洋开发前景好，旅游资源丰富	能源短缺，城市和交通设施落后，资金不足
8. 红水河水电矿产开发区	包括从南盘江天生桥至黔江大藤峡的沿河两岸，涉及广西和贵州的部分地区	3.6	499.1	水资源和有色金属矿产资源富集	经济基础薄弱，缺资金、缺人才，交通不便

地区	范围	面积（万平方公里）	人口（万人）	区域开发优势	区域开发主要制约因素
9.兖滕徐淮能源开发区	地跨苏、鲁、皖、豫四省，包括济宁、枣庄、徐州、淮南、淮北、蚌埠、阜阳、宿县等市县	4.6	2600.0	煤炭资源储量大，质量好品种全，农业发展潜力大	需加强交通和供水设施建设，注意灾害防治和环境保护
10.哈尔滨—长春地区	哈尔滨、齐齐哈尔、大庆、长春、吉林	6.9	1629.4	石油、水能等自然资源丰富，土地面积大，人均耕地多，具有一定的经济基础	应完善能源交通等基础设施
11.以山西为中心的能源基地	山西及毗邻的陕西、内蒙古部分地区和河南西部、宁夏大武口地区	23.1	4721.2	我国最大的能源基地，煤炭资源储量大，质量好，品种全，开采条件优越，铝土矿和稀土、钼、铜相当丰富，工业基础较好	对外运输通道少，运力不足，缺水，农业基础薄弱，生态环境脆弱
12.以武汉为中心的长江中游沿岸地区	包括从湖南岳阳到江西九江的沿岸地区	4.3	1966.1	水陆交通方便，铜、铁、石膏等矿产资源丰富，工业基础雄厚，农业发展潜力大	加强长江综合整治，做好防洪工作
13.重庆至宜昌长江沿岸地区	重庆至宜昌的长江沿岸地区	3.6	1202.2	水能、磷、铁矿、天然气资源丰富，三峡旅游资源开发价值大，区内重庆市工业基础雄厚	应加强建设铁路、公路、水运相结合的交通运输网络
14.湘赣粤交界地区	湖南郴州、江西赣州和广东韶关地区	8.0	1370.0	钨锑铅锌等矿产资源和生物资源丰富	经济基础薄弱，交通运输落后
15.以兰州为中心的黄河上游水能和有色冶金区	青海龙羊峡至宁夏青铜峡的黄河干流沿岸地区以及甘肃的金川、厂坝等有色金属资源分布区	5.0	484.1	水能资源、有色金属矿产资源极其丰富，资源匹配较好	生态脆弱，水土流失严重，资源开发缺资金、技术、人才，兰新、陇海、包兰线需抓紧改造
16.乌江干流沿岸地区	从贵州到四川彭水沿岸地区	4.0		水能资源及铝、磷等矿产资源丰富	交通不便，上游水土流失严重
17.攀西六盘水开发区	包括四川攀枝花、宜宾、凉山彝族自治州，贵州六盘水和毕节的部分地区以及云南的昭通地区	8.4	1477.8	重工业基础较好，钒钛磷铁矿、煤炭、有色金属和水能资源丰富	位置偏僻、交通不便，基础设施和配套设施缺乏，水土流失严重
18.乌鲁木齐克拉玛依地区	乌鲁木齐市、石河子市、克拉玛依市	5.0	223.9	石油、煤炭、石灰石资源丰富，土地辽阔，光热资源潜力大	水资源不足，基础设施应加强

续表

地区	范围	面积 （万平方公里）	人口 （万人）	区域开发优势	区域开发主要 制约因素
19.澜沧江中游水电、有色金属基地	包括大理白族自治州、怒江傈僳族自治州、保山地区、临沧地区、思茅地区	4.7	375.0	水能、铅、锌、锡、锑等矿产资源，动植物资源和旅游资源丰富，光热水条件优越	交通运输落后

资料来源：毕维铭.国土整治与经济建设.北京：首都师范大学出版社，1994.

应该说，20世纪80年代到90年代10年间的国土规划实践，对建立从宏观层面、综合角度进行国家和区域空间资源的科学使用与管理起到了积极的推动作用。特别是国土规划实践中，以经济区划为基础进行生产力布局和城市发展对推动地区的综合协调起到了推动作用。但是国土规划的重点在于国土资源的使用，对城镇空间对社会经济发展的促进作用显然认识不够充分，尽管提出了沿海城镇发展的布局结构，但其系统性和完整性还不够，缺乏比较完整的地区发展政策。因此其产生的影响和发挥的作用远远不及日本的五次国土规划和荷兰的国家空间规划。

3.2.4 2000—2012年侧重沿海、促进中心城市发展战略使多元化的区域空间格局初步形成

进入2000年后，随着社会主义市场经济体制的确立以及中央对地方的放权，发展经济成为各个地区政府工作的中心。而且随着我国经济外向度的提高，城市与城市、城市与区域之间的联系逐渐增强，区域层面的研究与规划呈现百花齐放、群雄并起的局面。但总体来看，沿海地区城镇发展远快于中西部地区。从城市化水平来看，"五普"显示，东中西三大地带城镇化水平分别为44.60%、33.50%和27.66%，东西相差近17个百分点，广东、江苏、浙江等发达省区城镇化水平已经超过50%。东部地区中心城市的规模也不断扩大，逐步形成若干城市群和都市圈。虽然这一时期国家层面的城镇空间研究被认为是计划经济的产物，受到冷落，但区域层面的空间研究与规划却异常活跃，特别是东部地区。2000年以来兴起了一批不同尺度的区域空间规划，大尺度的如京津冀、珠三角的区域空间规划，中尺度的如苏锡常、杭州湾的都市圈或城市群的规划，小尺度的如广州、宁波等城市的城市空间发展战略研究。不同类别、不同尺度区域空间规划实践的出现，反映出在日益全球化、市场化的背景下，中国城市的发展必须走向一个更加广阔的空间。而城市政府要在新形势下更好地谋发展，也必须从区域角度去思考问题。多种多样区域空间规划的实践，对建立立足于区域协调发展的城市规划理念起到十分重要的促进作用。

3.2.4.1 宏观层面区域城镇空间研究

1. 京津冀地区城乡空间发展规划研究

2001 年由清华大学吴良镛教授牵头，国内十余家单位参与完成的"京津冀地区城乡空间发展规划研究"是当时最重要的区域空间规划研究。

京津冀地区的概念涵盖北京、天津、唐山、保定、廊坊等城市所统辖的京津唐和京津保两个三角形地区，约有人口 5200 万人（2008），土地面积 70000 平方公里，该范围相当于历史上的"京畿"地区。

研究以全球的视野，结合国际上区域空间规划研究的最新成果，从国家利益出发提出大北京地区的发展战略。研究首次明确提出在全球视野中，京津冀应积极发展成为 21 世纪的世界城市地区之一，为获得国家竞争优势奠定必要的基础。在空间结构上，研究提出核心城市"有机疏散"与区域范围的"重新集中"相结合，实施"双核心—多中心都市圈"战略设想。以京津双核为主轴，以唐保为两翼，疏解大城市功能，发展中等城市，增加城市密度，构建大北京地区组合城市（图 3 - 2）。在区域城镇发展形态上特别提出了"交通轴、葡萄串、生态绿地"的发展模式。在区域统筹方面，研究提出建立跨行政区的大北京地区规划建设委员会，开展跨地区的重大项目（如交通、生态、环境、产业结构）协调与合作。

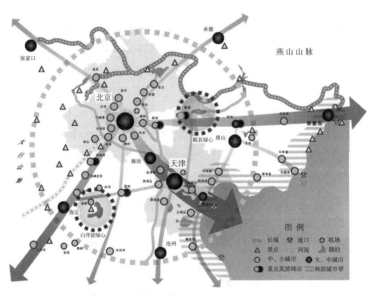

图 3 - 2　京津冀空间结构示意

资料来源：吴良镛，京津冀地区城乡空间发展规划研究 [M]. 北京：清华大学出版社，2002.

京津冀研究虽然针对的是北京地区，但在分析方法和规划理念上有相当宏观的思路，在空间结构上采用了一种开放、动态的结构，由于其提出的"双核心——多中心都市圈"有明确的空间指向，对后来进行的北京、天津两市的城市空间发展战略研究和两市新一轮城市总体规划的编制起到了积极的推动作用。

2. 珠江三角洲城镇群规划

2004 年由中国城市规划设计研究院主持的"珠江三角洲城镇群规划"是一次针对经济发达地区特殊性并具有操作意义的区域空间规划。

珠江三角洲当时的范围涵盖广州、深圳、珠海、佛山、东莞、中山、江门七个市和肇庆市的端州区、鼎湖区、高要区、四会市以及惠州市的惠城区、惠阳区、惠东县、博罗县，国土面积 41698 平方公里，占全省的 23.20%，是我国自改革开放以来经济持续快速增长的地区（图 3 – 3）。

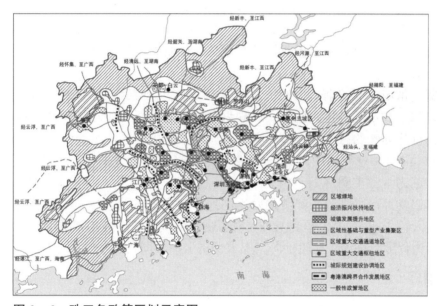

图 3 – 3　珠三角政策区划示意图
资料来源：中国城市规划设计研究院 . 珠江三角洲城镇群规划，2004.

规划以全面建设小康社会的战略目标为指南，带动更大区域经济社会发展，以强化区域国际经济合作与竞争地位为己任。提出珠三角应当以全球制造业基地、世界级城镇群为发展目标，建成具有加工生产、现代物流、金融和专业服务、旅游娱乐以及信息资讯中心等综合性优势和功能的经济区域。还明确了区域发展的生态"底线"和生态体系框架。在空间结构上提出，未来珠三角将形成高度一体化、网络型、开放式的区域空间结构和城镇功能布局体系。通过"一脊三带五轴"的区域空间结构，把珠三角最重要的功能区和节点进行串联、整合，构成向外海和内陆八个方向强劲辐射的空间系统。通过"双核多心多层次"中心体系和"多元发展的三大都市区"的构建，形成各具特色的次区域城镇空间体系和区域性、地区性、地方性服务中心网络。

规划在开发建设的空间管制上，提出了监督型、调控型、协调型、指引型的四级管制的新做法。监督型管制，包括区域绿地和区域性重大交通通道地区，由省政府通过立法和行政手段进行强制性监督控制；调控型管制，包括区域性基础产业与重型装备制造业聚集地区和区域性重大交通枢纽地区，由省政府以规划、指引、仲裁等调控型手段进行管制，由城市政府负责具体开发建设；协调型管制，涉及粤港澳跨界合作发展地区和城际规划建设协调地区，由省政府以规划、指引、协商等协调性手段进行控制；指引型管制，涉及经济振兴扶持地区、城镇发展提升地区和一般性政策地区，由省政府对地区的发展类型、规模、生态环境要求和建设标准提供发展指引，对发展政策和基础设施建设提供支持，由城市政府按照指引自主发展。

按照规划发展目标，针对具有重要区域意义和影响的领域和地区，提出省、市政府、有关部门共同参与的重大行动计划。根据区域性规划的特征和规划实施要求，提出具有可操作性的政策分区、分级空间管制和城市空间协调的规划指引。

珠三角城镇群规划最大的特点在于提出了应对继续快速发展所需的空间承载需要和生态环境的控制区域，在规划的实施方面提出了可操作性的方案，这一点具有开创性的意义。

3.2.4.2　中观层面的区域空间规划研究

1. 苏锡常都市圈规划

苏锡常地区是江苏省经济最发达的地区，三市面积 1.75 万平方公里，2008年常住人口 1960 万人，是受上海辐射影响最大的地区。苏锡常都市圈规划的编制在很大程度上是为了接轨上海，谋求经济上的共同发展（图 3 - 4）。

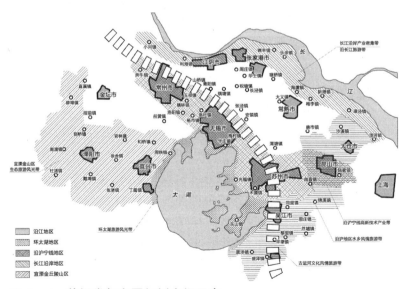

图 3 - 4　苏锡常都市圈规划空间示意

资料来源：苏锡常都市圈规划 . 江苏省城乡规划设计研究院，2001.

在区域功能定位上提出,苏锡常是江苏省经济发展的先导地区和创新的中心,上海大都市圈的有机组成部分,全国乃至亚太地区最具竞争力的现代制造业基地。规划提出重点发展第二产业的设想,成为先进制造业中心、高新技术创新基地和经济国际化的主阵地。空间组织上提出建立起"紧凑型城市与开敞型区域"相结合的都市圈空间形态。即城镇的发展要适当集中、紧凑,以若干重点空间的开发和大型基础设施的配置为主要手段,引导独立、分散发展的镇、村逐步集中,形成兼具高水平经济与高质量空间的城市密集带。

规划对以往较为忽视的乡村空间提出要求:以基础设施和公共服务设施的等级配置为手段,积极有序地引导城乡居民点合理集聚,创造重点中心镇集聚发展条件,积极引导分散的居民点和已撤并的镇村居民点合理集聚。该规划的主要特点在于三市在空间利用、资源保护上的联手,以及对村镇建设的特别关注,并把立足点放在村镇的撤并和集中上。

2.南京都市圈规划

南京是江苏省的省会,在苏中及皖北有重要影响。2001版规划范围包括南京、镇江、扬州、马鞍山、滁州、芜湖六市的全部行政区域,淮安市的盱眙县、金湖县,巢湖市的市区、和县、含山县。规划把南京放在以上海为核心的长江三角洲中去重新认识,同时突破行政区划,从更大的范围(包括安徽),通盘考虑城市地区的发展(图3-5)。

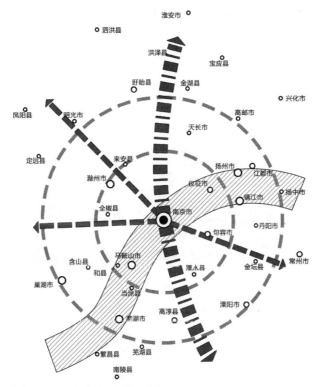

图 3 - 5 南京都市圈规划图

资料来源:南京都市圈规划.江苏省城乡规划设计研究院,2001.

　　规划提出推动都市圈的经济、市场发展一体化，构建国际性的沿江先进制造业集群和以历史文化、山水城林为特色的城市带。规划明确提出发展产业集群的构想，吸引国际制造业转移。空间结构上提出形成一个核心、两个圈层的空间结构，重点发展"一带一轴三通道"。所谓一个核心是指以南京主城为核心，半径约30公里范围的城镇和潜在的城镇发展地区；两个圈层指包括核心城市和距核心城市中心约50公里范围内的核心圈层和距核心城市中心约100公里范围内紧密圈层。

　　规划提出了空间分区，要求沿江地区重点发展先进制造业和现代服务业，保障自然风景区、森林公园和防护绿带，引导非农产业向沿江地区集聚，省内结合沪宁城镇发展轴、宁通城镇发展轴的建设，形成制造业、服务业高度集聚，并与城市空间、生态空间有机结合的高度发达的城市化地区。该规划最大的特点在于打破行政区划，从中心城市的经济辐射范围确定都市圈的范围，而且把该都市圈作为上海都市圈的一部分来考虑。

　　3. 环杭州湾城市群规划

　　环杭州湾城市群是浙江省经济的重心地区，也是浙江省毗邻上海的地区。环杭州湾城市群规划将环杭州湾六个城市所辖的区域进行了全面的整合，将其作为一个整体来考虑，应该说是一次富有建设意义的规划探索（图3-6）。

　　环杭州湾城市群包括杭州、宁波、绍兴、嘉兴、湖州、舟山六市，2002年人口2304万人，陆域面积近4.54万平方公里。规划以浙江省委提出的"接

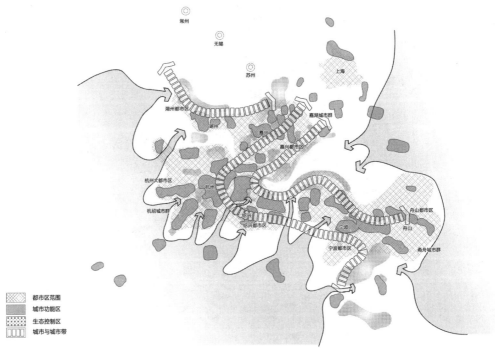

图 3 - 6　杭州湾城镇群规划空间示意图
资料来源：杭州湾城镇群规划. 浙江省城乡规划设计研究院，2002.

轨上海，积极参与长三角地区合作与交流"为指导，培育参与世界分工的制造业基地以及现代商贸与物流业，推进国际化进程和国内区际分工与合作，成为浙江省新型工业化的龙头，增强区域竞争力。规划还提出成为以上海为中心的长三角国际都市带的有机组成部分，融入上海 3 小时交通圈。在空间上提出将形成"三、三、四、六"总体框架：构筑三条接轨上海的城市带，即沿沪杭甬高速城市带、滨海城市带、环南太湖城市带；形成嘉湖、杭绍、甬舟三大城市群和产业集中区；重点控制好四类重大生态保护区；形成"V"形连续分布的六个都市区空间，分别是杭州、绍兴、宁波、舟山、嘉兴、湖州都市区。

规划根据浙江省环杭州湾产业带发展规划，建议新规划产业区总体规模与环杭州湾地区各级中心城市规划城市空间保持 1：1 的规模关系，将各产业区纳入各级城市总体规划考虑，新产业区总体规模应控制在 2000 平方公里以内。

该规划最大的特点是构建沿海岸带的产业发展带，核心是发展杭州湾的工业。实际上，浙江省特别是杭州湾地区在过去 20 多年工业大发展的过程中，已经出现大量的水资源、能源的紧张和海域的严重污染问题，该规划的指导思想和做法相当程度上偏离了可持续发展的理念，也不符合地方发展的实际需要。

总起来说，不同类型城市群的规划实践应该说具有开拓意义。尽管一些规划囿于行政区划，没有完全走出行政羁绊，但从单个城市自觉走向区域城镇的协调发展是一次规划观念的革新。

3.2.4.3　城市空间发展战略研究

进入 1990 年代，随着社会主义市场经济体制的确定、国家实际开放度的加大，城市总体规划原有的工作方式、工作内容已经难以适应这种变化。于是，空间战略、概念规划等一系列灵活、多样、有相当超前意识的规划研究成为地方政府热衷的规划新类型。广州、南京、宁波、杭州、北京、天津等城市先后组织了战略规划研究，期望弥补总体规划的不足。

实际上，城市战略规划研究的出现有更为广泛和深刻的背景。首先，经济全球化要求城市，特别是大城市发展具有全球视野。其次，城市区域化与区域城市化也要求城市与区域"捆绑出击"。正如学界的一种新认识：以中心城市为核心的城市区域是全球化时代城市竞争的基本空间单元（崔功豪，2002）。因此，战略规划产生的宏观背景从本质上来说，是社会主义市场经济发展到一定阶段的需要，是全球化时代，城市面对快速多变、严峻挑战的环境，为求得身的发展而进行的总体性谋划（王静霞，2002）。

1. 广州城市总体发展战略研究

广州城市总体发展战略可以说首开城市发展战略的先河。广州是珠江三角洲的中心城市，多年来是华南地区的政治、经济、文化中心。随着全球经济一体化，珠三角城市群和沿海开放城市迅速发展，广州受到香港、深圳空前的挑战，区域地位与作用下降。同时，中心城区功能重叠，"外溢"发展，各种功能争夺空间资源，环境日趋恶化，城市效率明显下降。在这个背景下，广州尝试性地开展城市空间战略研究，以期推动城市空间结构的调整。而 2000 年，原花都市、番禺市撤市改区，使广州市区的面积由 1443 平方公里扩大到 7434 平方公里，客观上也为中心城市的空间结构的调整创造了条件。

规划以人口增长、GDP 增长率为基础，用归纳法推导城市空间增长模式，提出广州实现"跨越式"发展的理论和思路。从珠三角地区及香港的未来发展趋势判断，确定珠三角都市圈"双心模式"（图 3－7），建设"新广州"，重构广州城市空间结构的新构想，即在番禺南沙建设一个 250 万人口的新广州，形成未来珠三角地区新的"区域服务中心"。同时提出新的生态发展模式，即组团式的城市布局衬以绿色生态空间，以及 TOD 发展模式，以珠三角地区为背景构建轨道交通网。这是从区域层面对城市空间结构进行调整的一次大胆创新，建"新城"的规划手法也成为后来多个城市空间发展战略的主要规划对策。

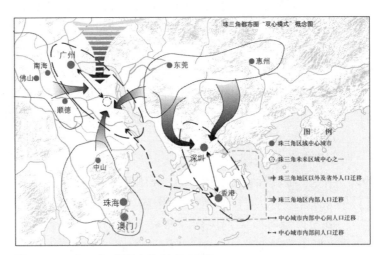

图 3－7　珠三角"双心"结构示意
资料来源：广州城市总体发展战略研究 . 中国城市规划设计研究院，2001.

广州城市空间战略"跨越式"发展的见解有创意，对从区域视角分析大城市发展的思路有不少拓展，但该研究的理论意义大于实际意义。尽管后来的广州实现了南拓的战略，在番禺建设了新城，但其内容与构建区域服务中心的目标相去甚远。

2. 宁波市城市发展战略

宁波市是浙江省的经济大市，是长江三角洲中的核心城市之一。宁波城市空间战略的开展缘于已建成的杭州湾跨海大桥（宁波大桥）。该桥极大地改变了宁波的区位条件，使宁波成为上海 3 小时辐射圈范围的城市。上海的国际航运中心（大、小洋山港）的建设对宁波港的地位产生强烈的冲击，同时上海金山石化的大规模建设对宁波的重化工产业结构产生重大影响。因此，宁波内聚式的城市空间结构已经超出过去 20 年确定的空间框架，也难以适应未来 20 年经济的进一步发展态势。

规划在指导思想上提出围绕提高城市的综合竞争力，分析城市的优势资源条件，重在分析城市的特殊性资源，突出市场力在港口、产业结构中的作用。

在空间规划对策中提出在市域范围内重新构筑面向杭州湾的"开放式"市域城镇空间结构，强化中心城市，"东拓西扩、北工南居"，构筑特大城市框架；同时结合大通道的建设，在余姚—慈溪地区培育城市副中心。在中心城市空间结构的分析上提出重新认识"港城关系"，确定北仑港相对独立的发展模式（图 3 - 8）。

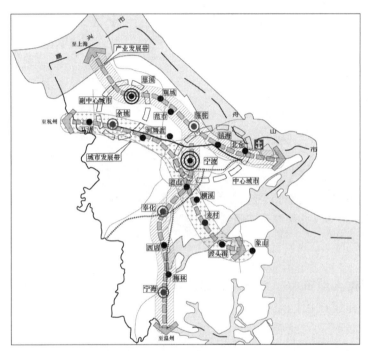

图 3 - 8　宁波市域城镇空间结构示意
资料来源：宁波城市发展战略．中国城市规划设计研究院，2001．

宁波城市空间战略研究的突出特点在于突出了城市发展突变因素的研究，强化了市场力在产业、港口发展中的影响分析，在空间上构筑了一个面向大上海开放的结构，为整个市域范围空间的发展提供了良好的指引。

3. 北京城市空间发展战略研究

北京市于 2003 年开展城市空间发展战略研究的实践。由于北京是首都，首都的示范效应使这一规划研究产生重要影响。从其实际效果来看，这一研究起到了承接"京津冀地区城乡空间发展规划研究"成果，奠定编制新北京城市总体规划基础的作用。研究针对上版城市总体规划（1993 年）确定的城市发展的目标已经提前 10 年实现的现状，交通拥挤、环境污染等大城市问题成堆以及 2008 年即将举办夏季奥运会，城市处于发展转折时期这一客观现实，提出了新北京的城市总体发展目标和空间结构（图 3 - 9）。

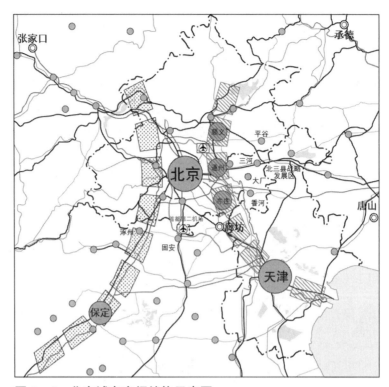

图 3 - 9　北京城市空间结构示意图
资料来源：北京城市空间发展战略研究.北京市规划委员会，2003.

　　研究根据土地资源、水资源、绿色空间等城市发展的制约因素，对城市未来人口规模和建设用地规模进行了测算，提出了"国家首都、世界城市、文化名城、宜居城市"的发展目标，以及"旧城有机疏散、市域战略转移、村镇重新整合、区域协调发展"的规划总方针。在空间结构上提出面向京津冀构筑开放的"两轴两带多中心"的城市空间结构。宏观层面的"两带"是联系整个区域，特别是天津的城镇轴带，微观层面的"两带"是在市域范围内建设若干新城，以吸纳城市新的产业和人口，分流城市中心区的功能和人口。

　　北京空间战略研究在分析方法上明确建立了区域观，把北京的城市空间结构放在京津冀区域中构筑具有相当的开放性。该研究建立的资源环境对城市发展的约束分析，对合理确定城市发展的规模有一定的价值。

　　城市空间发展战略规划的实践，对城市规划理论、实践和体制均产生了重要影响。虽然它不是一个完整的都市区规划，既缺乏区域规划的广度，也缺乏总体规划的深度（崔功豪，2002），但是空间战略的实践说明城市规划的工作已从单个城市发展研究走向区域层面的研究。正如周干峙先生在《人居环境科学导论》的序言中所指出的，"城市规划已不只限于传统的工作范围……""'城市发展战略'的做法，已普遍被大中城市所运用，成为一项必办的工作"。

3.2.5　2012年以来区域协调发展战略下的规划实践

党的十八大以来，党中央高度重视区域协调发展工作，不断丰富和完善区域协调发展的理念、战略和政策体系。党的十八大提出创新、协调、绿色、开放、共享的发展理念，把促进区域协调发展作为协调发展的一项核心内容。党的十九大报告正式提出"实施区域协调发展战略"，"建立更加有效的区域协调发展新机制"；党的二十大报告强调"深入实施区域协调发展战略、区域重大战略、主体功能区战略、新型城镇化战略"，将促进区域协调发展纳入构建新发展格局和推动高质量发展的重要内容，对区域协调发展作出了系统性战略部署。在新时期区域协调战略的指引下，京津冀、长三角等多个地区开展了新一轮的区域规划实践探索。

3.2.5.1　新疆城镇体系规划（2013—2030年）

新疆地处祖国边陲，地域辽阔、边境漫长、民族众多，战略地位十分重要。2010年，全国对口支援新疆工作会议在北京召开，新一轮十年大规模援疆工作拉开序幕。随后，党的十八大立足新疆改革发展稳定面临的新形势、新任务、新挑战，进一步提出新形势下的治疆方略，明确了社会稳定和长治久安的新疆工作总目标。为了科学推进新疆的新型城镇化和稳定发展，合理引导人口有序流动与聚集，保障城乡各类空间资源的合理配置，需要在全疆范围内重新谋划城乡空间发展布局。基于以上背景，《新疆城镇体系规划（2013—2030年）》编制工作启动，并于2013年颁布实施。

规划基于新疆的自然地理条件、经济社会特征，结合对新时期新疆发展机遇的判断，提出以下规划策略：首先，新疆是典型的干旱绿洲经济模式，经济发展与生态保护的矛盾尤为突出，保护绿洲生态的稳定是新疆可持续发展的关键所在。为此，规划针对新疆绿洲水资源时空分布不均、结构性缺水等突出问题，创建了基于水资源、地质条件精准分析的"丰水、稳定、临界、敏感"四类绿洲空间区划；以此为基础，创新提出了城镇与工业、农业、水资源适配的差异化建设模式。其次，针对新疆独特的区位条件，规划提出要抓住"一带一路"建设的战略机遇，构筑"开放高效、相对均衡"的发展格局：一是面向中亚、西亚，建立开放高效的城市体系和交通体系；二是在南疆和边境地区培育增长极，促进区域相对均衡发展。第三，面对新疆长期以来地方和兵团分头建设的问题，规划首次将地方城镇和兵团城镇整体统筹布局，创新提出垦区中心城镇设市作为推动兵团城镇化的主要模式。此外，针对新疆产城关系不协调的问题和多民族聚居的特点，规划还提出促进多元一体文化繁荣、和谐美好社区建设，以及加快推进产业多元化、促进产城融合的规划策略。

《新疆城镇体系规划（2013—2030年）》是对生态环境脆弱、经济发展相对落后的边疆多民族地区区域规划实践的一次有益探索。规划基于新疆的自然本底条件提出的绿洲差异化建设模式，解决了在绿洲上科学布局城镇的问题；提出的垦区中心城镇设市成为近 10 余年国务院批准六座兵团城市的设市依据，有效地促进了兵地融合和稳边固疆。规划为我国边疆多民族地区的区域协调发展路径探索提供了示范和参考。

3.2.5.2 京津冀城乡规划（2015—2030 年）

京津冀同属京畿重地，地缘相接、人缘相亲，地域一体、文化一脉。推动京津冀协同发展，是以习近平同志为核心的党中央在新的历史条件下作出的重大战略决策。2015 年 6 月，中共中央、国务院印发《京津冀协同发展规划纲要》（以下简称《纲要》），全面描绘了以首都为核心的世界级城市群宏伟蓝图。在《纲要》和京津冀协同发展领导小组第 4 次会议的要求下，由住房和城乡建设部牵头，北京市、天津市和河北省政府共同编制了《京津冀城乡规划（2015—2030 年）》，为三地城乡规划的制定和实施提供依据。

规划全面落实中央对京津冀协同发展的总体部署和《纲要》要求，针对京津冀地区生态环境问题突出、北京"大城市病"问题严重、城市规模结构失衡、城乡建设用地粗放等问题，坚持以资源环境综合承载力为前提，实现生态文明建设贯穿发展的全过程。基于这一理念，规划提出了"以水资源条件定人口规模、以地质条件定城市选址、以气象条件定城市形态"的规划思路和技术体系。在对京津冀地区的水资源条件、生态承载力和大气环境容量进行分析的前提下，构建了与资源环境适配的"大集中、小分散"城镇空间格局，通过壮大一批大城市（区域二级中心），培育一批中小城市，完善城镇规模等级体系。并以可落地、可操作为工作目标，重点对京津冀三地城镇的功能定位和重点功能承接地进行系统化空间落位，对交通设施、生态建设和产业对接项目进行深化落实，为非首都功能疏解和集中承载地建设提供科学依据。

《京津冀城乡规划（2015—2030 年）》对于落实京津冀协同发展战略部署、构建京津冀地区整体的生态安全格局、促进自然与城镇相协调的城镇布局、引导轨道交通设施与城镇适配布局起到重要支撑作用，为三地的城乡规划编制提供了科学依据。促进了环首都国家公园体系建设、永定河生态修复、京津冀轨道交通网络等重大工程落地。中央京津冀协同发展专家咨询委员会认为该规划体现了以人为本、生态环保优先、区域融合发展的理念，是一份高质量的规划。

3.2.5.3 上海大都市圈空间协同规划

2017 年 12 月，国务院在《上海市城市总体规划（2017—2035 年）》的批复中明确要求，"充分发挥上海中心城市作用，加强与周边城市的分工协作，构建上海大都市圈"。2019 年 5 月，中共中央、国务院印发《长江三角洲区域一体化发展规划纲要》，进一步强调"推动上海与近沪区域及苏锡常都市圈联动发展，构建上海大都市圈"的要求。沪苏浙两省一市政府于 2019 年 8 月共同成立了上海大都市圈空间规划协同工作领导小组，正式启动了《上海大都市圈空间协同规划》的规划编制工作，规划于 2022 年 9 月公开发布[①]。作为新时代全国第一个都市圈国土空间规划，上海大都市圈规划是先行探索区域规划、树立空间协同新范式、引领长三角高质量一体化发展的示范样板，得到了学术界与地方政府的高度关注。

《上海大都市圈空间协同规划》将规划范围确定为上海市以及周边苏州市、无锡市、常州市、南通市、嘉兴市、湖州市、宁波市、舟山市在内的"1+8"城市市域行政范围，总陆域面积 5.6 万平方公里，2020 年常住人口约 7742 万人，分别约占长三角的 15% 和 34% 左右。规划以国务院批复明确的上海建设"卓越的全球城市"目标为引领，综合周边城市共同诉求，将目标愿景确定为"建设卓越的全球城市区域，成为更具竞争力、更可持续、更加融合的都市圈"。在功能体系上，规划提出上海大都市圈将有更多的城市嵌入全球网络，形成"多层次、多中心、多节点"的功能体系，对内密切合作，形成完备的功能网络；对外链接世界，提升多维领域的全球影响力。在空间结构上，匹配全球城市区域多中心格局，规划提出上海大都市圈将构建"紧凑型、开放式、网络化"的空间结构，倡导廊道引领、网络流动、板块协作三大核心理念，以区域发展廊道为引领，促进要素高效配置、多方开放合作。此外，针对产业、交通、生态、文化等方面，规划还提出四方面的协同举措，包括共同塑造全球领先的创新共同体，共同建设高效便捷的交通网络，共同保护水乡特色的生态环境，共同传承与彰显江南文化[②]。

3.2.5.4　湖北省流域综合治理和统筹发展规划纲要

"三江汇聚、千湖之省"，水是湖北最大的特点，也是重要的自然资源和生态屏障。湖北拥有全国最大的江河湖泊复合淡水湿地生态系统，是长江干线径流里程超千公里的唯一省份，肩负着确保"一江清水东流"的重要责任。以流域综合治理为基础，统筹推进"四化"同步发展，统筹湖北发展，高度契合湖北的资源禀赋和比较优势。2022 年 6 月，湖北省提出努力建设全国构建新发展格局先行区的目标任务，并部署编制《湖北省流域综合治理和统筹发展规划纲要》（以下简称《规划纲要》），作为建设全国构建新发展格局先行区、开展流域综合治理和统筹全省发展的行动纲领。

《规划纲要》立足湖北自然资源特点和国家安全责任，首先，提出湖北要以流域综合治理守住安全底线，明确了必须要守住水安全、水环境安全、粮食安全和生态安全四类安全底线，并开展流域综合治理，协调好水与产、水与城的关系，形成省市共同推进底线管控与流域综合治理的工作机制。其次，

---

① 上海市规划和自然资源局. 上海大都市圈空间协同规划 [EB/OL]. [2022-09-28].

② 上海市人民政府、江苏省人民政府、浙江省人民政府. 上海大都市圈空间协同规划（发布版）[R]. 2022.

在守住安全底线的基础上，《规划纲要》提出统筹城乡区域和资源环境，促进"四化"同步发展：新型工业化更加强调质量和效益的综合目标，城镇化更加注重为人的美好生活服务，农业现代化重在实现农民增收和农业农村生产生活方式的现代化，信息化为城镇化、工业化、农业现代化赋能；并基于湖北不同地区的资源禀赋条件，引导空间差异化有序发展。第三，在支撑体系建设上，《规划纲要》提出统筹国际国内两个市场两种资源，完善综合交通、现代物流、能源保障和教育科技人才等支撑体系，为统筹发展和安全、推动四化同步发展提供基础和保障。最后，在规划实施上，《规划纲要》提出坚持系统观念、统筹方法，省市联动整体推进规划实施；并制定负面和正面清单，作为底线管控和发展指引的基本依据，加强实施监督与规划评估，解决说与做"两张皮"的问题[①]。

《规划纲要》是我国第一部以流域综合治理为基础、统揽经济社会发展的战略规划，是近年来省级区域规划实践的一个创新探索，是从安全和发展两个视角、融合管控和发展要素的主动尝试，具有重要的实践意义。

3.3 全国城镇体系规划的实践综述

按照《城乡规划法》（2019年修订），城镇体系规划是国家、省、市组织城镇空间的法定规划，用以指导不同层次空间城镇的有序健康发展。在2019年国家规划体制改革以前，编制全国城镇体系规划是建设部的主要职能，它对全国城镇的发展、跨区域的协调均具有重要的指导作用。自20世纪80年代国家计委组织编制全国国土规划以来，建设部先后组织了多次相关研究和规划工作。尽管规划没有正式报批，但其对全国的发展，特别是对专业部门"九五""十五"期间的全国规划编制，起到了相当重要的作用。因此，对1985年、1999年和2005年三次全国城镇体系规划工作进行研究，有助于我们深刻认识国家城镇空间规划的意义与作用。

3.3.1 1985年《2000年全国城镇布局发展战略要点》

《2000年全国城镇布局发展战略要点》是1985年初开始编制，同年10月完成。它是作为国家计委统一部署的国土规划的专题规划，由城乡建设环境保护部牵头完成。

规划提出的主要任务是：把国家确定的重大项目规划落实在地域上，把大的建设布局体现出来，把城镇布局、生产力布局和人口布局三者结合起来，促

---

① 陈烨. 统筹多重目标，省市联动实施——《湖北省流域综合治理和统筹发展规划纲要》解读 [EB/OL]. [2023-08-23].

进小城镇发展。规划是战略性的，要求从城市本身条件和客观的经济联系出发，把重点城市点出来，对它们的性质、服务范围、资源条件、发展方向等明确下来，纳入规划。

当时规划要解决的主要问题是：（1）全国范围内城市之间的横向联系薄弱，城市之间缺乏合理的分工，不少城市自成体系，经济结构雷同，中心城市的作用没有得到充分发挥。（2）沿海和内陆江河沿岸，城市发展不够快，城市分布较少，海岸线与沿江河岸线的优越条件没有得到充分利用。（3）工业与城市布局不合理，远离城市、远离交通线，一厂一点，一厂数点，造成巨大的浪费。（4）交通运输布局与城市布局不协调。一些城市发展快的地区，公路和铁路建设滞后。（5）大城市人口膨胀太快。1979—1983 年，48 个大城市人口净增数为同期中小城市人口净增数的 1.86 倍。一些城市基础设施不足，用地紧张，环境条件进一步恶化。（6）资源矛盾加剧，沿海和北方缺水地区的城市工业过度集中，发展过快。

根据上述任务和问题确定城镇布局方针和原则为：（1）城镇布局与生产力布局，特别是与工业交通建设项目的布局紧密结合、同步协调进行。（2）充分体现控制大城市规模，合理发展中等城市，积极发展小城市的方针；正确处理城乡之间的关系，为逐步实现城乡结合创造条件。（3）正确处理东、中、西三个地带的关系，逐步建立合理的城镇分布体系。（4）有利于发挥城市的多功能作用，促进城市之间的横向经济联系，使我国城市逐步建设成为开放型的、多功能的、社会化的经济活动中心（图 3 – 10）。

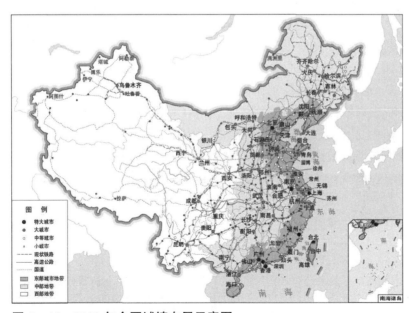

图 3 – 10　2000 年全国城镇布局示意图
资料来源：2000 年全国城镇布局发展战略要点 . 城乡建设环保部规划司，1985.

　　城镇发展目标确定为：2000 年城市人口 3.6 亿～4 亿人，占全国人口的 30%～33.3%；设市城市数量为 600 多个（特大城市[①] 由 20 个增加到 34 个，大城市由 30 个增加到 57 个，中等城市由 81 个增加到 156 个，小城市由 169 个增加到 397 个；建制镇数量：1.5 万～2 万个）。

　　城镇空间布局设想为：（1）以各级中心城市为核心，大中小城市相结合，组成不同规模、不同职能分工的多层次的城镇体系。第一级为全国性和具有国际意义的中心城市（北京、上海、香港），第二级为跨省区的中心城市（广州、武汉、重庆、天津、沈阳、大连、西安、兰州），第三级为省域中心城市（约 35 个），第四级为省辖经济区中心城市，第五级为县域中心城市。（2）沿海、中部和西部三个地带在 20 世纪内经济发展的任务不同，在城市布局和城市发展政策上应有所区别。（3）继续贯彻"控制大城市规模，合理发展中等城市，积极发展小城市"的方针，结合各地的具体条件，对全国城市分为四类，加以政策指导。第一类严格控制城市规模的城市；第二类有控制地发展的城市；第三类促进发展的城市；第四类重点保护的城市。

　　规划还提出了相关的实施建议：（1）通过改革逐步建立相关的经济管理体制，发挥中心城市的作用。（2）制订相应的政策措施，如新建工矿区都要设镇或市，在税收、信贷、能源供应、土地使用和社会福利等方面要向小城镇倾斜，自理口粮的非农业人口落户政策放宽到县城，开展征收土地使用费，引导城市合理发展与布局，大城市收费高于中小城市，城市中心地区高于城市郊区。（3）重点项目的选址要和城市布局相结合，各级城市规划部门应参与有关项目选址的前期工作，重点项目选址应征求规划部门意见。（4）尽快建成沿海地带的综合交通运输网。（5）对水资源统筹规划、合理利用。

　　事后城乡规划司对规划实施情况和存在的问题做了总结（图 3-11），尽管没有履行正式的上报和审批程序，但规划仍然发挥了一定的作用。城市化与城市发展目标基本实现，2000 年我国城市化水平 36.22%，设市城市 663 个，建制镇 2 万多个。城市布局得到调整，城市的中心职能得到增强，初步形成了以各级中心城市为依托的城市网络体系，沿江、沿海、沿交通干线成为我国城市发展最迅速的地区。交通部、铁道部、国家海洋局等在制订本行业的长远发展规划时，都把《要点》作为重要的参考文件，如交通部把《纲要》中确定的一、二级中心城市作为公路主枢纽和高速公路的网的支点，铁道部在规划快速铁路客运系统时，也以《要点》确定的一级、二级中心城市为起讫点。小城市得到前所未有的发展[②]。

---

① 此处的特大城市是根据 1980 年国家建委修订的《城市规划定额指标暂行规定》提出的城市规模划分标准，城市人口 100 万以上为特大城市，50 万以上到 100 万为大城市，20 万以上到 50 万为中等城市，20 万和 20 万以下为小城市。
② 根据张勤提供的资料整理。

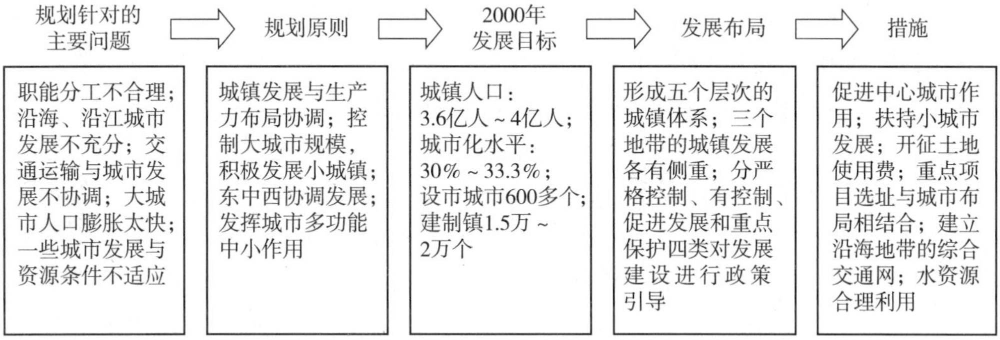

规划针对的主要问题	规划原则	2000年发展目标	发展布局	措施
职能分工不合理；沿海、沿江城市发展不充分；交通运输与城市发展不协调；大城市人口膨胀太快；一些城市发展与资源条件不适应	城镇发展与生产力布局协调；控制大城市规模，积极发展小城镇；东中西协调发展；发挥城市多功能中小作用	城镇人口：3.6亿人～4亿人；城市化水平：30%～33.3%；设市城市600多个；建制镇1.5万～2万个	形成五个层次的城镇体系；三个地带的城镇发展各有侧重；分严格控制、有控制、促进发展和重点保护四类对发展建设进行政策引导	促进中心城市作用；扶持小城市发展；开征土地使用费；重点项目选址与城市布局相结合；建立沿海地带的综合交通网；水资源合理利用

图 3-11　2000 年全国城镇布局要点总结框图

资料来源：建设部规划司张勤整理，2005.

3.3.2　全国城镇体系规划的前期研究

3.3.2.1　1994 年全国城镇体系规划的启动

1994 年 3 月建设部城市规划司正式签报建设部领导，建议开展全国城镇体系规划工作。这是第一次以全国城镇体系规划为名开展规划工作。签报指出"党的十四大构筑了社会主义市场经济的基本框架，并进一步明确了我国实现社会主义现代化的目标和部署，应当说从总体上研究跨世纪城市化和空间发展战略的时机已经比较成熟。为此，拟依法着手组织编制全国城镇体系规划，并按规定报国务院审批，用以指导城市总体规划的修编，并从一个重要方面为国家有关城市建设和发展决策提供依据[①]。"签报还认为开展此项工作已有一定的基础，若干省市也已经做了不少城镇体系规划方面的工作，并计划用两年时间完成这一工作。部主管领导批示给予支持，认为"（全国）城镇体系规划关系重大"，批示提请国家计委给予支持[①]。可以认为，是党的十四大确定的社会主义市场经济体制使建设部城市规划主管部门意识到在新的历史时期，全国城镇的发展需要进行思路上的重新梳理，并借此机遇建立新的城镇空间体系。

3.3.2.2　陇海—兰新地带城镇发展研究

"陇海—兰新地带城镇发展研究"是建设部"八五"重点科研项目，是建设部大尺度区域城镇空间布局的研究探索，可以认为是全国城镇体系规划的前期研究。由于这一研究的地域横跨东中西三个地带，涉及国土面积的 25.48%，对开展全国城镇体系规划提供了一些理论和实践上的支持。

陇海—兰新地带是指东起连云港、日照，西至阿拉山口、霍尔果斯，以陇海、兰新铁路为轴线的横贯我国东西狭长地域，联系江苏、山东、安徽、河南、山西、陕西、甘肃、宁夏、青海、新疆 10 个省区。陇海—兰新地带研究的缘起是 1990 年 9 月，我国北疆铁路在阿拉山口与哈萨克斯坦土西铁路接轨，

[①]　引自建设部城市规划司 1994 年 3 月 26 日签报。

形成了一条东起我国连云港、日照，西至荷兰鹿特丹港的世界上第二条"欧亚大陆桥"。研究通过对世界上其他四条"欧亚大陆桥"的分析，得出陇海—兰新地带沿线地区的经济发展和城镇建设必将迎来一个新的发展阶段的初步判断。

研究认为陇海—兰新地带几十年来一直是国家重点投资地区，并已经成为我国煤炭、石油、天然气、有色金属等重化工业的基地，随着产业的发展也形成了一条城镇聚集带。但是，由于产业结构的重化工化，其与地方工业的融合度差，这种"嵌入式"的投资方式形成了二元经济结构，其结果是未能充分发挥地方的潜力，也未能有效带动地带整个区域的共同发展。

研究根据整个地域的经济相关性、交通便利性、历史的相似性及行政区划等因素，将地带划分为淮海、中原、晋中南、关中、宁夏、甘肃、青海、新疆天山两侧八个城镇群。通过定性和定量分析，将八大城镇群分为发育较好、发育中等、发育初期三类。在城镇发展整体战略上提出东中部适度集中、均衡发展，西部突出重点、集中发展的策略，并对城市的等级结构、职能结构做了分析。

应该说，这一研究对宏观层面城镇空间的布局分析起到了积极的促进作用，对如何把握宏观尺度的空间发展提供一些有益的经验。特别是对整个地带八个城镇群的分析（尽管有些城镇群比较牵强）对产业、交通与城镇空间的紧密联系还是起到了重要的作用。但该项研究的不足在于对城镇空间结构的分析停留在概念阶段，对"欧亚大陆桥"带来的国际经济、贸易、文化的影响缺少分析，中心城市的职能定位缺少国际视野。

3.3.2.3　跨世纪中国城市发展研究

"跨世纪中国城市发展研究"是建设部本着为新一轮全国城镇体系规划的编制所作的前期研究，是建设部"八五"重点科研项目，1999年以《经济全球化与中国城市发展》为题由商务印书馆出版。该书对第二次世界大战以后世界城镇发展的趋势做了比较全面的分析，对全球化和信息化背景下的城市发展做了相当程度的研究，有针对性地提出了中国城市发展的相关对策。

研究分析了20世纪50年代以来西方发达资本主义国家城市发展模式的变化：一是大都市区发展的趋势，即随着工业和科学技术的发展，使人口、资金、技术以较快的速度向大城市和其周围地区集聚，同时随着城市交通条件的改善，城市也出现从向心集聚到相对分散的郊区化方向发展，这种双向运动推动了大城市地域迅速扩张，形成有一定空间层次、地域分工和景观特征的巨型地域综合体；二是大都市连绵带，即在经济发达地区，大城市相对独立的发展演变为规模庞大的大都市连绵带，典型如美国的波士顿—华盛顿、芝加哥—匹兹堡、旧金山—洛杉矶地域以及英国伦敦—伯明翰—曼彻斯特、法国巴黎—里昂、荷兰兰斯塔德地区等，认为这些巨大城市化地带对国家和地区的经济发展起着不可替代的重要作用。认为也正因为这些地区的强大吸引力，也带来诸如区域生态平衡的破坏、国家地区经济发展的不平衡、中心城市衰退等一系列问题，出现20世纪60年代以后一些发达国家通过国家空间规划（如日本、荷兰）强调均衡发展的趋势。

研究对信息社会、经济全球化对城市的发展做了详尽的论述，认为随着信息化社会的到来，未来世界城市化出现新的趋势：一是全球城市体系的形成，若干全球信息节点城市将发展成为世界城市，主宰着世界的经济命脉；二是大都市连绵区更具发展活力，从宏观上看城市"大集中小分散"的地域格局将会长久地持续下去，使全球聚落向具有良好气候条件和生存环境质量的地区转化；多极多层次世界城市网络体系形成（图 3 – 12），城市的发展越来越依赖于其与全球其他城市的相互作用强度和协作作用程度。这些分析对深刻认识我国快速城市化进程中城市密集地区的发展趋势具有重要的意义，对在全球化时代积极培育具有国际竞争力的城市与城市地区具有重要的参考价值。

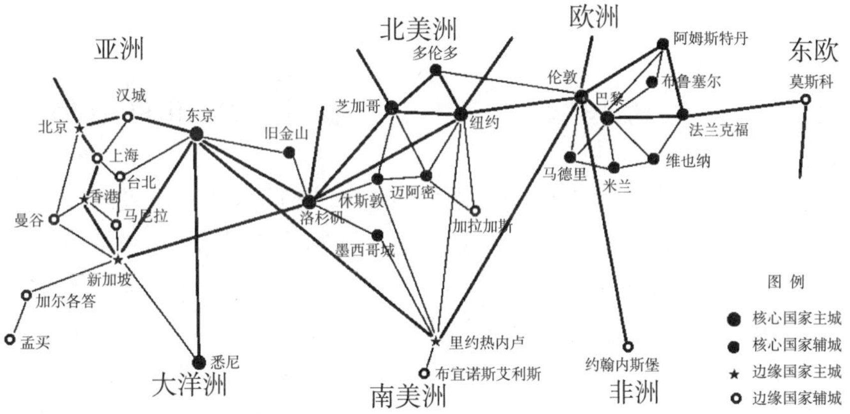

图 3 – 12　世界城市网络体系图

资料来源：顾朝林 . 经济全球化与中国城市发展，2000.

研究结合经济全球化的宏观背景提出了中国城市发展的趋势展望：城市化过程空前加速，涌现更多的新城市；大城市继续快速发展，若干大都市连绵区已经开始逐步形成；郊区与城市中心区共同繁荣；几个国际性城市将进入全球城市体系网络。针对这些趋势，研究提出：（1）建设若干世界级城市，纳入世界城市体系，提出培育上海、北京、广州、大连四个国际性城市；（2）重视连绵区的建设，重点形成长江三角洲、珠江三角洲、京津唐、辽中南四个大都市连绵带，强化区域规划的协调作用；（3）构建大都市地区双层地方政府体制，实施县下设市模式；（4）鼓励和推进城市化进程，至 2020 年达到中等发达国家城市化水平，即 60% 左右；（5）正视郊区化现象，逐步完善郊区发展政策；（6）加快城市间快速通道网建设；（7）加强城镇体系规划的宏观调控，建立整体规划的观念，强化政府干预能力；（8）分区制定城市化发展策略；（9）注重有限资源条件下的城市发展，正确处理农村工业化与城市化的关系；（10）建设与国力相匹配的国家城市体系，从全球和地方两个层面确定城市的地位和发展目标。

该项研究及提出的 10 大发展政策建议基本囊括了中国城市化在全球化时代的总体发展思路，较以往任何关于中国城市化的研究都更具有时代的特色。特别是将中国城镇的空间结构放到世界城市体系中去分析更具有开拓性。但该项研究的不足在于从世界看中国分析到位，但从中国看世界的分析显然不足，或者说如何将国际发展的趋势与中国的实际情况相结合分析不够，在空间结构上对城市网络体系的构建、支撑体系的研究以及环境对发展的制约基本停留在概念阶段。客观地说，这是一次很有价值的研究。

3.3.3　1999 年全国城镇体系规划

作为建设部的一项工作，全国城镇体系规划的编制工作从 1999 年正式启动。经过近五年的努力，提出了一份相对完整的报告。报告从项目背景、城镇化与城镇发展现状、城镇发展战略目标、城镇空间布局规划、城镇发展与交通、资源和环境的协调、实施保障等七个方面对全国城镇化和城镇发展提出了全面的规划。

规划认为我国处于社会经济全面发展的转型期，实施积极的城镇化战略，从长远看是实现现代化的保证，从近中期看是解决当前及以后社会诸多难题的关键，如促进农村经济的发展、带动第三产业、扩大投资需求、保护资源等。规划提出的规划指导思想是：全球化视野，分析世界经济和世界城镇化的发展规律；可持续发展角度，从保护我国重要生态敏感区的角度考虑城镇化的人口迁移和城镇空间布局；区域协调宗旨，积极响应"西部大开发"的国家战略，重点推动中西部地带城市的发展；强调城镇在社会经济发展中的龙头地位，逐步建立空间组织有序的城镇发展网络，支撑国家经济的发展；三个结合为导向，即国民经济和社会发展规划与城市发展相结合、产业布局与城市布局相结合、区域性基础设施与城市布局相结合等。可以看出，这一稿规划的指导思想受当时中央"西部大开发"政策的影响很深，尽管提出面向全球的目标，但实际内容重点是关注西部的发展。

规划的重点为：适应政府转变职能的需要，为中央一级政府引导全国城镇的整体协调发展提供宏观调控的依据和手段；通过全国城镇体系规划，把国家城镇化发展战略落实到空间上，通过城镇布局的合理引导，促进经济社会的协调发展，重在协调跨区域的发展问题；在维护公平的前提下，通过合理、妥善的组织，实现区域基础设施共享，降低区域开发成本，对大型机场、港口、高速公路、铁路等区域基础设施布局提出要求，对土地利用、生态环境保护、水资源开发提出空间要求，尽管文本中对资源的管理措施比较原则。可以看出，规划的重点在于政策性的引导，在于协调机制的建立。

在城镇空间发展政策的确定上，认为要结合我国自然条件和经济水平存在明显的区域差异、资源短缺、生态环境脆弱等条件，提出我国城市发展政策要多样化和差别化。在实施细则中提出要重视城镇密集地区的发展规划和建设引导、强化大城市的功能、三大地带城镇发展要区别对待等较新的观点。在强化大城市的功能中，提出培育香港、上海、北京三个国际性城市，扶持沈阳、大连、天津、武汉、南京、广州、西安、重庆八个区域性特大城市和深圳、厦门两个特区城市，使之成为既能够与世界经济接轨，也是国家和区域发展的枢纽。扶持哈尔滨、长春、石家庄、太原、包头、济南、青岛、长沙、南昌、郑州、杭州、福州、兰州、乌鲁木齐、成都、贵阳、昆明等 17 个区域性特大城市和珠海、汕头两个特区城市，培育成为国家产业发展的创新基地。另外，根据城市的不同属性，将 50 ~ 100 万人的一般大城市分为综合型、工业型、矿业型和交通枢纽型四种类型。

在城镇空间布局上提出点（中心城市）、轴（城镇带）、面（三大地带、12 个城市密集区）相结合的空间结构。其中"点"是国家一级中心城市和重要中心城市，主要包括东北城市经济协作区的沈阳、大连、哈尔滨，华北城市经济协作区的北京、天津、济南、青岛，西北城市经济协作区的西安、兰州、乌鲁木齐，华东城市经济协作区的上海、南京、杭州，华中城市经济协作区的武汉、郑州、长沙，西南城市经济协作区的重庆、成都、昆明，华南城市经济协作区的香港、广州、澳门、深圳、厦门等城市。"轴"是指国家一级、二级轴线，一级轴包括沿海岸线、京广铁路、包兰—宝成—成昆铁路沿线三条纵向轴，长江沿线、陇海—兰新铁路沿线两条横向轴，二级轴包括京沪—沪杭甬铁路沿线、哈大、京沈铁路沿线、京九铁路沿线，八大轴线上的城市占全国总数的 40%。"面"指国家层面的城市密集地区，包括东部地区的长江三角洲、珠江三角洲、京津唐、辽中南、山东半岛、闽东南，中部地区的江汉平原、中原地区、湘中地区、松嫩平原，西部地区的四川盆地、关中地区等 12 个城市密集地区（图 3 - 13）。

规划还对三大地带的城镇发展提出了不同的要求：东部地带针对其自然条件优越、区位条件理想、综合经济实力雄厚等条件，加强引导大城市产业向小城市和小城镇转移，促进大城市的产业结构调整和升级，形成一批大中小城市协调发展的城镇群体；中部地带针对其处于城镇化初期向中期加速发展的阶段，以工业化和现代化为目标，走集中型与扩散型相结合的城镇化道路，适度发展大中城市，合理发展小城市的道路；西部地带针对其经济欠发达、人口素质低、城镇体系发育程度低的条件，以工业化为目标，重点放在改造现有的中心城市和培育发展新的经济中心上，认为西部地带城镇的发展重点是广大的县城，其次是资源开发地区的工矿型城镇。该次规划对小城镇予以了特别关注，并认为规划期内农村剩余劳动力将以进入小城镇为主。应该说小城镇能否承担此项重任难以预料。

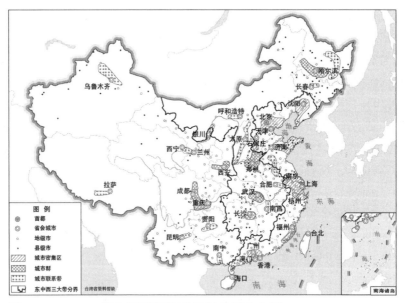

图 3－13　1999 版全国城镇体系规划空间分布图
资料来源：全国城镇体系规划．中国城市规划设计研究院，2000.

　　在规划的实施方面，报告提出了采取积极的城镇发展政策、发展小城镇、对西部地区城镇建设指导、节约城市用地、改革户籍制度等项措施。

　　客观地说，这份报告的内容庞杂，考虑了城镇化和城镇发展的方方面面，但结构不够清晰。城镇发展的制约条件没有做深入的分析，人口的迁移分析也停留在表面，空间政策上重点扶持西部、大力发展小城镇的思路缺乏支撑研究，特别是西部作为建设重点与保护西部的生态环境相矛盾。规划提出的诸多城市群在级别、内容上也相差甚远，都作为国家级城镇群有一定的问题。在规划的实施上缺乏对下一个层次规划的具体指引。

3.3.4　2005年全国城镇体系规划纲要

3.3.4.1　重新启动的背景分析

　　前面已经提到，从 1999—2004 年五年间"全国城镇体系规划"一直没有拿出提交国务院审查的正式成果。其间由国土资源部组织编制的"全国土地利用总体规划纲要"经国务院批准后在全国正式实施，国家计委完成了"规划体制改革的理论探索"研究，提出了"国家总体规划"的概念（杨伟民，2003）。2005 年 10 月党的十六届五中全会"关于制定国民经济和社会发展第十一个五年规划的建议"中，将过去 50 多年沿用的"五年计划"，替换成了"五年规划"，其内容增加了"培育新城市群"等空间规划的内容，这些迹象表明空间规划作为国家社会经济发展的宏观调控手段正被逐步采用。

在国土规划缺位，土地利用总体规划内容过于单一，而"全国城镇体系规划"作为较为综合的法定规划却没有出台是耐人寻味的。作者认为主要有三个原因：首先，从政府到学界对全国城镇体系规划可以起到对国家社会经济发展宏观调控的作用认识不足。认为市场经济条件下，规划要以市场规律为前提[①]；其次，国家整体上缺乏协调发展的战略，规划编制的时机不成熟。中央政府虽有西部大开发、振兴东北老工业基地、中部崛起等区域政策，但整体协调发展的思路并不清晰；最后，城市规划学界的理论准备不充分。规划界在过去十年里最关注的问题是如何通过规划促进城市经济的快速发展，关注的是如何做好城市中心区、重点景观地区、新城等微观层面的规划设计工作。宏观空间规划更多的是地理界的理论分析。10 年间真正具有影响的区域城镇空间研究是"京津冀城乡空间发展规划研究"，该研究从全球和地区的角度高屋建瓴地提出了京津冀地区的空间结构，对宏观层面空间结构的研究产生了重要影响，对随后开展的北京、天津两市的城市空间发展战略研究和城市总体规划的编制都起到了重要的推动作用，现有的其他研究和规划产生的影响还无出其右。

2005 年 4 月，新一轮全国城镇体系规划重新启动，并于 2005 年 10 月建设部党组审查通过了规划纲要。该轮规划工作之所以引起高度重视，首先是中央提出的"科学发展观"为城镇体系规划注入了新的思想活力，其次，国家发改委对国家规划体制改革的建议也是促使该规划尽快出台的外力[②]。最后，当时快速工业化和城市化进程中存在的大量问题也是促使全国城镇体系规划尽快出台的重要原因。

3.3.4.2　主要技术特点[③]

规划根据国际政治经济发展的趋势、国家未来的产业政策、人口迁移的趋势和不同地区的特点分析了中国城镇化的现状特征和未来发展的路径，并试图通过新的全国城镇空间结构的构建，指导国家产业布局、资源保护和区域基础设施建设。在内容和成果构成上重视城镇发展的前提条件分析，力求突出规划的公共政策属性。其主要的技术特点如下。

1. 力求体现科学、全面、协调的发展思路

规划开宗明义地提出落实以人为本、全面协调可持续的科学发展观，按照循序渐进、节约土地、集约发展、合理布局的原则，积极稳妥推动城镇化的指导思想。进一步发挥城乡规划作为政府调控、社会管理和公共服务的重要职能，发挥城镇对经济社会发展的重要推动作用，全面提高城乡人居环境质量。

---

① 赵士修 1992 年在无锡召开的全国城市规划工作座谈会上提出，城市规划将不完全是计划的继续和具体化，城市作为经济和各项活动的载体，将日益按照市场机制来运作。

② 国家发展改革委在"规划体制改革的理论探索"研究中提出新的规划体系，城市规划属于专项规划。

③ 根据"全国城镇体系规划（2006—2020）"2005 年 10 月稿分析整理。

远期（2011—2020 年）与国家中长期规划目标相一致，近期（2005—2010 年）与国家"十一五"规划相协调，切实在空间结点的培育上和空间资源的管理上提出新的内容。

2. 对城镇在新形势下的发展需求做了充分的分析

规划从经济全球化的挑战、新型工业化的落实、社会主义新农村的建设、区域协调发展和全面建设小康社会等方面的要求作了未来城镇发展的需求分析。规划认为在当时经济全球化日趋加深的背景下，发展仍然是未来 15 年的主旋律。在新一轮的全球生产、贸易、科技、文化的重构中，我国应该通过空间结构的调整，构建与之相契合的城市与地区并占有一席之地。根据国家走新型工业化道路的总方针，提出未来 20 年我国将形成京津冀、长江三角洲、珠江三角洲、辽中南、成渝等五大城市经济区和哈大齐等十个人口—产业集聚区，认为这些产业集中的地区也将是城镇重点发展的地区（图 3 - 14）。

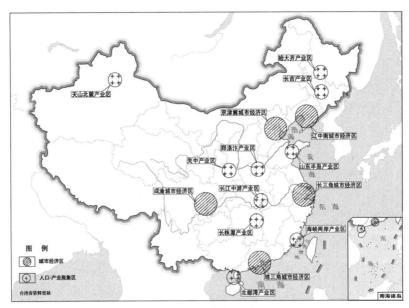

图 3 - 14　2020 年我国重要产业区分布示意图

资料来源：马凯."十一五"规划战略研究.北京科学技术出版社，2005.

3. 对城镇发展的限制条件做了比较全面的研究

规划对我国自然地理条件做了较为深入的研究，在诸多自然条件综合评价的基础上，对我国适宜城镇建设的国土比例和主要区域做了初步的分析（表 3 - 4），研究认为全国适宜城镇发展的地区（扣除耕地）仅占国土面积的 8.55%，东部地区承载能力较高，西部地区承载能力较低，这是首次对我国人居环境建设条件的综合评价。

我国陆域城镇发展适宜度汇总表　　　　　　　　　　　　　　表 3 - 4

城镇发展适宜度	分布地区	面积比例（%）	耕地比例（%）
不适宜地区	主要分布于西部地区以及中部的内蒙古和西南地区和东部的沿海滩涂、湿地等地区，包括塔克拉玛干沙漠、藏北高原、内蒙古的中央戈壁等地区。这些地区主要受高程、坡度、土壤侵蚀、降水等因素制约	52	5
较不适宜地区	主要分布于坡度较高的山地丘陵地区、降水较少的半干旱地区、积温较低不适宜农作物生长的地区，以及以林地和草地等覆盖为主的地区	29	20
适宜地区	主要位于平原盆地地区，现以耕地覆盖为主，也是地势平坦、水资源较为丰富的地区主要分布于东部地区的东北平原、三江平原、华北平原、长江中下游平原，以及四川盆地，和西部的河西走廊、天山南北的河流冲积扇地区。是我国未来城市发展的主要空间	19	55

资料来源：全国城镇体系规划（2006—2020）.

　　规划还根据保护耕地的基本国策，明确 16.5 亿亩基本农田是粮食安全的底线。对适宜城镇建设的地区也往往是粮食主产区的现实，提出了重点处理好城乡建设与耕地保护的具体要求。规划还对人口增长和流动趋势做了较为深入的分析，提出未来人口流动与迁移规模将会增大，2015 年以前沿海地区仍然会成为流动人口的第一目的地，而中部地区随着经济的发展，2015 年前后会由人口的净流出区转化为流入流出基本平衡的地区。

　　4. 确定了东中西差别化的城镇化政策

　　规划根据国家对东中西不同地区的发展要求和这些地区不同的资源和环境条件，首次全面提出了分地区的城镇化政策指引。规划从城镇化总体要求、空间发展重点、基础设施供给和环境保护策略等方面分别提出东部、中部、西部和东北四大地区的城镇化空间策略（图 3 - 15）。如东部地区发展指引为：提升城镇化的质量，优化人口结构；加快三大都市连绵区的发展和资源整合，控制空间的无序蔓延；加强生态环境保护，特别是水环境的综合治理，建设节水型城市等。

　　在城镇化水平的预测上，规划根据我国过去 20 年城镇化的平均速率以及未来 20 年社会经济发展的趋势，提出未来 15 年城镇化速度会稳定在年均增长 0.8 ~ 1 个百分点，2010 年城镇化率达到 46% ~ 48%，2020 年达到 55% ~ 58%，还根据各省经济水平和人口增长趋势，提出了分省的城镇化水平预测。

　　5. 提出了多中心的空间结构

　　城镇空间发展策略是全国城镇体系规划的核心内容。规划提出"多元多极网络化"的空间结构，全面带动不同地区协调发展。具体为"一带七轴多中心"："一带"指沿海城镇带，"七轴"指京呼包银、陇海兰新、长江沿线、沪瑞四条东西向轴带和京广（部分京九）、哈大、北部湾三条南北向轴带，"多中心"指京津冀、长江三角洲、珠江三角洲三大重点城镇群和武汉、成渝、辽

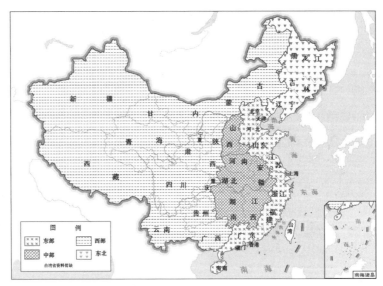

图 3 - 15　城镇化政策分区示意

中、关中、山东半岛、郑州、长株潭、海峡西岸城镇群。城镇群的概念是本次规划的新亮点，突破了以往以单个城市为基础的城镇空间结构体系的构架（图 3 - 16）。

　　规划在城市的等级结构方面上不作重点论述，而是从国家整体发展的角度提出了需要重点关注的城市，如陆路门户城市、老工业基地城市、矿业（资源）型城市、革命老区和少数民族地区城镇、国家级历史文化名城名镇等。结

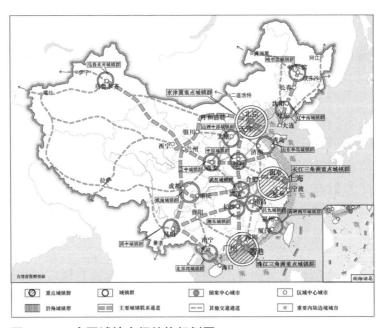

图 3 - 16　全国城镇空间结构规划图
资料来源：全国城镇体系规划（2006—2020）.

合建设社会主义新农村的要求，本次规划提出了村镇布局原则，主要为引导农村人口向条件较好的重点镇、中心村集聚，提高重点镇、中心村的基础设施和公共设施的服务水平。

6. 提出了综合交通枢纽的概念

支撑体系是城镇发展的重要条件，规划提出以交通为核心构筑支撑体系。结合"一带七轴多中心"空间结构和六大交通分区，设置九组一级综合交通枢纽城市，推行一体化的联合运输方式（图 3 – 17）。提高门户城市的地位和交通服务水平，促进城市内部交通与区域间交通的有机整合。另外，对当时已经完成的民航、铁路、高速公路、港口等交通专项规划，要结合新的城镇空间结构更多地从区域和城市发展的角度进行调整。

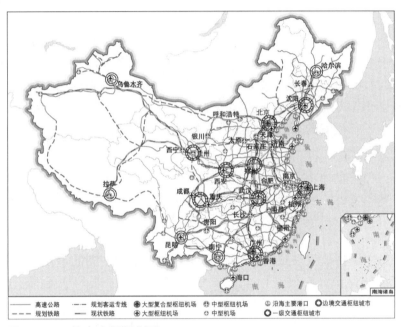

图 3 – 17 综合交通规划图
资料来源：全国城镇体系规划（2006—2020）.

7. 将生态安全格局概念引入宏观空间规划

规划一个重要的理念是按照生态安全的要求和全国生态系统的特征，打破行政区划划分出生态系统保育区、生态系统恢复与重建区，并结合生态环境的保护原则，分别在城镇建设选址、防治水土流失、生态敏感区的保护等方面提出了具体要求，对处理好宏观层面的城镇建设和生态环境之间的关系起到了积极的作用。提出城镇建设应建立在合理的环境承载能力（大气环境容量、水域纳污能力）基础上，充分考虑城镇发展可能对生态环境造成的影响。

8. 立足事权提出分省区的发展指引

规划用相当的篇幅对区域发展提出了指导意见。根据全国城镇化和空间布局的总体要求，提出了两类空间的指引：一是"重点发展与管理的城市和地区"，主要指在"一带七轴多中心"国家级发展主轴线上的地区和城市；二是"跨省域重点协调地区"，主要包括流域协调地区、海岸带及近海海域、省区交界协调地区、城镇群地区以及矿产等资源利用协调地区等。

在此基础上，分别对 27 个省区和四个直辖市提出了规划指引。如河北省重点发展与管理的城市为石家庄、唐山、邯郸、保定、张家口等。跨省协调的地区为京津上游水源涵养区、环渤海生态环境，建设"三北"防护林，加强秦皇岛港、唐山港、黄骅港与天津、辽宁等省市港口的协作，预留京广、京沪等高速客运专线通道，加快京津唐城际轨道交通建设等等。应该说，分省区的发展指引是落实全国城镇体系规划的一个重要举措，以省为单元提出管制要求符合事权划分的原则，对规划实施有很大的帮助，跨省提出资源管理对资源的保护意义重大。

综上所述，2005 版全国城镇体系规划在理论和方法上对宏观层面的空间规划作了十分有益的探索。特别是对城镇发展前提条件的分析、多样化的城镇化政策分区、多中心的城镇空间结构以及资源保护、分省区的发展指引均有很大的创新。但限于编制的时间和对该规划的认识，还有一些不足，在理论和方法论上也还有很大的拓展空间。就一般技术而言，作者认为还存在五方面的不足：

第一，从国际经验来看，任何一次国家层面的空间规划都要有重点解决的问题，提出现阶段的区域政策重点，通过新的空间结构达到"极化"或"均衡"的发展目标，2005 版全国城镇体系规划在区域政策和空间组织上目标指向并不明确。

第二，在可持续发展成为国际趋势的时期，空间规划的重点在很大程度上是空间资源的保护和有效利用。2005 版全国城镇体系规划缺乏对空间资源的层次分析和功效分析，对快速发展的地区缺少环境承载能力的分析和相应的对策，对生态脆弱地区的空间发展也缺乏限制性强的硬措施。

第三，任何一种城镇空间结构都是历史的和暂时的，不存在一劳永逸的结构。在经济全球化的今天，空间结构要有相当的开放性和灵活性，2005 版全国城镇体系规划的空间结构虽然比较开放，但应变能力还不够。对一些从国家层面需要特别关注的地区（如长江三角洲等城镇密集地区）缺乏空间政策上的指引。

第四，中央政府的规划应该体现的是国家利益以及对不同地区的公平服务。建立统一、公平、全面、城乡一体的公共服务体系应是国家空间规划的重要内容，这也是防止落后地区边缘化的重要手段，但 2005 版全国城镇体系规划在公共服务体系的建构上缺乏具体的内容和标准，特别对广大农村地区的公共服务缺乏应有的关注。

第五，城镇空间是一个综合空间体系，城镇体系规划是各个专项规划的指导，2005 版全国城镇体系规划缺乏与国家发改委主持的"国民经济和社会发展中长期规划"和国土资源部组织编制的"全国土地利用总体规划"的衔接，因此还不是一个真正意义上的综合空间规划。

3.3.5　2015年全国城镇体系规划

3.3.5.1　编制背景和主要内容

2014 年，中共中央办公厅、国务院办公厅发布《关于落实〈国家新型城镇化规划（2014—2020 年）〉主要目标和重点任务的分工方案》，要求"2014 年研究启动制定全国城镇体系规划工作"。随后，住房和城乡建设部会同发改委、财政部、国土资源部向国务院上报了《关于开展全国城镇体系规划编制工作的请示》，2015 年底正式启动新一轮全国城镇体系规划的编制工作。

该版全国城镇体系规划的基本出发点是落实"创新、协调、绿色、开放、共享"的发展理念，贯彻党的十九大、中央城镇化工作会议、中央城市工作会议精神，在全国层面对城镇发展与布局进行统筹协调，推进新型城镇化建设与城镇转型发展。规划强调了要解决人民日益增长的美好生活需要和不平衡不充分的发展之间的矛盾，将当时我国城镇空间发展的主要问题总结为区域发展不平衡、城乡发展不平衡、城市群发展不协同、大中小城市和小城镇不协调、满足美好生活的空间供给不充分和历史文化保护与彰显不充分等六个方面[1]。在此基础上，针对核心问题提出了相应的发展策略，主要包括以下几个方面。

1. 构建全面开放的全国城镇空间格局

响应"一带一路"倡议和其他国家战略，2015 版全国城镇体系规划强调城镇化开放要从沿海开放转向多向开放，从梯度转移转向多极崛起，以由内向外、由东向西，海陆统筹、边疆巩固为战略格局导向，构建开放式、网络化、多中心的城镇空间格局：开放式是指构建陆海内外联动、东西双向互济的总体格局；网络化是指构建连接东中西、贯通南北方的发展走廊；多中心是指建设以城市群为主体，大中小城市和小城镇协调发展的城镇格局。

2. 实施以"西部经略"为重点的区域战略

2015 版全国城镇体系规划提出以"西部经略、东北振兴、沿海一体化、东中西联动"作为区域战略的重点。其中西部地区承担我国面向欧亚大陆和太平洋的战略脊梁，是面向印度洋开放的前沿阵地，"西部经略"的核心是三个战略：一是筑城战略，包括建设乌鲁木齐、喀什、拉萨、昆明、南宁等边境中心城市，建设重庆、成都、西安、兰州、西宁、银川、贵阳等战略枢纽城市，以及建设阿拉尔、和田等战略支点城市；二是链接战略，强调建设多通道复合的西部发展走廊沿边大环线和跨境开放通道，并提出进一步完善航空网络和扩容枢纽；三是人口战略，引导和促进西部地区人口规模的适度增长。

---

① 郑德高. 全国城镇体系规划的回顾与展望 [EB/OL]. [2022—10—15].

3. 推进以承载力为基础的差异化城镇化模式

2015 版全国城镇体系规划在 2005 版规划基于自然地理要素开展人居条件适宜性评价的基础上，按照人居条件适宜性、资源环境承载力两个维度将全国国土空间划分为四类地区，具体包括：人居环境条件较差、生态高度敏感地区；人居环境条件较好、容量超载地区；生态环境敏感、承载力一般地区和人居环境条件较好、承载力较好地区。基于以上分区，因地制宜地差异化引导不同地区的城镇化空间模式。

4. 回答"人从哪里来，人往哪里去"的问题

2015 版全国城镇体系规划以人和空间的关系为主线，从分层、分区、分群上对城镇化趋势做出了战略判断。分层来看，当前城镇人口聚集主要是在超大特大城市和县级城镇两端，未来不同规模等级的城市发展方式将会有所差异，大城市将会从过去的规模扩张转向全新的存量发展模式，而中小城市仍具有一定的增量空间。分区来看，就地就近城镇化趋势加强，中西部人口出现回流；东北面临人口衰退危机，"收缩城市"现象出现。分群来看，规划预测未来城市群的人口规模将占 70% 左右，城市群外的县级单元人口规模将占 20% 左右，城市群外的地级市人口规模将占 10% 左右[①]。

5. 实施因人、因地制宜的城镇化策略

首先要因人施策，重点关注三类不同的流动人群：对于跨省流动人口重要的是给予他们应有的尊严和基本的公共服务保障；对于省内的流动人口要鼓励在省内聚集和稳定的就业；同时更重要的是要大力支持县内农业转移人口就地就近城镇化。其次要因地施策，重点关注三类城镇化地区：人口流入地要全面提升城镇化质量，有序推进农业转移人口市民化；人口流出地要提升城镇综合实力，促进异地城镇化与就地就近城镇化相结合；人口流动相对平衡地区，引导人口适度集聚，着力提升就地就近城镇化质量[②]。

6. 实施"城市群"与"魅力特色区"并行发展的再平衡策略

一方面要强调"城市群"的竞争力发展，建设世界级城市群，强化在全球综合竞争、国家战略支撑、区域均衡发展方面的引领性作用。另一方面，立足于促进区域发展的平衡，响应人民日益增长的消费需求和生活方式的转变，构建自然与文化景观、特色城镇、传统村落相结合的"国家魅力特色区"。不仅仅是一般意义上"保护"的概念，而是在保护自然和文化景观、特色城镇、村落的基础上，按照适宜的发展模式进行特色发展，从而带动区域的发展活力，促进国土空间的再平衡[③]。

① 李晓江，郑德高 . 人口城镇化特征与国家城镇体系构建 [J]. 城市规划学刊，2017，（1）：19-29.
② 李晓江，郑德高 . 人口城镇化特征与国家城镇体系构建 [J]. 城市规划学刊，2017，（1）：19-29.
③ 郑德高，朱雯娟，陈阳，等 . 区域空间格局再平衡与国家魅力景观区构建 [J]. 城市规划，2017，41（2）：45-56.

7. 构建立足国际与国内、兼顾经济效率与社会效益的城市体系

全国城镇体系的构建既要面向国际，立足全球城市体系，提升国际竞争力；也要面向国内，支撑国家战略，发挥中心城市的辐射带动作用；同时要基于城市分工与分层视角，兼顾经济效率与社会效益，发挥小城市和县城的基础性作用。因此，规划提出以全球城市带动世界级城市群发展，以国家中心城市深度参与国际竞争，以国家边境中心城市扩大对外开放，以区域中心城市促进国土空间格局均衡发展，以县城和小城镇促进就地就近城镇化[①]。

3.3.5.2　2005 版、2015 版全国城镇体系规划的比较

2015 版全国城镇体系规划是继 2005 版规划后，第二版真正完整编制的全国城镇体系规划，在规划思路和方法上延续和传承了 2005 版规划的底层逻辑，但也随着时代发展的变化而有所更新和调整，主要体现在以下几个方面：

第一，两版规划持续关注城镇化与人口流动，关注点经历了从"人口快速流动"到"回流与就近就地城镇化"的变化。全国流动人口由 2005 年 1.5 亿增长至 2014 年 2.53 亿，并于 2015 年出现首次下降；省内流动占比增加，中西部外出人口回流现象出现。城镇化流动趋势的变化也带来了劳动力流动的变化：一是全国的劳动力总量下降，人口红利窗口收窄；二是部分人口开始回流，就地就近城镇化趋势明显；三是人口流动更多开始兼顾家庭的整体流动，流动偏好出现了从"经济人"向"社会人"的转变，农业转移人口的年龄、素质结构也发生了变化。

第二，两版规划持续关注中心城市和中小城市的发展。中心城市的关注点经历了从"国家中心城市"到"全球城市"的变化，2005 版规划提出了将北京、天津、上海、广州、重庆等城市确定为"国家中心城市"，2015 版规划则强调全球城市和全球城市区域怎样参与全球竞争，提出建设北京、上海等若干全球城市。中小城市的关注点从关注小城镇以及引导镇、乡和村庄布局建设，转变为强调发挥县城在城镇化中的基础作用，推进以县为单元的就地就近城镇化，加强县域分区分类指导，推进县域城乡一体化发展，以及分层推进城乡基本公共服务均等化。

第三，两版规划持续关注区域发展的不平衡，规划策略从"分区差异化发展"到"魅力特色区"构建。区域发展的不平衡问题一直是全国尺度的规划需要解决的核心问题之一。2005 版规划结合国家区域政策，实行东部、中部、西部和东北四大地区差别化的城镇化政策。2015 版规划在国家的区域战略格局下，强调通过筑城、链接、人口战略支持西部地区的发展，支持"一带一路"和边境中心城市的建设；同时通过构建国家魅力特色区，探索非城镇密集地区特色化的发展路径。

第四，两版规划持续关注资源环境对城镇布局的影响及潜力价值，关注点

① 郑德高. 全国城镇体系规划的回顾与展望 [EB/OL]. [2022–10–15].

从"自然地理条件"评价拓展到"承载力"与"魅力发展潜力"评价。2005版规划基于自然地理要素开展人居条件适宜性评价，将全国国土空间按照适宜建设程度划分为不适宜、较不适宜和适宜三类地区；2015版规划则将资源环境承载力作为城镇化空间布局的前提条件，并响应消费时代的人民美好生活需要，基于自然和文化要素划定国家魅力特色区，识别和激发自然与历史人文资源富集的非密集地区的发展潜力[①]。

3.3.6　全国国土空间规划纲要

2018年，党中央、国务院作出改革部署，将原分属不同部门的主体功能区规划、土地利用规划、城乡规划、海洋功能区划等空间规划职责统一整合到自然资源部。2019年，《中共中央 国务院关于建立国土空间规划体系并监督实施的若干意见》发布，提出建立国土空间规划体系并监督实施，推进实现"多规合一"；并明确"全国国土空间规划是对全国国土空间做出的全局安排，是全国国土空间保护、开发、利用、修复的政策和总纲。"2022年，我国首部国家级国土空间规划——《全国国土空间规划纲要（2021—2035年）》（以下简称《规划纲要》）印发，并从2023年起全面实施。

《规划纲要》以第三次全国国土调查成果为底数，在资源环境承载能力和国土空间开发适宜性评价基础上，统筹考虑各地资源环境禀赋和经济社会发展实际，统筹发展和安全，优化全国国土空间开发保护格局。建立了"生态、农业、城镇空间＋支撑体系、魅力体系"的总体空间框架，在统筹划定耕地和永久基本农田、生态保护红线、城镇开发边界的基础上，对农业、生态、城镇等功能空间布局进行优化，统筹海岸带、海域、海岛开发利用保护活动，保障重大基础设施建设，保护传承和塑造国土的文化与自然价值[②]。主要规划内容包括以下几个方面：

第一，在底线管控方面，《规划纲要》确定全国和各省（区、市）耕地保有量、永久基本农田、建设用地规模、生态保护红线面积、用水总量等空间管控指标：全国共划定不低于18.65亿亩的耕地和15.46亿亩的永久基本农田；完成陆域生态保护红线约304万平方公里划定，初步划定约15万平方公里海洋生态保护红线；城镇开发边界扩展倍数控制在基于2020年城镇建设用地规模的1.3倍以内[②]。

第二，在城镇空间格局构建方面，《规划纲要》基于对全国人口和城镇化的发展趋势判断，提出多中心、网络化、开放式、集约型、绿色化的城镇空间

① 郑德高.全国城镇体系规划的回顾与展望 [EB/OL]. [2022–10–15].
② "多规合一"绘就美丽中国.经济日报 [N]，2024–07–17.

格局，建立由城市群、都市圈和各级中心城市等构成的全国城镇体系①。

第三，在支撑体系建设方面，《规划纲要》在与交通领域专项规划充分协调的基础上，构建了全国综合交通体系。并提出统筹发展与安全，充分避让各类灾害风险，建立生命线工程，提升城市减缓与适应气候变化的能力②。

第四，《规划纲要》还提出了国土空间高品质的利用方式。在梳理全国历史文化和自然景观资源的基础上，延续全国城镇体系规划相关研究，建立支撑美丽国土建设的魅力空间体系，提出城市、县镇、乡村空间品质提升的总体策略和差异化路径。并创新性地提出了自然资源资产保值增值的制度设计，即通过产权明晰和要素流动推进生态和文化产品的价值实现②。

规划体系改革前，全国城镇体系规划是一个相对完整的国家空间发展战略。规划体系改革后的全国国土空间规划纲要，是对全国国土空间开发保护格局的统筹安排，侧重于空间资源的基础保障和底线管控。社会主义市场经济体制下，我国社会经济的全面协调发展离不开国家的宏观调控，国家空间规划是一个重要的手段，在中国这样一个特殊政治、经济环境的国度里，其作用也将越来越重要。同样，在我国经历了融入全球化、世界经济发展和布局进入深刻调整期、我国转向以国内大循环为主体的双循环战略的今天，如何通过空间规划的手段，发挥城市体系在社会、经济、区域发展中的支撑作用，值得我们从理论和方法上去进一步探索。

3.4　小结

从历史的角度来看，城镇空间发展受政治、经济体制的直接影响，它的发生与发展脱离不了当时、当地的政治、经济形势，离不开自然、地理、环境等条件。在工业化和城镇化进程中，正确的指导思想和合理的规划措施可以使国家的经济、社会效益显著，反之则国家损失惨重。

城镇空间规划在城镇空间结构的重构中具有不可替代的重要作用，改革开放以来，我国经济的持续快速发展之所以能够持续，在很大的程度上在于我们确定了沿海开放、以城市为核心的国家空间发展战略。特别是以开发区为主要内容的产业空间布局与沿海中心城市的发展紧密结合，有效地促进了以城市为核心的地区经济的发展。

---

① 中国城市规划设计研究院 70 周年规成果集 规划设计 [M]. 北京：中国建筑工业出版社，2024.
② 中国城市规划设计研究院 70 周年规成果集 规划设计 [M]. 北京：中国建筑工业出版社，2024.

第 4 章

我国城镇空间发展的理论与方法

4.1　我国城镇发展的宏观背景

改革开放以来，我国经历了全球规模最大，发展速度最快的城镇化。2001年诺贝尔经济学获得者斯蒂格利茨（J. Stiglitz）更是把我国的城镇化和美国的高科技并列为 21 世纪影响世界经济的两大事件。

未来我国城镇化的道路选择，还是要立足于对国家发展历史阶段的客观判断、所处的国际环境和自身发展一系列制约因素。首先，我国的宏观经济从过去的外向型经济、大规模投资主导转向了更加注重国内国际"双循环"体系、供给侧结构性改革的新发展阶段。国家提出的创新发展战略、扩大内需等将影响产业功能和布局。其次，城镇化进程中的资源紧缺和生态环境压力依然显著，城市和区域发展必须坚持生态优先，实现合理开发建设。第三，总人口下降、老龄化、少子化等将对城镇发展产生重大影响。因此，在空间上统筹好安全与发展，实现人口分布、产业发展、基础设施建设、环境保护和地区协调，是实现可持续发展的人居环境建设目标的根本所在。

4.1.1　经济全球化对城镇发展的影响

分析我国在全球化背景下资本流动、产业链接、区域协作和城镇空间的互动关系是国家城镇空间结构分析的基础。

1990 年以来，流入我国的外资逐年增加，并迅速成为全球吸引外资最大的发展中国家之一。外商投资也经历了从"三来一补"，到大规模制造业直接投资，再到服务业领域的扩展过程。特别是进入 WTO 之后，国家的宏观经济与全球的生产、贸易、科技、文化紧密对接，推动了资源、人力与资本在国家层面的不断重组。这个时期的国家战略以提高全球竞争力为主导，东南沿海地区成为经济发展和外商投资的重点地区，并逐步形成了由国家中心城市引领的城市群发展格局。以 2006 年数据为例，东部地区实际利用外资占 90.32%，世界 500 强在华投资的项目也绝大多数集中在东部地区。

2008 年爆发的全球金融危机、西方国家"反全球化"保守右翼势力的增强，对此前快速推进的全球化进程带来极大影响，"友岸外包"、近域合作、多点布局成为全球经贸合作的新趋势，区域贸易协定"架空"WTO 的端倪愈发明显，这对我国未来的既是机遇，也是挑战。从国际经贸合作对象看，2013—2020 年，我国与东盟、非洲、拉美等"一带一路"沿线国家的货物贸易总额的比重提高了 4.1 个百分点。从国内看，中西部地区吸引外资、开展对外经贸合作的能力增强，中西部实际使用外资的比重，由 2006 年的 9.68% 提高到 2020 年的 11.3%，货物进出口总额由 16.0% 提高到 18.4%。

以全球城市为核心的大城市地区依然是国家战略重心。目前世界上主要国际城市，如伦敦、纽约、东京、巴黎等构成了全球城市体系的核心，起到对区域经济乃至世界经济组织、控制和管理的职能。我国的北京、天津、上海、广州等城市随着近年来国际机构和跨国组织的进一步集聚，围绕这些城市形成的京津冀、长江三角洲、粤港澳大湾区和成渝地区已成为我国参与国际竞争的主体。未来 20 年这些核心城市及其周边地区的发展水平很大程度上决定我国的国际竞争力和我国在世界经济、政治格局中的地位。

4.1.2　国家产业政策与产业布局对城镇的影响

走新型工业化道路，构建集群经济、循环经济、知识经济是 21 世纪我国需要发展长期坚持的方针（仇保兴，2005；牛文元，2006）。目前我国产业发展的总体趋势是基础能源原材料产业、一般制造业产业向着集约发展的高新技术产业、装备制造业和战略性新兴产业方向调整，产业组织趋于集中，已形成京津冀、长江三角洲、珠江三角洲、成渝四大城市群，以及长江中游、辽中南、哈长走廊、山东半岛、海峡两岸、中原、关中、长江中游、北部湾、天山北麓等产业集聚区。石化、钢铁等重化工业总体布局已经在利用进口资源条件较好的沿海、沿江城市形成产业集群；能源工业特别是电力工业向我国的北部省区、西南地区转移；东部地区形成了一批高新技术和资金技术密集型产业；中西部地区以发展传统产业和劳动密集型产业为主的区域分工格局将在较长时期内存在。

随着经济发展对创新驱动要求不断提高，需要加强国家科技创新中心城市的建设。2020 年全社会研发投入达到 2.44 万亿元，研发投入强度达到了 2.40%，国家创新能力综合排名上升至世界第 14 位。北京、上海、粤港澳大湾区已跻身全球科技创新集群前 10 位 [①]。国家在推出中关村、武汉东湖、上海张江、深圳等一批国家级的创新示范区后，围绕着国家科技创新中心和综合性科学中心的建设，在北京、上海、粤港澳大湾区、安徽合肥、陕西西安、成渝地区进行重点投资和布局，以提升中国基础研究水平、强化原始创新能力、引领世界科学前沿领域和新兴产业技术创新、汇聚全球科技创新要素。

随着经济发展，以服务业为代表的第三产业越来越重要。改革开放 40 多年来，我国第三产业增加值占 GDP 的比重从 1978 年的 24.6% 上升到 2020 年的 54.5%，从业人员占比达到 55.0%，未来仍有较大提升空间。现代服务业主要依托核心城市发展，北京、上海、广州、深圳、成都、杭州等中心城市，集中了全国高端的金融、物流、科技研发职能，是全国经济增长的组织者和管理

---

① 国务院新闻办公室举行新闻发布会：我国科技创新有关进展情况。2022 年 2 月 25 日。

者。2020年21座城市平均三产比重为59.28%，高于全国平均值5个百分点，比2000年的平均比重提高了14个百分点（图4-1）。这些中心城市，在物联网、智能计算等方面的科技服务，以及科技金融、信息服务、会展服务、现代物流等生产者服务业发展方面还有很大发展潜力。

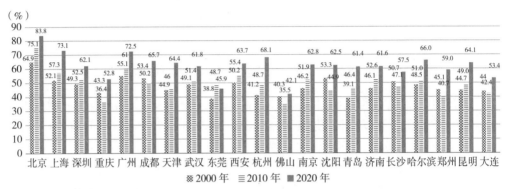

图4-1 我国超大特大城市第三产业增加值占GDP比重的变化（2000-2020）
数据来源：各城市统计年鉴数据。

随着产业格局从沿海向内陆纵深拓展和调整，我国城镇空间结构也发生了明显变化。东部城镇密集地区和中心城市成为产业发展的高地，都市圈、城市群等多种类型的空间组织，与产业集群、中小城市和小城镇的发展实现互促共进。中西部地区仍将以中心城市和一定规模的中小城市发展为特征。鉴于此，国家空间政策的重点应该是：

第一，完善沿海城市群的空间政策。加强沿海地区城市功能的更新，建设面向世界的大型交通、信息基础设施，提高国家参与全球竞争的能力。关注战略性新兴产业对空间的需求以及对环境的影响，结合生产服务业的发展趋势，促进城市内部空间结构的调整。

第二，加快城市群与经济腹地的产业经济联系。重视交通轴带沿线的城镇建设与产业协同布局，为产业链的延长以及中心城市传统产业在这些地区的转移提供基础性条件。以长江三角洲为例，顺应以上海为核心的长三角一体化经济协作区不断拓展趋势，强化与安徽、江西北部的交通网络联系和商务便捷往来，实现产业链和供应链更加密切地互动。

第三，提升中西部都市圈的产业吸纳能力。通过构建外向型经济合作平台，打造科技成果转化平台，不断推进现代化产业集群。以西南地区为例，在重庆和成都建设内陆开放高地，集聚国内外优质的创新资源和创新人才，建设国家级科技创新研发与科技成果转化中心，促进四川、云南、贵州等地区的产业协作。

4.1.3　人口迁移对城镇发展的影响

2000 年第五次全国人口普查资料显示，我国流动人口的总规模 1.44 亿人，占全国总人口的 11.6%。根据一个国家或地区的迁移人口占总人口的比重相对稳定于 10% 以上的时期即是移民时期的一般原则，我国正在进入移民时期（叶裕民，2005）。移民时期的到来，意味着大量的人口由欠发达地区走向发达地区，由农村走向城市，由低效率生产转向高效率创造财富的行列。过去 20 多年的人口流动持续迁徙，反映了中国经济社会大变革、大发展时代背景，也是我国城镇化大规模推进的具体反映。

2020 年第七次全国人口普查资料显示，我国流动人口的总规模达到 3.76 亿人，占全国总人口的 26.4%。其中跨省流动人口 1.25 亿，占流动人口比例的 33.2%。流动人口结构发生了显著变化，其平均受教育年限达到 10.3 年，相较于改革开放初期的 5.6 年增长近 1 倍；流动人口的就业层次不断提升，专业技术人员占比从 2010 的 8.2%，上升到了 2020 年的 13.3%。

从全国人口流动分布格局来看，开始出现均衡化发展态势。2020 年东部地区流动人口的占比已经下降到了 46.9%；中部地区和西部地区流动人口占比出现了明显上升，分别从 2000 年的 15.8% 和 22% 上升到了 2020 年的 21.6% 和 24.5%（图 4 - 2）。城乡间人口流动出现重大转变，2000 ~ 2010 年从乡村到城镇的人口流动比重在逐步上升；但在 2010 年后出现转变，从高峰时期的 63% 下降到 2020 年不足 50%；而城镇之间的人口流动，2000 ~ 2010 年保持在 20%，近五年来已经提高到 40% 以上。

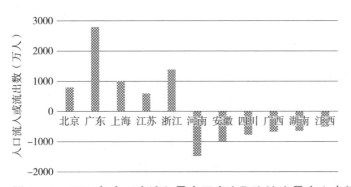

图 4 - 2　2020 年人口净流入最大五省市和净流出最大六省份
数据来源：据各城市统计年鉴数据整理。

我国未来的较长时期，人口流向仍然遵循由农村流向城市、由落后地区流向相对发达地区、由中小城市流向大中城市的基本规律。就人口流动的目的地而言，东南沿海地区的超大特大城市仍会是人口集聚的重点地区，中部地区的省会及中心城市，随着经济的发展，对人口的吸引力将不断增强。

4.1.4 资源环境条件对城镇发展的制约

城镇的发展从客观上来说，受地理条件、生态环境承载能力以及土地资源、水资源等方面因素的制约。从地理条件来看，我国受地形地貌、气候、温度、土地类型等条件的影响，不适宜人类生存和居住的地区约占国土面积的52%，主要分布在胡焕庸线以西地区；较不适宜地区占国土面积的29%，适宜地区集中在东部和中部地区，占国土面积的19%，而这些适宜人类聚集的地区也是我国耕地的集中地（表 4 - 1）。

人居条件评价指标一览表 　　　　　　　　　　　表 4 - 1

评价因子	不适宜地区	较不适宜地区	适宜地区
高程	> 4000 米	2000 ~ 4000 米	< 2000 米
年平均降水量	< 50 毫米	< 200 毫米	> 200 毫米
大于等于 10 度积温	< 1300	1300 ~ 1600	> 1600
土地利用类型	沙地、戈壁、盐碱地、沼泽地、冰川和永久积雪、水体、滩涂	有林地、高覆盖草地	其他
土壤侵蚀	极强度风力侵蚀、强度冻融侵蚀	中度冻融侵蚀、强度风力侵蚀	其他
地形（坡度）	> 25 度	15 ~ 25 度	< 15 度
地貌	极大起伏山地、大起伏山地、沙丘、雪域高原	中小起伏山地、喀斯特山地、梁峁丘陵、高丘陵、中丘陵、低丘陵、喀斯特丘陵、高台地、中台地、微高地	低台地、起伏平原、倾斜平原、平坦平原、微洼地

从我国水资源的条件来看，水资源空间分布极不平衡，长江流域及以南地区水资源量占全国的81%，而北方黄淮海流域水资源量仅占全国的7.2%。海河和黄河流域的地表水已处于过度开发状态，西北诸河区、淮河流域地表可用水资源利用也临近极限；海河流域、淮河流域和山东半岛地下水已经超采。城市用水主要集中在东部和中部地区，约占全国城市用水量的87%。长距离的调水工程，带来的生态环境、文物保护等问题矛盾不可回避。随着城市产业结构升级和居民生活用水需求，我国城镇的总用水量仍将上升，且区域之间的用水需求差距明显。因此，切实控制人均用水量，建设节水型城市，对于未来城镇的可持续发展意义重大。我国城市总体节水成效较为突出，从2000年到2020年，全国城市节水量累计达到972亿立方米（住房城乡建设部，2021 年）。

从土地资源条件来看，全国国土"三调"数据表明，全国建设用地总量有 6.13 亿亩，占我国陆域国土总面积的4.25%。其中东部地区扩张尤为剧烈，1978—1990 年，东部沿海地区新增城市土地面积为 7829.79 平方公里，占全国新增城市土地总面积的55.71%；1990—2000 年，东部沿海地区城市扩展了

4837.97 平方公里，占全国新增城市土地总面积的比例上升至 58.75%（匡文慧，2019）。2020 年我国单位 GDP 建设用地使用面积较 2012 年下降近 40%，显示我国的用地集约利用水平有了显著提升，但一些地方的城镇建设用地仍存在大量低效和闲置利用现象。全国村庄用地规模达 3.29 亿亩，总量较大，布局不尽合理。

从耕地保护要求看，2020 年底全国耕地面积 19.18 亿亩，已接近国家 18 亿亩基本农田的保护底线要求。我国经济发展和人口聚集的主要地区，也是精华农田分布比较集中的地区。因此，要将耕地保护、高标准农田建设与乡村居民点优化布局结合在一起。粮食主产区、主销区和产销平衡区，都要履行好耕地的保护责任。在保护好耕地和生态环境的前提下，顺应居民消费升级需求，将农产品生产空间向草原、森林和海洋拓展，并做好交通、物流、仓储、加工等服务设施的建设。

从生态环境的承载能力来看，我国地表水环境质量总体改善，2020 年全国地表水水质优良（Ⅰ－Ⅲ类）断面比例为 83.4%，长江、黄河干流全线水质稳定保持Ⅱ类，但总体上水生态环境与城镇发展之间的矛盾依然较为突出。特别是人口较为密集的京津冀、长三角、珠三角三大城市密集地区的河湖水系、近岸海域污染仍较突出。季节性的大气污染情况时有发生，如区域性灰霾集中的京津冀、汾渭平原、四川盆地是治理的重点。特别是城镇密集地区大规模开发建设活动对自然生态本底的改变突出，大量生态用地和水域空间转化为建设用地，应对极端天气气候的能力下降。在应对传染性疾病等重大公共卫生事件时，我国卫生医疗系统、基本生活保障服务系统的脆弱性十分明显，医疗救援能力和基本生活保障能力亟待提升。

4.1.5 区域协调政策对城镇发展的影响

促进区域协调发展是我国现代化建设中的一个重大战略问题。国家从提高效率、兼顾公平的基本目标出发，自 20 世纪 80 年代起分别提出了鼓励东部地区加快发展、推进西部大开发、振兴东北老工业基地、促进中部地区崛起等一系列政策措施，旨在形成东中西互动、优势互补、相互促进、共同发展的新格局。但就整体而言，区域协调发展的局面并没有形成。一个重要的原因就在于区域经济的发展在很大程度上依赖于中心城市的带动作用，目前的区域发展政策缺乏与中心城市发展政策的衔接。以西部大开发为例，尽管中央提出了"应在不破坏生态环境的基础上，走一条科技含量高、经济效益好、资源消耗低、环境污染少的新型工业化道路。加强优势资源的开发和利用，有选择地发展高新技术产业，大力发展旅游等服务业，建设一个经济繁荣、社会进步、山川秀美的新西部"的总体思路，但是如何走新型工业化的道路缺乏明确的空间政策。又如为了维护西部脆弱的生态环境，如何安置生态移民也缺乏明确的城镇发展指引。西部地区的生态环境保护、工业化、城镇化是联系在一起的系统问题。

不断深化细化区域发展战略是中央政府坚守的职责。2013年我国提出"一带一路"倡议，一批内陆地区中心城市和口岸城镇得到国家的政策倾斜。2014年后，国家又相继出台了京津冀协同发展、长三角一体化、粤港澳大湾区发展、成渝双城经济圈建设、中国（海南）自由贸易试验区等一系列重大区域战略，对发挥各地比较优势、促进区域协调发展进行有力引导。近年来，国家还对长江经济带、黄河流域生态优先和高质量发展提出纲领性要求，体现了国家对生态环境保护、高质量发展、文化保护传统和城镇空间布局优化的整体谋划。

4.1.6　农村现代化与共同富裕的影响

由于我国人口基数大、农村人口比重高，城镇化的道路不同于一般西方发达国家。即使城镇化水平达到75%以上，仍将有相当数量的农民在农村居住和就业。因此，促进农业的发展，提高农村的现代化水平，并通过中小城市和小城镇来解决好富余劳动力的合理安置问题是当前和今后相当长一段历史时期的重要任务。走工业反哺农业，城市反哺农村的道路，在很大程度上体现在以县域为基本单元的中小城市和小城镇在农业金融、技术服务、商业服务，农产品加工、流通、检疫、检测、出口，农村医疗、卫生、教育等方面的服务功能等方面的支撑，通过城乡统筹来推动农业和农村现代化。

农村现代化是一个全面而复杂的过程，涉及经济、社会、文化、生态等多个方面。由于我国农村地区的底子薄、基础能力差，需要持续推进才能达到目标。中央政府高度重视"三农问题"的解决，从宏观顶层上相继提出了推动农村现代化和城乡统筹发展的一系列方针政策，并且不断强化政策的系统性和针对性。如党的十六大着力点在于扭转工农差别、城乡差别和地区差别扩大的趋势，党的十八大则强调促进城乡经济社会发展一体化，逐步实现城乡公共服务均等化。党的十九大提出了乡村振兴战略，从提高农民收入、改善居民生活质量、加强生态环境保护、实现人与自然和谐共生提出更加全面的措施；党的二十大在原有政策基础上，更加关注保护和传承农耕文化、推动农村绿色发展、建设美丽乡村等内容。

综合前面的分析，可以看出我国地区之间的自然地理条件差别较大，社会经济的发展水平参差不齐，城镇发展必须因地制宜，分类指导，合理布局。城镇发展模式必须从粗放型转向集约型和节约型，合理利用各类资源。因此，从国际背景、国土资源、生态环境条件以及城镇发展的相关政策角度出发，分析我国城镇化和城镇发展的道路是实现健康城镇化的必由之路。

4.2　我国城镇空间发展研究的理论与方法

4.2.1　国家城镇空间是复杂巨系统的求解

国家城镇空间发展研究是一个十分复杂的问题。在过去的几十年里，传统的城镇体系规划在方法论上将这一复杂的问题概括为"三个结构"：城镇职能结构、城镇等级结构和城镇规模结构。实际上，城镇作为社会经济发展的空间载体，它的发生与发展是一个十分复杂的过程。从一般意义上来说，城镇的发生直接受所在区域的自然环境、国土资源的制约和影响，城镇的成长又有其自身的规律，受人口、产业、交通等诸多因素的影响。在新中国 70 多年的城镇发展史上，在计划经济时代，城镇空间的成长与衰落在很大程度上受计划经济体制的影响，受制于国家产业空间布局规划。社会主义市场经济体制下，城镇发展的影响因素更加复杂，特别是在一个开放的经济全球化的背景下，资本流动、人口迁移、资源和能源的跨地域转移，使得城镇空间的形态更加多样，城镇空间增长的机制更加多元。因此，对国家城镇空间发展的研究必然是一个涉及多方面因素、多类型空间规划的一个特殊领域。从前面国内外的理论和规划实践分析来看，国家城镇空间发展与国土规划、区域规划的关系更为密切。

如果国土规划的重点是对国土资源的开发、利用、整治和保护，那么城镇体系规划与城镇布局是以区域生产力布局和城镇职能分工为依据，确定不同人口规模等级和职能分工的城镇的分布和发展。同时，城镇空间扩张与自然环境是一个相互作用的过程，尤其对于城镇密集地区，城镇空间与周边生态环境之间的关系更加复杂。尽管在定义上存在不同的界定，但有一点可以肯定，城镇空间发展是一个涉及生态环境、资源、人口、产业、文化、制度等多方面的复杂性问题。吴良镛先生认为城市与区域是一个复杂的巨系统，而城市与区域构成的国家城镇空间更是一个庞大的复杂巨系统。因此，对国家城镇空间发展的研究必须建立复杂巨系统求解的理论与方法。

对城市与区域发展复杂巨系统的求解，吴良镛先生在《人居环境科学导论》中用"融贯的综合研究、以问题为导向、'庖丁解牛'与'牵牛鼻子'、综合集成与螺旋上升（吴良镛，2001）"予以解答。并提出了人居环境的五大系统（自然、人类、社会、居住、支撑）和人居环境建设的五大原则（生态、经济、技术、社会、文化艺术）。总起来说，就是以系统集成的思想，抓主要矛盾，促进城市与区域的综合协调发展。国家城镇空间规划研究理论框架见图 4 - 3。

从前面对国内外空间规划的理论和实践的分析以及对国家干预理论对空间的作用研究，我们可以认为国家城镇空间发展的科学合理，必须在人居环境科学理论所确定的基本原则基础上，以更加广阔的视野、更加具有行政效率的方法、更加体现社会公平的措施来构筑国家城镇空间规划的理论和方法。

4.2.2　国家城镇空间是理论和政策的结合

从目前国内的国家层面空间规划和国外空间规划的经验分析来看，国家城镇空间规划是中央政府统筹国土层面的安全与发展，调节国家经济和社会发展的有效手段，对我国这样一个实行社会主义市场经济体制的国家有十分重要的意义。2005版和2015版全国城镇体系规划是对国家城镇空间规划做了大量的探索，其以城镇体系为核心的思想，体现了空间规划的特质。但就一个完整的国家城镇空间规划而言，还需要从更加广泛的领域来构筑，特别是对人口、资源环境的分析等方面。

国家城镇空间发展规划从本质上说是带有一定政治意义的国家发展政策的制定和实施过程。首先，政府的宏观调控作用要通过空间政策和空间资源的管理得到充分的体现，实现国家的政治目标，如维护国家的均衡与安全发展局面，实现城镇化与新型工业化、信息化和农业现代化协调发展，实现共同富裕等目标。其次，在市场经济体制下市场对资源的配置作用要最大限度地发挥，特别是要结合全球化的变化趋势、国内统一大市场的构建，通过优化城镇空间格局，不断培育新的经济增长点，引导产业结构调整。第三，空间规划的目的归根结底是要改善和提高人居环境质量，城乡空间的建设规划内容要得到充分体现，如推进区域与城乡的基本公共服务均等化。第四，在市场经济体制下，区域之间的差异是客观现实，不可能实现零差距，但发展的起始条件和政府提供的公共服务则应是均等的，这是实现社会公平的基本前提。所以，本书探讨的国家城镇空间发展规划理论主要涉及人居环境科学理论、全球化理论、空间规划理论、公共服务均等化理论和政府干预理论（图4-3）。

新自由主义是经济全球化的主要理论基础之一，其主张自由市场、自由贸易、私有化和减少政府干预。出于对全球化负面影响的担忧，如文化同质化、环境破坏、社会不平等加剧等，逆全球化（Deglobalization）思潮应运而生，它通常与保护主义、民族主义和地缘政治等因素相关。因此，全球化进程与产业、城镇的布局和发展密切相关，需要充分研究其内在规律和机制。

立足人居环境科学的要义，其核心是不管空间的范畴和层次有多么不同，其构成的因素和解决问题的手段都离不开生态、经济、技术、社会和文化艺术五个方面的统筹，抓住了这些要素也就是抓住了"牛鼻子"（吴良镛，2001）。

空间规划理论作为经济、社会、资源环境等方面持续协调所作的总体综合安排与战略部署的，其核心是基于行政体系，处理"上下左右"的关系，协调国家各部门之间、中央政府和地方政府之间的利益。

政府与市场关系，核心是实现资源配置的更加高效。国家空间规划作为政

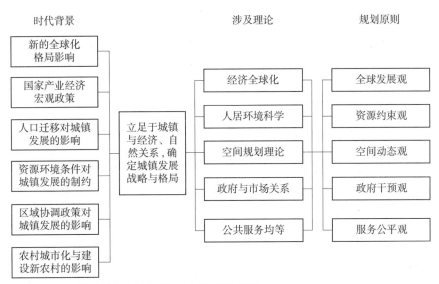

图 4 – 3　国家城镇空间规划研究的理论框架

府引导资源配置的工具之一，要充分发挥"四两拨千斤"的作用，向市场传递国家发展战略意图、未来方向和支持领域，引导市场投资更加符合国家的定位和发展方向。要通过政府在基础设施和公共服务领域的投资，来改变各区域的发展条件，优化空间发展布局。当然，也需要尊重多元主体的权益，促进多元利益主体之间形成一种良性关系，在国家与地方政府，地方政府、潜在土地权利人与现有土地权利人的博弈过程中寻求"最大公约数"。

公共服务均等化理论，探讨的是政治权力不平等和发展能力缺失问题。机会平等首先意味着起点上的平等，即经济竞争起点的均衡和合理。政府在人的生存、健康、教育等事关社会公平、缩小贫富差距、扶持弱势群体方面发挥主导作用，是保障社会公平、区域协调发展的基本所在。

在我国资源环境压力日益加大、安全风险挑战日益突出和快速城镇化进程的背景下，从人口、资源、产业、生态环境、文化、制度等多方面综合分析城镇发展，建立综合内容的空间规划体系，既是时代的需要，也是城市规划领域的工作拓展的必然。

4.3　我国城镇空间发展研究的技术框架

前面的理论综述、历史演进和案例分析，为我们建构符合我国国情的城镇空间规划提供了技术支撑。结合前面的分析，我国空间规划的技术路线可以概括为：以国家和区域安全格局和生态网络为基础，耦合人居聚落和设施进行空间区划，建立空间资源保护利用的政策框架；以国家宏观区域战略为背景，顺应我国与全球的经济贸易格局变化趋势，明晰国内"双循环"体系下的宏观区城市场发展格局，提出重点培育的地区和主要中心城市，提升国家应对全球性危机与挑战的应对能力；最后建立综合规划管理体制，通盘协调空间发展。

4.3.1　明确安全底线约束条件

4.3.1.1　开展空间资源的层次分析

将空间资源分为生态安全层、基础设施层和人居生活层，以三个层次的分析为基础，构建城镇空间健康发展的规划方法。生态安全层为以自然和生态要素为基础的空间资源，主要指水体、森林、湿地、草原、生物性多样化地区、国家级自然保护区和风景名胜区以及地形地貌限制区（山地、雪域高原、沙地、戈壁、盐碱地、沼泽地、冰川和永久积雪）、水土流失敏感区（坡度 >25 度地区）等，从国家、区域和城市不同的角度看这些资源有着不同的意义；基础设施层为以铁路、公路、机场等为骨干的区域与城市交通基础设施、数字网络中转以及城市安全所需的其他市政基础设施，这些设施支撑和促进着城市与区域的发展，是空间的骨架；人居生活层为人类生活的城市、镇、村庄、工矿居民点等不同类别、不同层次的人类聚居点，这一层是人类生活的核心，并存在着城市与乡村、城市与城市、乡村与乡村之间错综复杂的关系。但不管如何，三种不同功能的空间是十分清晰的，开展城市、区域和国家的三层次空间资源分析是进行科学规划的重要前提（表 4 - 2）。

构成生态安全格局的三层次生态系统要素　　　　　　表 4 - 2

国家级	具有重要生态服务功能的地区	大江、大河、大型湖泊、江河源头区、重要水源涵养区、重要的森林地区、连片规模较大的湿地、重要草原地区、重要草原荒漠地区、重要的生物性多样化地区、国家级自然保护区、风景名胜区和森林公园
	生态环境脆弱地区	地形地貌限制区（大起伏山地、雪域高原、沙地、戈壁、盐碱地、沼泽地、冰川和永久积雪）、降水稀少区（年平均降水量 <50 毫米）、水土流失敏感区（坡度 >25 度地区）、水土流失严重地区、连片规模较大的沙漠化地区、强度土壤侵蚀地区、连片石漠化地区
省区级	具有重要生态服务功能的地区	河流、湖泊、水源涵养区、水源保护区、水库、湿地、林地、草地、生物多样性丰富地区、国家级和省市级自然保护区、风景名胜区和森林公园、蓄滞洪区、基本农田保护区、绿色廊道、生态隔离带
	生态环境脆弱地区	地形地貌限制地区（大起伏山地、雪域高原、沙地、戈壁、盐碱地、沼泽地、冰川和永久积雪）、降水稀少区（年平均降水量 <50 毫米）、地质灾害频发区（地震、泥石流、洪涝、干旱）、水土流失敏感区（坡度 >25 度地区）、水土流失严重地区、沙漠化地区、强度土壤侵蚀地区、石漠化地区、地下水严重超采区
城市	具有重要生态服务功能的地区	河流、湖泊、水源涵养区、水源保护区、水库、湿地、林地、草地、生物多样性丰富地区、国家级和省市级自然保护区、风景名胜区和森林公园、蓄滞洪区、基本农田保护区、绿色廊道、城市绿线控制范围及作为绿色廊道的城市绿地、铁路及城市干道绿化带
	生态环境脆弱地区	地质灾害频发区（地震、泥石流、洪涝、干旱）、水土流失敏感区（坡度 >25 度地区）、水土流失严重地区、沙漠化地区、强度土壤侵蚀地区、石漠化地区、采煤沉陷区、机场噪声控制区、大型市政通道控制带、地下水严重超采区

在规划中还应该结合生态环境的保护原则，分别在城镇建设选址、防治水土流失、生态敏感区的保护等方面提出具体要求。在环境污染治理方面，提出发展循环经济，建立绿色国民经济核算体系，降低污染物排放总量和排放强度的要求。提出城镇建设应建立在合理的环境承载能力（大气环境容量、水域纳污能力）基础上，充分考虑城镇发展可能对生态环境造成的影响。

特别需要指出的是，我国作为一个人均耕地仅为世界平均水平 1/4 的国家，对耕地资源的保护应该特别强调，明确基本农田是粮食安全的底线。适宜城镇建设的地区也往往是粮食主产区，要重点处理好这些地区城乡建设与保护耕地之间的关系，明确城镇建设节约土地的基本要求。

根据水资源总体上南多北少、东多西少的状况，城市发展应结合地区水资源的分布情况，特别是流域的现状，合理确定城市布局与规模。对未来要实施的跨流域大型调水工程，应该综合考虑其水的作用和对生态环境的影响。解决城镇发展水资源瓶颈的根本出路不是跨区域的水利工程建设，而是城镇增长方式的改变。

根据总体上我国能源紧缺的状况，城镇发展既要降低能耗，又要开拓新能源和可再生能源利用，资源富集地区的城市发展值得特别关注。

4.3.1.2　关注区域尺度的安全风险挑战

近年来，随着极端天气气候增多，发生在我国大城市地区的洪涝问题也越来越突出，如 2012 年北京"7·21"和 2022 年郑州"7·20"特大暴雨就是其中的典型事件。其背景是全球气候变化影响下，温度上升导致蒸发增加，水分循环加快，强暴雨呈现增多趋强态势。快速城镇化导致城市热岛效应和雨岛效应日益增强，也会使城市强暴雨增加，下垫面变化改变流域产汇流规律，加剧城市洪涝风险。海河"23·7"流域性特大洪水，还充分暴露了流域缺乏整体统筹。随着河北雄安新区、北京大兴国际机场等一系列重大工程的落地，原海河流域防洪规划和蓄滞洪区建设与管理规划已不适应保障国土空间安全底线要求。从安全和可持续视角，应特别关注城镇密集地区的风险安全隐患，以及各类风险形成的灾害链的连带影响。

4.3.1.3　把握国家与区域的人文发展脉络

我国多元的自然地理特征为文明的起源、发展、兴盛提供了差异化的路径，从而造就了多元的地域文化特征。至今保留的半坡遗址、良渚遗址、三星堆遗址、二里头遗址等聚落遗存体现了中华大地不同区域在文明起源时期所呈现的"满天星斗"格局。不同自然地理环境孕育的文化板块，其生产生活方式、文明形态迥异，形成了更加多元的地域文化特征以及丰富多元的文化遗存。与此同时，不同思想文化、不同生产生活方式、不同习俗文化之间不断交流、有机融合、相互吸收，共同形成了多元共生的中华文明。这些区域文化肌底构成了城镇空间发展的"底色"，对于塑造城市空间文化体系，推动城市风貌特色建设具有重要指导意义。依托中华文明演进的历史文化足迹，构建由文化核心、文化遗产廊道、文化片区构成的全国城乡历史文化遗产保护整体格局，是全国城镇空间格局的重要内涵。

文化核心是中华文明5000多年起源、发展、繁荣进程中文化最具代表性、遗产资源最富集的地区，展现了中华文明不同时期的重点空间区域演化进程，形成全国城乡历史文化遗产保护整体格局的核心承载区域。

文化遗产廊道是中华文明统一性特征的支撑和关联，是中华民族交往交流交融的骨架。大一统的管理制度、全国性的交通路网、跨区域的人口流动，形成了以河流、驿道、商路等线路为主干的文化交流途径，将各区域各族群紧密地凝聚在一起。

文化片区是指文化资源富集、地域特色鲜明、历史价值相近的地域空间单元，是中华文明多元特性的基底和支撑。不同地区差异性的气候环境、地形地貌、交通区位、语言文字、生活习惯等铸就了我国的多元地域文化。基于以上各文化要素的精准分析和格局构建，初步形成了"四核、九片、十三廊道、多点"的全国城乡历史文化遗产保护整体格局设想（图4-4）。

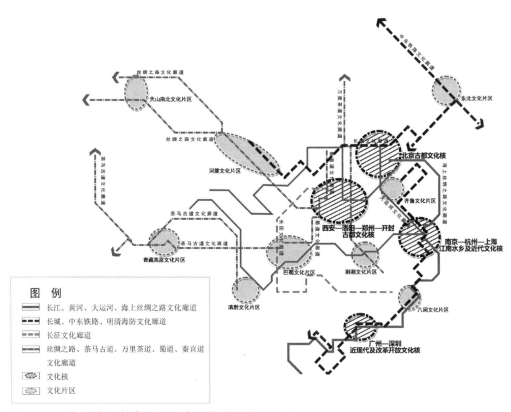

图4-4 全国城乡历史文化遗产保护整体格局设想
资料来源：王凯，王军，周亚杰. 区域视角的城乡历史文化遗产保护思考[J]. 城市规划，2024，48（6）：4-13.

4.3.1.4　建立三层次的空间资源规划与管理体制

就广义的空间而言，城市与区域存在着以经济联系为特征的"流动的空间"，如资本空间、生产空间等，有以自然、人文和人居环境为特征的"固定的空间"，如山川、河流、古迹与城镇等。前者是流动的、活跃的和不定的，而后者随着历史的延续，具有相当的固定性。弗里德曼认为空间向来存在着两种属性，在全球化时代经济空间一直在颠覆、入侵和分解着个人和社会的生活空间，这种趋势是必须得到遏制的（弗里德曼，2005）。因此，根据空间资源的三层次分析，建立以自然、人文为主要内容，国家、区域和城市三层次的规划编制与管理体制是建立科学规划的重要前提（表 4 - 3）。

空间规划体系与资源管理内容　　　　　　　　　　　表 4 - 3

国家空间规划	自然资源类：大江、大河、大型湖泊、江河源头区、重要水源涵养区、森林地区、较大的湿地、草原地区、国家级自然保护区、风景名胜区、森林公园和地质公园等	人文资源类：世界文化遗产；国家级历史文化名城、名镇、名村；国家级文物保护单位等
省区空间规划	自然资源类：跨省区重要河流、湖泊、水源涵养区、湿地、林地、草地、省级自然保护区和风景名胜区、蓄滞洪区、基本农田保护区、绿色廊道、生态隔离带	人文资源类：省域范围内大型历史文化遗址和遗迹；名城、名镇、名村；省级文物保护单位等
城市总体规划	自然资源类：城市重要河流、湖泊、水源保护区、湿地、林地、草地、蓄滞洪区、基本农田保护区、城市绿线控制范围、铁路及城市干道绿化带	人文资源类：市域范围历史文化遗址和遗迹；历史文化城市空间格局和重要建筑；名镇、名村；市级文物保护单位等

就资源保护来看，国家层面应重点关注两类资源：一是自然资源类：水资源地区，包括国家级大型饮用水水源，跨省区饮用水水源，主要江河、湖泊、水库和其他重要的饮用水水源，以及这些水源的涵养区；森林资源地区，如大小兴安岭、长白山、川滇、藏东南、阿尔泰等地区；湿地地区，如东北三江平原、黄河三角洲、苏北沿海、若尔盖高原、西藏一江两河地区和川滇干热河谷地区；以及需要生态恢复的重点地区，如内蒙古草原地区、西北荒漠化地区、黄土高原水土严重流失地区、大别山土壤侵蚀地区和西南喀斯特石漠化地区等。二是人文资源类：区域历史文化资源，如黄河、长江、丝绸之路沿线等区域性的历史文化资源；城镇历史文化资源，包括国家级历史文化名城、名镇、名村，传统村落，历史文化街区；历史文化保护点，如国家级、省级、市级文物保护单位，挂牌保护的历史建筑、传统建筑和传统民居等。

4.3.2　科学预测人口增长与流动趋势

城镇空间结构的演进是一个随着人口流动和产业发展不断调整的过程。在这个过程中，人是最活跃的因素，它随着就业岗位的迁移不断进行着变动。过去 20 多年里，这种变动在我国体现为劳动力跨地域、大范围的人口流动。2020 年全国的流动人口达 3.76 亿人，即超过 1/4 的人口处于流动迁移状态，人口向沿海经济发达省市、中西部主要中心城市聚集依然明显。

我国人口总量已经达峰并进入下降通道，这对未来人口流动和布局的影响十分突出。2022 年底，我国总人口比上一年减少 85 万人，2023 年又继续减少了 208 万人。目前我国的人口总和生育率接近 1.0，这预示着未来人口减少的速度会进一步加快（表 4 - 4）。根据民政部的预测，2035 年中国 60 岁以上老人比重将达到 30%，高于全球平均水平 10 个百分点[①]，0 ～ 14 岁少儿人口比重将降至 14.8%，比 2020 年下降 3.1 个百分点，比全世界总体水平低 8 个百分点。年轻劳动力的供给规模的持续下降，对产业扩张和升级带来不利影响，也可能使跨国企业更倾向于在南亚、东南亚等劳动力富裕的国家和地区投资。

中国的老龄化人口比重变化　　　　　　　　表 4 - 4

	五普（2000）	六普（2010）	七普（2020）	2035 年预测
60 岁及以上	10.3%	13.3%	18.7%	30%
其中：65 岁及以上	7.0%	8.9%	13.5%	20%

数据来源：第五次、第六次、第七次全国人口普查公报，表中简称"五普""六普""七普"；2035 年预测来自中国民政部发布的《2022 年民政事业发展统计公报》。

人口总量减少和老龄化加剧，使经济和城市发展的逻辑发生深刻变化，主要体现为从"低价要素供给—招商引资—企业入驻—吸引就业与人才"的传统发展路径，转向更符合人口变化和创新驱动的"城市生活质量与服务水平—吸引人才—企业入驻—经济发展"新逻辑。这些变化，使得国家和地方政府已经意识到，确实要不断提高城市的品质和优质公共服务，这样才能吸引到更多的人才，有了人才才能吸引更多的企业前来投资和兴业，进而推动经济社会发展，这是非常深刻的变化，对未来国家经济和城市功能的布局带来巨大变化。

4.3.3　建立与经济区划相衔接的城镇化政策分区

4.3.3.1　不同视角的政策分区

区域政策是国家空间规划的核心内容之一。我国自 20 世纪 80 年代以来，先后确立了东、中、西和东北不同内容的区域发展政策，并在不同时期提出东

① 相关数据引自：刘厚莲 . 世界和中国人口老龄化发展态势 . 老年科学研究，2021，12.

部率先发展、西部大开发、振兴东北老工业基地、中部崛起等政策。历史上，我国的经济区划在不同的时期、因不同的目的有多种方案。其中有从区域政策、区域经济发展、城市经济区角度提出的不同方案。从国家政策角度提出的方案主要有：

1. 六大经济协作区

1954 年我国相继建立了东北、华北、华中、华南、西南、西北七大经济协作区，1961 年华中区与华南区合并为中南区，全国划分为六大经济协作区（表 4-5）。该方案是最早的全国经济区划，主要是考虑行政因素和战备因素。

六大经济协作区　　　　　　　　　表 4-5

经济区	范围
华东区	山东、江苏、上海、浙江、福建、安徽、江西
华北区	北京、天津、河北、山西、内蒙古
中南区	河南、湖北、湖南、广东、广西
东北区	黑龙江、吉林、辽宁、内蒙古东部
西北区	陕西、甘肃、宁夏、青海、新疆
西南区	四川、云南、贵州、西藏

2. 东中西三大经济地带

"七五"时期，国家在保持现行行政区相对完整的基础上，提出东、中、西三大经济地带的划分（表 4-6）。这一方案对后来一系列的政策制度产生了重要影响，但三大地带的划分只是反映出我国现有经济发展水平东高、中平、西低的总体态势，没有起到以核心城市带动区域协调发展的作用。

三大经济地带　　　　　　　　　表 4-6

经济地带	范围
东部	北京、天津、河北、山东、江苏、上海、浙江、福建、广东、广西、海南
中部	黑龙江、吉林、内蒙古、山西、河南、湖北、湖南、安徽、江西
西部	新疆、青海、西藏、甘肃、宁夏、陕西、四川、贵州、云南

3. 七大经济区域

"九五"时期，国家在"九五计划和 2010 年远景纲要"中明确提出按照市场经济规律、经济内在联系和地理自然特点，突破行政区划，以中心城市和交通要道为依托，逐步形成七个跨省区市的经济区域（表 4-7）。这一方案对跨省区的经济联系有所侧重，但存在地域上交叉较多，行政区划打乱较多，对区内的经济联系缺乏科学分析等问题。

"九五"计划方案经济区域　　　　　　　　　表 4－7

经济区域	范围
长江三角洲及沿江经济区	沪苏浙及安徽、江西、湖北、湖南、四川沿江地区
环渤海地区	京、津、冀、鲁、辽、（晋）
东南沿海地区	闽、粤
西南和华南部分省区	云、贵、川、桂、藏
东北地区	辽、吉、黑、内蒙古（东部）
中部五省区	豫、鄂、赣、湘、皖
西北地区	陕、甘、宁、青、新

4.八大综合经济区构想

"十一五"研究期间，国务院智囊机构发布的"地区协调发展的战略和政策"报告中提出将内地划分为东部、中部、西部、东北四大板块，并在此基础上划分八大综合经济区（表4－8）。该方案考虑了国家提出的东中西和东北的不同区域政策，融合了地域经济区的概念，一定程度上是"七五"和"九五"方案的综合，无太大的新意。

八大综合经济区　　　　　　　　　表 4－8

经济区	范围
东北综合经济区	辽宁、吉林、黑龙江
北部沿海综合经济区	北京、天津、河北、山东
东部沿海综合经济区	上海、江苏、浙江
南部沿海经济区	福建、广东、海南
黄河中游综合经济区	陕西、山西、河南、内蒙古
长江中游综合经济区	湖北、湖南、江西、安徽
大西南综合经济区	云南、贵州、四川、重庆、广西
大西北综合经济区	甘肃、青海、宁夏、西藏、新疆

5.国家发展改革委员会的"十一五"规划研究建议方案

"十一五"规划前期研究中，再次提出全国综合经济区的概念，提出要突出中央政府在全国人口和城市宏观布局、能源及大型农产品生产基地建设、国际性交通和信息枢纽布局、具有全国意义的生态功能区保育等方面的宏观管理职能。重视地缘政治经济态势，兼顾计划经济时期形成的经济大区格局及其所具有的优势。提出全国综合功能区划方案由九个综合经济区构成（表4－9）。其中内蒙古、河南、江西和湖南打破省级行政区界限，分属不同的大区。该方案应该说是一次观念更新的方案，在各个经济区的主要职能和发展方向上，从产业发展、资源保护、基础设施建设和城镇布局等方面提出了具体的要求。此外，在此基础上还提出了重点发展功能区的概念和要求。

国家发改委"十一五"全国综合经济区方案　　　　　表 4-9

经济区名称	面积（万平方公里）	门户城市	地理范围
东北经济区	127	沈阳、大连	辽宁、吉林、黑龙江、内蒙古东部地区（兴安盟、呼伦贝尔盟、通辽市和赤峰市）
华北经济区	91	北京、天津	北京、天津、河北、山西、山东、内蒙古中部地区（呼和浩特市、包头市、乌兰察布盟和锡林郭勒盟）、河南中北部（安阳、鹤壁、新乡、焦作、商丘、开封、郑州、洛阳、三门峡和濮阳）
华东经济区	45	上海	上海、江苏、浙江、安徽、江西北部（景德镇、九江、上饶、南昌、鹰潭、抚州、新余、宜春和萍乡）
华南经济区	75	广州、香港、台北	广东、广西、海南、福建、江西南部（赣州和吉安）、湖南南部（永州、郴州、衡阳、邵阳）、香港、澳门、台湾
华中经济区	43	武汉	湖北、湖南北部（长沙、株洲、湘潭、娄底、怀化、湘西自治州、张家界、常德、益阳和岳阳）、河南南部（信阳、驻马店、南阳、周口、许昌和漯河）
西南经济区	113	成都、重庆	重庆、四川、云南、贵州
近西北经济区	110	西安	陕西、甘肃、宁夏、内蒙古西部地区（鄂尔多斯、阿拉善盟、巴彦淖尔盟和乌海）
新疆区	164	乌鲁木齐	新疆
青藏地区	192		青海、西藏

6. 国家"十二五"规划以来的区域战略

国家"十二五"以来，国际国内局势发生了重要变化，对国家区域发展战略提出新的要求。在延续东、中、西和东北四大区域协调发展战略基础上，国家相继提出京津冀协同发展、长三角一体化、粤港澳大湾区协同发展、成渝双城经济圈以及海南自由贸易区等。

长江和黄河是中华民族的两条"母亲河"，两大流域都横跨三级地势阶梯，串接着我国东、中、西部地区，在生态屏障、水资源安全、文化保护传承和流域上中下游协调等方面，发挥着不可替代的突出作用。因此，中央高度关注两个流域地区的发展，分别出台了规划纲要、行动计划和实施机制，来促进长江经济带和黄河流域生态保护和高质量发展。

此外，国家强调了城市群是国家城镇化的主体形态，都市圈是一体化建设的重点地区，出台了若干发展规划进行系统推进。

7. 学术界对经济区划分的一些思考

学界基于不同的视角也提出了一些不同的方案，但总体上以经济区划为主和以城市－腹地经济关系为主。杨树珍等人在1980年代末编著《中国经济区划研究》，提出经济区划的理论基础和全国十大经济区的划分方案，其特点是考虑了中心城市及其经济吸引范围，沿海港口城市、内陆边贸中心在地区经济协作中的作用等。1985年刘再兴提出全国六大一级综合经济区的划分，该方案考虑了与三大地带的衔接，体现了沿海与内陆腹地的联动关系以及中西部地区的中心城市辐射带动。1986年陈栋生提出的六大经济区的设想，更加强调横向的大流域经济体，把中国分为东北、黄河流域、长江流域和南方经济区四大区，新疆、西藏作为两个特殊的大区对待。

城市－腹地关系为主的区划。胡序威在有利于理顺地域间的正常经济联系、促进省区间优势互补和分工协作、进行跨省区（市）的重大的基础设施建设、资源开发和环境整治工程、充分发挥中心城市和经济核心地带的辐射作用、加强对跨省区的经济合作组或企业集团进行规划指导和宏观调控等原则下，将全国组合成六大经济区。顾朝林1990年代初应用图论原理和地理集聚原理，提出把全国组织成九大城市经济区。他把城市看作一个包括社会、经济、科技、教育联系的系统，由城市体系和通道网构成的空间结构组织，这是比较早地明确提出以城市为中心组织区域经济活动的方案。周一星等根据城市中心性的等级体系，确定京津唐、长江三角洲和珠江三角洲为全国一级城市经济区的核心（表4-10），通过外贸货流、铁路客货流、人口迁移流、信件流等流量流向分析，概括了三大核心区的内向型和外向型腹地范围，提出把中国经济地域划分为北方区、东中区和南方区三大城市经济区和11个二级区（表4-11）。

周一星、张莉中国三大城市经济区组织方案　　　　表4-10

经济区	中心城市	核心区	紧密腹地	次紧密腹地	竞争腹地	边缘腹地
北方区	北京、天津	京津唐	北京、天津、河北、山西、内蒙古中段四盟三市	辽宁、吉林、宁夏、甘肃、青海、内蒙古东段三盟一市、阿拉善盟	山东、河南、陕西	新疆、黑龙江
东中区	上海、南京、杭州	长江三角洲	上海、江苏、浙江、安徽	湖北	山东、河南、陕西南部、江西、四川、重庆、贵州、福建	湖南
南方区	广州、深圳、香港、澳门	珠江三角洲	广东、湖南、广西	海南、云南、西藏	江西、贵州、四川、重庆、福建	湖北

周一星、张莉中国城市经济二级区组织方案　　　　表4-11

二级区	中心城市	核心区	腹地
华北	北京、天津	北京、天津、唐山	北京、天津、河北、山西、内蒙古中四盟三市、河南北部

续表

二级区	中心城市	核心区	腹地
华东	上海、南京、杭州	长江三角洲	上海、江苏、浙江、安徽、江西北部
华南	广州、香港、深圳、澳门	珠江三角洲	广东、湖南、广西、海南、江西南部
东北	大连、沈阳	辽中南地区	辽宁、吉林、黑龙江、内蒙古东三盟一市
西南	重庆、成都	四川盆地	重庆、四川、云南、贵州
西北	西安、兰州	关中和兰州地区	陕西、甘肃、青海、宁夏
新疆	乌鲁木齐	乌、石、哈天山北坡	新疆
西藏	拉萨	一江三河地区	西藏
山东	青岛、济南	山东半岛	山东
福建	厦门、福州	闽东南地区	福建
湖北	武汉	武汉地区	湖北、河南南部

4.3.3.2　完善城镇化政策分区

在作者主持编制的《全国城镇体系规划（2006—2020）》中提出了城镇化政策分区的概念，其以自然与生态环境、人口流动与经济发展、中心城市辐射带动等因素为基础，综合提出城镇化政策分区。城镇化政策分区的意义既有政治上的，也有资源条件意义上的，还希望通过分区来带动国家社会经济全面发展。特别是随着我国进入城镇化稳定阶段，希望借助城镇化分区，来引导人口在全国和区域层面的合理流动，促进中心城市与各级城镇的协调发展。在此基础上，结合城镇与自然相适应的关系，又进一步细化了面向城乡建设的城镇化细分区划。由此，国家层面的城镇化政策分区分为两级：一级分区为全国层面的大区，二级分区为省域或区域层面的次区域。

一级城镇化政策分区的原则：第一，考虑地域地理特征（资源与环境）的一致性，保持地域历史文化的延续性；第二，考虑地域内社会经济的联系紧密程度，国家宏观产业布局的影响，以及经济中心城市的辐射范围；第三，考虑区划条件，尽可能保持省区行政单元的完整性，体现政策实施的可操作性；第四，考虑区域基础设施完整的网络结构以及地区枢纽中心城市的作用；第五，考虑区域资源的有效管理，如跨区域水资源、生态资源的保护。总之，城镇化的政策分区要以经济区为基础，以若干超大特大城市作为组织区域经济活动的核心和区域参与全球竞争的门户，组织地域经济活动，落实城镇化的政策要求。分区要考虑行政区划，但又不能完全拘泥于行政区划。作者根据上述原则提出七个城镇化政策分区，每个区域均有国家中心城市或区域中心城市为核心，并包括一定范围的核心地区，这类地区往往为城市群、都市圈（表 4 - 12）。

二级城镇化政策分区主要是在一级城镇化政策分区基础上，考虑到我国生态环境本底、安全灾害分区的区域差异性，以及一定范围的人口密度分布情况，细分的城镇化次区域。其具体的划定方法在第五章详细阐述。

我国城镇化政策区建议方案　　　　　　　　　　　　表4-12

政策区	主要中心城市	核心地区	所辖区域
华北	北京、天津	首都都市圈、济南都市圈、青岛都市圈	北京、天津、河北、山西、内蒙古中四盟三市、山东、河南北部
华东	上海	上海大都市圈、南京都市圈、杭州都市圈	上海、江苏、浙江、安徽
华南	广州、香港、深圳	广佛都市圈、深莞惠都市圈	广东、广西、海南、福建、湖南南部、江西南部
东北	沈阳、哈尔滨	沈阳都市圈、大连都市圈、哈尔滨都市圈	辽宁、吉林、黑龙江、内蒙古东二盟二市
西南	重庆、成都	重庆都市圈、成都都市圈	重庆、四川、云南、贵州、西藏
西北	西安、乌鲁木齐	西安都市圈	陕西、甘肃、青海、宁夏、新疆
华中	武汉、郑州	武汉都市圈、长株潭都市圈、郑州都市圈	湖北、湖南北部、江西北部、河南中南部

根据区划，提出不同的城镇化政策要求：

（1）华北地区

疏解非首都核心功能，引导北京优质的教育、医疗、文化、创新等资源向其他中心城市疏解，激发天津等中心发展活力，引导首都都市圈高质量发展，提升京津冀整体的公共服务水平，积极打造山东半岛城市群；建设具有全球竞争力的战略性新兴产业基地和科技创新策源地，引导科技创新成果在区域内转移落地，积极推动基础能源矿产基地的绿色转型发展；强化京津两市与河北、山西、内蒙古等地在能源和生态上的协作，加强环首都地区的生态绿隔建设，加强滨海地区滩涂湿地保护，加强海河流域、黄河出海口地区的生态保护修复；提高海河流域的跨区域防洪排涝协防能力，构建京津冀、山东半岛地区的救援物资应急通道；集约高效发展中心城市的城际轨道网络，协调好渤海湾天津港与河北唐山港、秦皇岛港、黄骅港以及山东青岛港、烟台港等港口的运营与管理。

（2）华东地区

打造以上海都市圈为核心的世界级城市群，推动南京、杭州等都市圈建设，积极发展大中城市，构筑网络化的城镇体系；打造世界影响力的高新技术产业、科技创新中心和金融、航运和国际贸易中心，协调好沿长江沿岸、环太湖的产业布局和生态保护，推进合肥国家大科学装置与灾备中心建设，提高自主性原创能力建设；提高水环境的污染治理力度，加大对沿海滩涂和湿地的整体性保护，严格控制滩涂围垦开发；提升沿海城镇应对台风暴雨等极端气象灾害的应急救援能力，提高太湖流域的防洪排涝协防能力，构建跨区域的救援物资应急通道；提高区域的整体基础设施服务水平，协调好上海国际航运中心与浙江宁波—舟山港、温州港以及江苏南通港、南京港等的运营与管理；建设联结中等规模以上城市的城际轨道网，建设上海都市圈市郊铁路网。

（3）华南地区

发挥深圳创新中心和广州商贸中心的引领和带动作用，做好与港澳在国际服务功能、科技创新、现代化产业基地建设上的分工协作，维护香港亚洲金融中心地位；继续发挥珠三角作为全球重要产业基地的作用，打造全球领先的先进制造业基地、全球一流的高新技术产业集群和国家科技创新中心，建设海南国际自由贸易区和国际休闲旅游岛；促进粤港澳大湾区一体化，构建粤港澳大湾区的同城化轨道交通网；培育福州、厦门都市圈和北部湾城市群，提升南宁等边境城市的国际合作能力，提高与东南亚地区在经济贸易上的协作联系，积极培育一批边境工贸城镇；推进以小流域为单元的上下游城镇的区域一体化供水，提升沿海城镇应对台风暴雨等极端气象灾害的应急救援能力，构建粤港澳大湾区跨区域救援物资应急通道。

（4）东北地区

积极发展以沈阳、大连都市圈为核心的辽中南城市群，促进重型产业的全面升级与产业链延伸，提高城市群的综合产业服务能力；提高沈阳、大连、哈尔滨等城市的国际合作能力，形成东北亚的重要经贸基地和优质农产品出口基地；加快老工业基地的改造，加大科技创新对既有产业的更替换代，对于资源枯竭型城市和其他人口减少的城市加大公共服务设施支持，发展健康养老、休闲旅游等替代产业，推动特色生产性服务业发展；加强森林、沿海滩涂湿地、黑土地等生态系统的保育工作，加强流域性防洪排涝工程建设和流域的水资源协同管理；协调好大连港、营口港、锦州港的建设与管理，加大长白山东侧、黑龙江和东四盟等沿边境线地区的高等级公路和铁路建设。

（5）华中地区

积极发展以武汉都市圈、长株潭都市圈、南昌都市圈为核心的长江中游城市群，构建以郑州都市圈为核心的中原城市群，形成各中心城市之间紧密联动的发展格局；结合人口密度大、工业与农业产业化基础雄厚的特征，积极发展区域中心城市和县城，形成良好的城镇体系；鼓励大中城市重点发展科技含量高、附加值高的高端工业，在接受东部地区产业转移的同时，淘汰低附加值、高污染、资源利用率低的产业；积极发展有比较优势的能源和制造业，发展为农业产业化配套服务以及生产服务业，推动城镇间产业分工协作；严格保护耕地资源，处理好城镇建设与耕地保护之间的矛盾；加强淮河流域的水资源节约利用和污染防治；结合长江流域水情变化，系统开展长江干流及汉江、湘江和赣江流域水库群联合生态调度，保障洞庭湖和鄱阳湖两大湖泊合理生态水位；强化蓄滞洪区建设行为管控，保障蓄滞洪区功能，提高长江沿线和长江一级支流沿线城市的防洪排涝应急能力；增强中部地区承东启西的作用，建设链接西北、西南的能源通道，保障能源供给安全。

（6）西南地区

积极发展以重庆都市圈、成都都市圈为核心的成渝城市群，构建国家级科技创新中心、建设面向东南亚地区的综合服务中心，提升一批区域中心城市的综合承载能力和服务功能；促进昆明和一批边境城市的国际合作能力，加强与东南亚及湄公河地区的经济贸易合作，积极发展一批边境综合工贸城镇；保护横断山脉生物多样性，加强森林、水源涵养地的保育；切实增强山区应对地震、泥石流的应急响应能力，加大成渝城市群应对洪涝的协防能力，构建跨区域的救援物资应急通道；加强西南地区与华南、华东的交通通道建设，保障出海通畅，加强跨境的道路设施建设，加强与华中地区的能源通道建设，加快推进川藏、青藏、新藏等运输通道建设，加大青藏高原、云贵高原等延边境线高等级公路建设。

（7）西北地区

积极发展以西安都市圈为核心的关中城市群，建设面向"丝绸之路"的金融贸易中心，建设国家科技创新中心；结合西北地区水资源紧缺的现状，集中发展规模适度的城镇，促进人口逐渐集中，不适宜城镇发展的地区应鼓励实施生态移民政策；提高乌鲁木齐的国际合作能力，形成我国与中亚的经济贸易合作桥头堡，培育一批沿边兵团和工贸城镇；以小流域、绿洲环境容量为前提合理确定工业类型、布局和规模；降低人类活动所致的土壤侵蚀和水土流失，以小流域为单元，构建水土流失和沙漠化治理体系；做好祁连山、天山北坡的小流域季节性防洪应对工作；发挥欧亚大陆桥的复合走廊优势，加强与华北、华中、西南地区的综合通道建设，加强与华中地区的能源通道建设。

4.3.3.3　分区分类推进城乡协调发展

城乡协调发展是中国城镇化面临的重大挑战，是实现共同富裕必须解决的难题。其中，城乡公共服务的均等化是基础保障。要兼顾硬软件建设，加快推动城乡教育医疗等基本公共服务均等化。逐步建立城乡统一的基础教育办学标准，既要缩小硬件水平差距，更要优化城乡教师资源配置，建立城区学校、乡镇学校、村级学校帮扶制度，确保优质教育资源跨校流动，缩小教育软件水平差距。要加强城乡医疗联动，构建以综合医院、专业公共卫生机构和社区卫生服务中心协同的"三位一体"综合防治管理服务模式，组织城市优质医疗资源下沉，提高乡村居民健康管理服务水平。要推进农村传统基础设施信息化转型，进一步提升农村教育、医疗卫生、文化科技、养老等方面的信息服务效能。

中国自古以来就是"郡县治、天下安"。可将县城作为推进城乡协调发展的主要载体，这样既传承了中国县治的悠久传统，也顺应农村人口不断减少、老龄化不断加剧、自然村不断萎缩减少的客观规律：

一是在全国层面构建分区分类的施策新格局。位于都市圈及全国主要发展廊道上的县城，应积极承接大城市产业和功能外溢，稳健提高人口和经济集聚规模，提升城市功能品质，成为新兴的产业功能节点和扩大内需的重要支撑点；其他位于广大农业地区的县城，作为服务"三农"的重要节点，应逐步完善以县城为中心的农产品生产、设计、加工、储存、销售网络，培育有利于农村转移劳动力就近就业和返乡农民工创业的适宜产业。

二是要形成适应县城特点的发展路径和建设标准。着重培育内生动力，引导产业特色发展，构建适应县城一二三产业融合的经济发展模式；尊重自然肌理，塑造特色风貌，尽量采用"小规模、组团式"布局，将县城融入山水田园；传承历史文脉，突出文化特色，促进传统建筑文化与城市现代功能深入融合。坚持小尺度、低强度开发，严格控制高层建筑的数量与空间布局；按照生活圈理念完善以县城为中心的"县—镇—村"公共服务和基础设施网络体系；更加注重绿色基础设施建设，并提高县城基础设施向周边村镇延伸覆盖能力。

三是要逐步加大对县域发展的资金支持力度，包括提高县级单元税收留成比例，建立县域涉农资金统筹机制，探索设立农村公共事业发展资金等。

4.3.4　建立动态多元的城镇空间结构

4.3.4.1　建立面向全球、动态的城镇空间结构体系

过去 40 年里，经济全球化对我国空间结构的影响是多方面的，城镇空间结构的变动较过去任何时期都更加频繁和不确定。尽管从近中期来看，资本空间对区域产业空间以及由此带来的城镇空间的影响比较容易判断，但从中长期来看，随着全球化的不确定性增加，甚至出现逆全球化，国家层面的空间结构存在很大的不确定性。因此，中长期国家城镇空间结构必须提供多种选择性，应对发展的多种可能性。过去 20 多年里，我国学者根据全球化时代城镇发展的特点，提出我国城镇空间结构构建三个要点：

第一，要将我国城市体系尽快纳入世界城市体系之中，选择 1～3 个具有国际影响的城市，发展并培育成为世界城市。第二，鼓励若干大、中城市的总体发展，尤其是 100 万人口以上的大城市。结合国家层面的宏观经济分区，选择若干个区域性中心城市，使其与世界城市体系接轨，并能够承担国家和区域经济、科技和交通等枢纽职能，逐步成为世界城市网络在中国的延伸。第三，重视城市群、都市圈的建设，特别是长江三角洲、粤港澳大湾区、京津冀、成渝等。未来，应对全球化的不确定性，需要以更为全面系统的安全观来思考城镇空间结构，在全国范围内更加均衡地布局国家重大交通、能源基础设施，科技、医疗等战略资源。

早在《全国城镇体系规划（2006—2020）》中，基于全球化时代背景提出的"多元多极网络化"的空间结构，客观地说还是很有新意的。"多中心"的

概念、中西部地区新的发展极的培育，以及对边境地区主要城市的关注有相当重要的战略意义。但是，从发展的角度来看，越是宏观层面的空间结构其稳定性越弱，越是远景的布局其变动性也越强。所以，就我国未来的城镇空间结构而言，一个开放的、具有弹性的空间结构更具有价值和指导意义，特别是对于一些承载能力较强、城镇基础较好的地区要加强战略性引导。此外，不同地区的空间政策指引比具体的空间形态更有意义。轴带和重点地区的划分应该更多地从一定时期国家发展的需要出发，并随着时间和发展条件的变化及时调整。而对于"问题地区"，如生态环境敏感的城市密集地区和人口收缩的地区，则应按照优化提质的思路施策。此外，随着国力增强，我国与内陆相邻国家之间的经贸合作更为密切，由此内陆开放下的边境地区中心城市、边境口岸城镇的发展也是当前和今后一段时期的发展重点。

综合考虑上述因素，我国的城镇体系的空间结构布局和优化，应该贯彻如下原则：

第一，继续与世界城市体系相联系，特别要与亚太地区、东南亚、南亚和中亚的城镇空间进一步联动，建构开放的空间结构。首先，确定参与全球竞争、具有国际意义的特大城市地区，形成与纽约、伦敦、巴黎、东京等相匹敌的全球城市。这类地区是以我国超大特大城市为核心的城镇密集地区，目前以上海为核心的长江三角洲地区、以香港、广州、深圳为核心的粤港澳大湾区和以北京、天津为核心的京津冀地区已经成为我国参与全球竞争的第一方阵。与此同时，成都、重庆、西安等在国际经贸、科技文化交流方面的地位快速提升，航空、陆港等对外交通门户地位凸显，分别面向东南亚、中亚的国际化作用越发突出。

第二，加强整个国家城镇交通、能源、信息等基础设施建设，形成与世界紧密联系的基础网络，特别要加强城镇化政策区划中的综合交通枢纽城市和边境城市建设。重点建设跨境的交通联系通道，构建面向亚太地区的联系走廊。以边境地区核心城市为基础培育新的增长极，加强以边境中小城市为基础的物流口岸建设，共同支撑面向区域性国际跨境合作事项。重点关注东南亚地区的经贸合作与大通道建设，通盘考虑湄公河地区水资源的共同开发和管理。

第三，考虑国家均衡发展与战略安全需要，统筹推进城镇和产业布局，并进行多方案的动态模拟。我国高新技术产业体系逐步建立，全国性物流产业格局逐步完善，制造业向上下游延伸态势明显，中西部地区的中心城市处于加快发展阶段。未来随着产业结构的升级和现代化供应链的完善，尤其要发挥中西部和东北地区城市群和都市圈的产业承载作用，实现产业升级与城市创新能力提升的互促共进；结合国家战略安全需求，基于不同城市的基础条件和国家需要，合理布局产能、科创资源、关键零部件基地、灾备中心等，并对潜在的战略性发展空间进行预判。

4.3.4.2　以城市群为重点构筑国家城镇的主体空间形态

1. 城市群与都市圈的政策内涵

城市群是区域城镇化的一种表现形式，是城镇化的一种高级形态，在政府的政策性文件中，将其作为推进我国城镇化的主体空间形态。都市圈作为城市群的核心区，是以超大特大城市或辐射带动功能强的大城市为中心、以 1 小时通勤圈为基本范围的城镇化空间形态，培育和建设现代化都市圈是国家的政策性要求。自国家"十四五"规划以来，城市群和都市圈作为深入推进以人为核心的城镇化战略，在政策性文件中同时出现，如"以城市群、都市圈为依托促进大中小城市和小城镇协调联动、特色化发展"，"完善城镇化空间布局，要求发展壮大城市群和都市圈"，"提升城市群一体化发展和都市圈同城化发展水平，促进大中小城市和小城镇协调发展，形成疏密有致、分工协作、功能完善的城镇化空间格局"，等等。总体来看，城市群更加强调城市之间的协调与分工，都市圈更强调中心城市引领，使其能够在更大范围统筹配置资源。

2. 城市群的学术内涵和基本标准

在概念上，城市群并无统一的定义，最早源于法国地理学家戈德曼（J.Gottmann，1957）研究美国东北海岸地区时，提出的"城市连绵区"（megalopolis）理论。他认为在美国东北海岸地区支配经济空间形式的是集聚了若干都市区并在人口和经济活动等方面密切联系而形成的一个巨大整体，这一由多个大都市连接而成的城市化区域，是有一定人口密度的都市地带，他预言"城市连绵区"是城镇群体发展以及人类居住形式的最高阶段。他将美国东北海岸、日本东海岸、英国东南部和中部、西北欧大都市带、美加五大湖大都市带和我国的长江三角洲并提为世界上六大都市带地区。在随后的大量类似研究中，多个学者提出了"大城市地区"（metropolitan region）、"特大城市地区"（mega-city region）、"城镇密集区""都市圈"等概念。

城市群含义基本是指在一定的地域范围内，聚集了具有相当数量的城镇，这些不同职能和规模的城镇，地理位置相距较近，并以一个或多个中心城市为地区经济的核心，以高效率的综合交通网络和高度发达的信息网络为骨架，构成联系紧密的网络状城镇地域组织（J.Gottmann，1957；Hall，2002；周一星，1986；姚士谋，2001）。吴良镛先生在 1992 年东京特大城市会议上宣读的论文中指出，类似上海这样的特大城市正在出现"城市地区"（city region）现象和正在形成特大城市地区（mega-city region）体系。在其《人居环境科学导论》一书中指出，特大城市地区不单纯是以某特大城市为核心、若干卫星城相环绕的网络体系，而是以点、线、面相结合，呈多核心的城镇群的方式向区域整体化发展（吴良镛，2002）。

随着我国城镇化进程的深入，城市群这一独特的城镇空间形态，由于其经济上的巨大作用和空间使用上的突出效率，使我们要特别重视其在我国未来城镇化进程中的作用。作者在城镇化政策分区时特别以地域中心城市为基础来划分不同的政策区，体现促进地区间的协调发展。同样，全国城镇空间结构的构筑以城市群、都市圈为基础同样具有提高空间利用效率，促进不同地区极核发展，带动地区经济增长的作用。方创琳曾提出城市群是在一定的地域范围里面，以一个超大或者特大城市，或者说以辐射带动能力强的大城市为核心，以至少三个以上的都市圈为基本单元构成的一个经济联系紧密、空间相对紧凑，最终形成高度一体化的城市集合体。从政策制定角度，应对城市群有一个基本标准，作者提出应遵循以下基本原则：

第一，城市群内部具有较为完善的城镇体系，城镇之间各具职能，相互之间具有密切的协作与联系，达到深化和发展核心城市间的分工与协作关系，城市群内部城市之间具有不断创新和向高级化演进的能力。

第二，具有1～2个经济发达、功能完善、具有门户城市条件、具有综合管理职能的核心城市，这类城市往往是国家中心城市。其规模至少达到500万人以上，能够带领周边地区构成区域经济发展的增长极。

第三，城市群内所覆盖的城市和地区的人口规模和经济规模在区域中占有一定比重，首位度较高，人口密度和经济密度达到一定标准，大部分地区人口密度在400～1500人/平方公里以上，区域内部城镇之间、城乡之间产业紧密关联且互补互利。

第四，城市群内部具有较为发达的基础设施网络，中心城市起到区域综合交通枢纽和门户城市的作用，主要城市之间的交通时间在2～3小时范围之内。

第五，城市群内部具有一定的区域协作机制，能够通过一系列的区域发展政策和规划来协调发展和各类重大设施的建设。

3. 我国城市群的空间布局与典型特征

根据上述标准，结合未来不同地区的经济发展水平，我国比较成熟的城市群包括：京津冀、长江三角洲、珠江三角洲、成渝城市群四个（图4-5）；在培育阶段的成长型城市群有：长江中游、山东半岛、海峡西岸、辽中南、中原、关中、哈长等城市群。总之，以主要城市群来构筑全国城镇的空间结构符合城镇化的发展趋势，利于空间资源的集约使用，可以起到促进区域协调发展的作用，起到提高国家综合竞争力的作用。

京津冀、长三角、珠三角、成渝四大城市群，是我国近10年以来人口城镇化增长最快的区域，也是全国人口流入的最主要区域。2020年，四大城市群常住人口约占全国总人口的39.2%，较2010年增长了5418万人。其中，京津冀城市群人口约为11037万人，较2010年增长了596万人；长三角城市群人口约23521万人，较2010年增长了1961万人，仅浙江省的增量就达到1014万人；珠三角人口约为12601万人，较2010年增长了2169万人；成渝人口8158万人，较2010年增长了692万人（表4-13）。

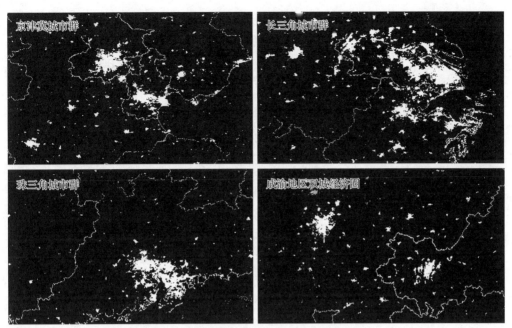

图 4 – 5　四大成熟型城市群的夜景灯光图（2021 年同比例）

中国城市群的等级结构划分　　　　　　　　表 4 – 13

城镇群类型	名称	2020 年人口总量（万人）	近 10 年变化量（万人）	城市群 GDP（万亿元）	城市数（个）	超大特大城市数（个）
成熟型	京津冀城市群	11037	596	5.8	10	2
	长三角城市群	23521	1961	11.3	27	3
	珠三角城市群	12601	2169	9.8	11	4
	成渝城市群	8158	692	3.9	16	2
成长型	长江中游	11844	251	4.5	31	2
	海峡西岸	9356	523	2.5	20	0
	山东半岛	10153	573	2.9	8	2
	中原	16458	636	1.3	14	1
	哈长	4265	−628	1.6	11	1
	辽中南	3074	6	1.5	10	2
	关中平原	4150	98	1.1	11	1

　　注：人口数据根据全国第六次、第七次人口普查结果整理；GDP 数据为 2019 年各城市统计年鉴或统计公报数据。

　　以珠三角城市群发展为例，当前其城乡建设用地高度连绵，沿深圳 – 广州 – 珠海的湾区环线交通等基础设施廊道密布，同时发展具有明显的圈层结构特征（表 4 - 14）。其中，以珠江口为原点 100 公里范围内聚集了 80% 以上的人口，城镇化率在 85% 以上。城镇体系方面，广州、深圳为两座常住人口超过 1000 万的超大城市，佛山、东莞为人口规模为 500 万 ~ 1000 万特大城市，珠海、江门、中山为大城市。区域内分布一批人口规模大的建制镇，常住人口超过 100 万的建制镇有 12 个，人口规模在 50 万 ~ 100 万之间的建制镇约为 40 个。城镇空间分布来看，空间上呈现明显的"大城市 + 大乡镇"密集分布格局。以广州为核心的广州都市圈、以深圳为核心的深圳都市圈已经形成，同时珠江东岸沿佛山—广州—东莞—深圳—惠州的城镇密集地区已经显现。

按圈层统计珠三角地区城镇化率 表 4 - 14

区域	半径（公里）	城镇化率（%）	人口比重（%）
核心区	0 ~ 100	>80	84
拓展区	100 ~ 150	50 ~ 80	14
外围区	150 ~ 250	40 ~ 60	2

4.3.4.3 将都市圈作为治理"大城市病"的主要空间载体

1. 都市圈的发展演变及政策内涵

都市圈的概念源于日本的全国国土综合规划，在 20 世纪 60 年代至 80 年代的高速发展时期，日本确定了东京都市圈、神户都市圈和名古屋都市圈的规划建设方针。国内的江苏省在 2001 年率先开展了都市圈的规划编制工作，其中南京都市圈、苏锡常都市圈和徐州都市圈分别按照发展的阶段特征进行规划引导，这三个都市圈规划均得到江苏省人民政府批复得以实施。

都市圈在 2014 年发布的《国家新型城镇化规划（2014—2020 年）》中，首次进入国家级政策性文件。自 2021 年以来，国家及相关地方政府相继启动并编制完成了上海、南京、福州、成都、长株潭、西安、重庆、武汉、沈阳等九个都市圈的规划，成为新时期指导都市圈一体化高质量发展和建设的纲领性文件。从发展态势看，都市圈已经成为我国经济社会发展的主要载体，人口和产业向都市圈集聚是近年来我国更加突出的地域现象。依据国家相关政策性文件确定的都市圈范围测算，2020 年我国 27 个都市圈共贡献了 54.9 万亿元的地区生产总值，承载了 4.77 亿的人口规模，占全国的比重分别达到 54.2%、33.8%。

以都市圈这种空间组织方式，在更大范围内通过统筹配置资源，来解决我国超大特大城市面临的问题和挑战，具有很强的现实意义。近年来，随着空间的拓展和人口的集聚，我国超大特大城市的"城市病"持续爆发，在生态安全、生产高效、生活幸福等方面均面临着诸多风险挑战。这些城市已经很难在高强度高密度的开发建设中统筹解决自身发展的问题，因此需要在更大的空间中寻求突破，将中心城市的部分经济功能和其他非核心功能向外围地区疏解，引导人口在空间上的合理分布。都市圈作为一种介于城市与区域之间的城镇化形态[①]，通过构建"多元、多极、网络化"的区域空间结构，助力"大城市病"的解决，并在更大的城市区域尺度上实现更加集约、高效、均衡的发展。

2. 我国都市圈的合理范围

不同于日本、欧洲国家都市圈（区）以通勤为核心特征，我国都市圈的空间范围，是以一小时交通圈为重点，提高同城化水平，实现高水平的一体化建设的区域。通过梳理国家发展改革委公布的都市圈规划发现，目前已批复的都市圈规划范围多集中在 2 万 ~ 3 万平方公里（表 4 - 15），这是兼顾地方利益诉求和学术概念的政策边界，具有一定的合理性。当然，作者认为还可以从严谨的学术概念出发，进行一些延伸讨论。近年来，随着运用各类大数据对产业链、供应链、创新链研究的深入，以产业经济和创新联系来界定都市圈范围成为可能。总体上，都市圈的范围界定标准可以从多个维度进行梳理，包括核心城市规模、交通联系、经济联系、空间结构特征等（表 4 - 16）。

我国典型都市圈批复的空间范围　　　　　　　　　　　表 4 - 15

都市圈名称	都市圈范围	所辖行政区
南京都市圈	2.7 万平方公里	南京、镇江、扬州、淮安、马鞍山、滁州、芜湖、宣城
福州都市圈	2.6 万平方公里	福州、莆田、宁德、南平、建瓯、平潭综合实验区
成都都市圈	2.64 万平方公里	成都、德阳、眉山、资阳
长株潭都市圈	1.89 万平方公里	长沙、湘潭、株洲、益阳、岳阳
西安都市圈	2.06 万平方公里	西安、宝鸡、商洛、铜川、渭南、咸阳
重庆都市圈	3.5 万平方公里	重庆主城区、渝西地区
武汉都市圈	3.2 万平方公里	武汉、黄石、鄂州、黄冈
沈阳都市圈	2.3 万平方公里	沈阳、鞍山、抚顺、本溪、阜新、辽阳、铁岭及沈抚新区

注：根据国家发改委 2021—2023 年批复的都市圈发展规划整理。

我国都市圈范围的学术界定　　　　　　　　　　　表 4-16

标准维度	界定标准描述
核心城市规模	核心城市的城区常住人口规模达到 300 万人以上
交通联系	通常以中心城市的 1 小时交通圈为边界，包括高速公路、城际铁路、市郊铁路等
经济联系	主要从跨行政区的产业投资、商务出行、休闲旅游等方面综合确定与中心城市的联系紧密度，其联系强度分别按照 10%、10% 和 1% 标准阈值确定
空间结构特征	呈现单核心或多核心的圈层结构，主要城镇沿着交通走廊方向拓展

注：都市圈范围划定标准参考：汪光焘等，新发展阶段的城镇化新格局研究——现代化都市圈概念与识别界定标准. 中国建筑工业出版社，2022 年。

[①] 申明锐，王紫晴，崔功豪. 都市圈在中国：理论源流与规划实践 [J]. 城市规划学刊，2023，2：64–73.

3. 新时期我国都市圈规划建设重点

一是加强对超大特大城市外围跨界毗邻地区的关注。这些地区是都市圈功能性地域空间统筹协调的重点地带，也是问题和矛盾比较突出的地区。受制于我国特殊的行政体制和考核机制，跨界地区的多元主体缺乏协调共商的动力，各方为了追求自身利益的最大化往往忽视区域资源配置的最优化。超大特大城市已进入工业化后期，更注重生态环境的高质量发展，期待周边中小城市做好生态环境和农业生产保障；而周边城市基本还处于快速工业化阶段，更注重经济发展规模，扩张是其推动自身发展的主要手段，因此在大城市毗邻地区多采取贴边发展的策略，以期得到更多承接产业转移的机会。正是基于不同的利益诉求，各方难以形成政策合力，毗邻地区出现交通不对接、设施不整合、生态难共保、环境难治理等问题。

二是从都市圈层面统筹生态、生产、生活空间布局。按照生态安全本底要求划定生态空间，构建都市圈的保障性"底盘"，锚固保障城市可持续发展的绿色开敞空间。同时，合理引导超大特大城市的重大功能节点、产业园区、休闲旅游区与交通廊道、区域设施网络在不同圈层上进行动态优化，构建"紧凑、低碳、舒适"的城镇空间。

三是分圈层推动城镇与轨道网络协同建设。在超大特大城市 50～60 公里范围内，按照中心城区—新城新区—特色小城镇为层级，构建"中高密度、多中心"功能体系，同时引导以轨道网＋公交体系相互衔接支撑的绿色交通体系。一方面，在中心城区与中高密度的郊区新城新区之间建立以轨道交通为主的公共交通走廊；另一方面，立足郊区新城建立联系周边特色小城镇的公交网络，加密新城新区与跨市主要城镇之间的公交线网，有条件的地区按照市郊铁路规划布局。

四是顺应超大特大城市和都市圈的发展规律，逐步控制并降低中心城市的工业仓储用地比重，在都市圈范围进行合理配置。在都市圈范围统筹创新链、供应链的产业园区布局，特别是向 50～80 公里范围增加工业与仓储用地指标，将 50 公里范围内产业园区逐步进行改造和功能置换，增加创新空间、生产服务业空间供给，引导产业区向城区转型。

五是开展区域协同治理的动态监测。对不同圈层人口密度与城镇开发强度、土地资源投放、空间开发绩效、公共服务设施建设水平、跨区域的交通与物流、水资源配置、流域生态协同等指标进行监测，实现动态评估与实时预警，跟踪都市圈整体发展。

4.3.4.4 让边境省区城市在双向开放中承担更大作用

我国过去 20 年里边境地区主要中心城市发展也相对较快，这是我国积极推进"一带一路"倡议，加强内陆沿边地区开放的结果。哈尔滨、昆明、南宁、呼和浩特、乌鲁木齐、喀什、拉萨等省会中心城市整体呈现人口快速增长态势，自 2000 年以来这些中心城市市辖区常住人口增长了 1500 万人，其中

哈尔滨、南宁和昆明的人口增长均超过 300 万人，乌鲁木齐也超过了 200 万人
（图 4 - 6）。

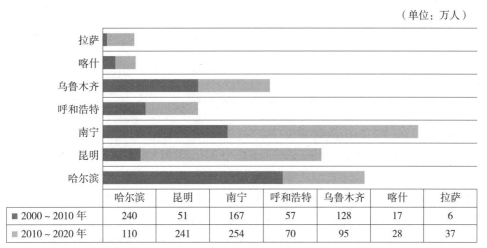

	哈尔滨	昆明	南宁	呼和浩特	乌鲁木齐	喀什	拉萨
■ 2000 ~ 2010 年	240	51	167	57	128	17	6
■ 2010 ~ 2020 年	110	241	254	70	95	28	37

图 4 - 6　我国边境地区中心城市（市辖区）人口增长（2000—2020 年）

　　当前内陆边境地区的中小城市偏少，人口增速较慢。我国长达 2.28 万公里陆路边境上，只有喀什、伊宁、珲春、丹东四座城市人口超过 20 万。特别是边境线上的县级单元人口增减差异巨大，绝大部分边境线地区人口处于下降态势。新疆的边境地区县级单元普遍人口增长，过去 10 年间新疆还先后设立了六座兵团城市[①]；广西、云南、内蒙古部分边境地区人口增长，同时部分地区人口下降；黑龙江整体边境地区人口快速下降，西藏边境地区人口有小幅增长。未来，边境地区在国家"一带一路"倡议下，对完善国内经济和城镇格局，增强对外辐射带动能力，形成国际区域合作重点地区，具有重要作用。

4.3.4.5　我国城镇空间的总体演变趋势判断

　　城镇体系结构方面，我国城镇发展总体呈现"小城市基数庞大，超大特大城市发展快"的特征。过去 20 年里，我国人口规模 500 万以上的城市由四座增加到 2020 年 21 座，20 万规模以下的城市和县城数量由 2000 年的 2026 座减少到 2020 年的 1568 座，下降了近 1/4，但数量依然庞大。与美国相比，我国的超大特大城市数量远超美国，其他各规模等级城市也是美国的 5 ~ 9 倍（表 4 - 17）。未来，伴随着人口持续向大城市地区聚集趋势，我国的超大特大城市人口数量仍将增长，50 万规模以上的大城市数量增长较快，但同时 50 万规模以下的中等城市、小城市数量将稳步减少。

---

① 自 2012 年以来，新疆生产建设兵团设立的城市有铁门关（2012）、双河（2014）、可克达拉（2015）、昆玉（2016）、胡杨河（2019）、新星（2021）。

我国各等级规模城市数量分布和与美国 2020 年的数据对比　　　表 4 – 17

人口规模	1990 年	2000 年	2010 年	2020 年	美国 2020
>1000 万		2	3	7	
500 万 ~ 1000 万	2	2	10	14	1
100 万 ~ 500 万	31	38	60	84	9
50 万 ~ 100 万	28	53	106	115	27
20 万 ~ 50 万	117	218	253	383	85
<20 万	2194	2026	1760	1568	204

　　综合人口、经济、基础设施等总量及密度指标，对我国地级以上城市开展多维指标的聚类分析表明，我国城镇空间呈现出核心区域聚集程度显著提高的趋势。一方面，三大城市群在全国的中心度进一步提升，但长三角、珠三角与京津冀城市群的分异更加显著。长三角、珠三角呈现出核心城市与次级中心城市共同成长的特征，空间一体化进程明显；但京津冀北京、天津向心力增强，区域次级中心城市成长不显著，仅石家庄发展较快。另一方面，成渝城市群、长江中游城市群、山东半岛城市群、海峡西岸城市群的空间一体化程度更为突出，中原和关中城市群的相向发展显著，未来成为联合城市群的概率较大。此外，东北地区、河西走廊、新疆、云南、广西等区域呈现出中心城市带动型局面，次级中心城市成长不够。

4.3.4.6　以交通为核心构筑城镇发展的支撑体系和服务体系

　　城镇空间的发展水平在很大程度上依赖于基础设施的供给水平。就全国空间发展而言，欠发达地区能否防止边缘化在很大程度上取决于其区位的可达性，以及由此带来的与发达地区乃至于与世界经济的联系程度。"欧盟空间发展展望"强调，区域中心城市地位的提高，有赖于是否成为区域乃至洲际交通枢纽城市，而不发达地区的防止边缘化也在很大程度上取决于交通、信息基础设施的改善。

　　过去 20 年里，我国的高速公路、高铁、航空、内河航运规划建设，无论从规模还是密度上，都位居全球领先水平。目前我国已经初步建成"十横十纵"的综合交通网络主骨架，其中绝大部分《全国城镇体系规划（2006—2020）》规划的交通设施通道均已实现；建立起多层级一体化国家综合交通枢纽系统和较高水平的国际物流供应链体系，为降低物流运输成本奠定基础。

　　我国已是世界范围高铁网的第一大国，基本实现了相邻省份的省域中心城市之间 1 ~ 2 小时可达，城市群内中心城市之间 1 ~ 3 小时可达。铁路路网覆盖全国 99% 的 20 万人口以上城市和 81.6% 的县，高铁通达 94.9% 的 50 万人口以上城市。根据国家层面的规划，到 2025 年，中国的城际铁路和市域（郊）铁路网规划建设将达到 1 万公里，届时主要城市群的轨道网密度将与欧洲城市群相当。

　　中国的高速公路网密度达到世界一流水平。截止到 2020 年，我国高速公路通车里程为 15.3 万公里，路网规模世界第一，是 2005 年的 3.7 倍。其中，我国胡焕庸线以东省份的高速公路网密度达到 272 平方公里 / 万平方公里，是美国的近 2 倍①，略高于日本的水平②。沿海三大城市群的高速公路网密度达到 440 平方公里 / 万平方公里，全国已经有 14 个省区实现了县县通高速。我国基本实现高速公路网覆盖 20 万规模以上城镇，但与日本覆盖 10 万人以上城镇还有一定差距。

　　大城市的航空枢纽地位进一步提升，同时机场分布更为均衡。2005 年我国航空旅客吞吐量位居全国前二十位的机场旅客吞吐量占到全国的 78.5%，随着我国干支机场体系的完善，一批大城市和旅游城市的航空业快速增长，截至 2020 年，旅客吞吐量位居全国前二十位的机场占比下降到 62.5%。在排名前二十位的机场中，中西部地区机场的旅客吞吐量占比由 2005 年的 26% 提高到 2019 年的 38.5%（图 4 - 7）。

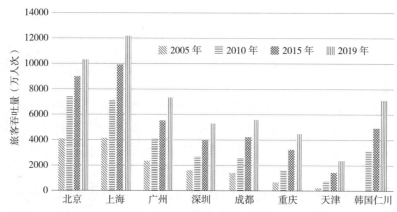

图 4 - 7　我国超大城市机场旅客吞吐量与韩国仁川机场对比
数据来源：根据历年全国民用运输机场生产统计公报整理。

　　因此，构筑分层次的区域交通网络，覆盖主要人居空间是完善国家空间结构的重要组成部分。首先，我国的产业经济组织和人员流动是在广阔的国土空间上进行的，构建合理的交通运输方式是降低流通成本的重要手段，需要发挥"枢纽 + 通道"的组合效应，并加大对城镇空间的支撑作用。当前以北京—天津、上海—南京—杭州、广州—深圳、武汉—郑州、沈阳—哈尔滨、西安—兰州和重庆—成都为核心，分别构筑了华北、华东、华南、华中、东北、西北、西南地区的综合交通枢纽，其目的是使这些城市起到区域交通组织和管理的作用，并承担区域对外交流的门户作用。其次，支撑城市群、都市圈的高水平协同发展，需要构建支撑高强度开发、高密度聚集和高水平流动的综合交通网络体系，并发挥各种运输方式的组合优势。再次，在

---

① 美国高速公路网里程为 10.67 万公里，除去阿拉斯加州的陆域国土面积为 765 万平方公里，密度约为 140 公里 / 万平方公里。

② 2020 年日本高速公路里程为 9000 公里，密度约为 240 公里 / 万平方公里。

市场经济条件下，提供公平合理的公共服务，使不同地区都有发展的机会。对落后地区来讲，交通条件的改善，对地区的经济发展具有不可替代的作用。从规划的角度来看，应进一步加大政府财政转移力度，支持落后地区和农村地区的交通建设，加快与其连接的次干线和支线网络的建设，形成层次结构合理的网络系统，促进城市与农村交通的共同发展，为促进城乡统筹发展和推进共同富裕提供有力的交通支撑。

4.3.5 促进城镇增长方式转型和城镇空间优化

4.3.5.1 从工业化城镇化双轮驱动到"四化"同步发展

在城镇化早期阶段，往往都是工业化带动城镇化发展，表现为工业增加值占国民经济的比重不断上升，推动城镇化进程。工业化与城镇化往往在中期发生分异，一类是工业化不足，城镇化却快速发展，如拉美地区、非洲中部地区；一类是工业化发展较快，城镇化发展滞后，如中国改革开放的前20年局面。随着科技进步和经贸格局的变化，以新型工业化、新型城镇化、农业现代化和信息化相互融合发展，成为当前国家推进社会经济转型，促进城镇健康发展的重要途径。

在改革开放的前20年，我国"四化"极不同步。第二产业的就业偏离度高达1.0以上，产业工人短缺现象十分突出。第一产业劳动力严重过剩，第三产业劳动力不足。该时期我国人类发展指数（HDI）处于中后水平（全球排名150名以后），工业与农业劳动生产率严重偏低，大城市发育不足。2000年以后，工业化和城镇化的协同性有了大幅提升，表现为城镇人口的快速增长和大城市的迅速增加。从劳动力匹配的三次产业结构演变来看，第三产业的匹配度最高，第二产业从2000年的1.0下降到2020年的0.32，说明工业化促进了人口从农村劳动力向制造业的转移，但高素质技术人才依然短缺。第一产业的匹配度长期未得到明显改善，2020年为0.67，仅比2000年下降6%（表4-18，图4-8）。

1980～2020年"四化"同步相关指标情况　　　　　　　　　　表4-18

| 年份 | 人均GDP（万美元） | 城镇化率（%） | 产业结构与就业结构偏离度 | | | | 制造业占GDP比重（%） | 人类发展指数（HDI） | 城乡居民收入比（%） | 工业劳动生产率（万美元/人） | 农业劳动生产率（万美元/人） |
			第一产业	第二产业	第三产业	总偏离度					
1980	0.02	19.39	0.57	1.64	0.70	2.91	39.86	0.423	2.30		
1990	0.03	26.41	0.56	0.92	0.75	2.22	32.30	0.502	2.20	0.08	0.02
2000	0.10	36.22	0.71	1.02	0.45	2.18	31.78	0.594	2.79	0.4	0.06
2005	0.18	42.99	0.74	0.97	0.32	2.03	32.09	0.647	3.08	0.7	0.1
2010	0.46	49.95	0.75	0.62	0.28	1.64	31.61	0.706	2.99	1.2	0.2
2015	0.81	56.10	0.70	0.38	0.20	1.28	28.95	0.743	2.73	1.6	0.4
2020	1.05	63.89	0.67	0.32	0.14	1.13	26.18	0.781	2.56	2.3	0.7

注：人均GDP、工业劳动生产率和农业劳动生产率按照当年美元汇率折算。

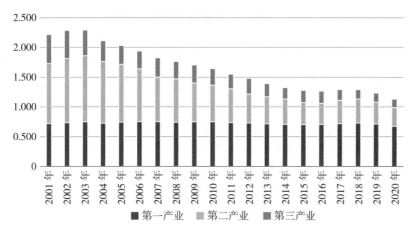

图 4 − 8　我国 2001—2020 年三次产业就业结构偏离系数
数据来源：根据历年中国统计年鉴数据整理。

我国已进入了以电子信息、装备制造、新能源、新材料等为主体的新型工业化阶段。带动城镇化和非农就业的主力，也从工业向服务业实现了转化。特别是从 2012 年起，我国在制造业领域的就业人口开始减少，进入了工业规模化带动服务业就业快速增长，进而支撑城镇化发展的新阶段。工业化直接拉动城镇化的区域由京津冀、珠三角和长三角三大城市群向中西部地区转移。近十多年，我国东部工业先发省份（广东、江苏、浙江、山东等）工业就业人口显著下降，率先进入服务业带动城镇化的新阶段。如 2020 年，我国制造业从业人口最多广东省为 1278 万人，占全省就业人口的仅为 18.2%。中西部工业发展具有潜力的优势省份（安徽、江西、河南、湖南、重庆、陕西等），工业总量继续稳步提升，成为推进工业化带动城镇化的主要区域（图 4 − 9）。

农业现代化是推动本地城镇化的重要途径。从劳动生产率来看，2017 年我国第二产业和第三产业的劳动生产率分别为农业的 16.4 倍和 4.8 倍。农业人均增加值方面，2020 年我国为 0.68 万美元 / 人，仅为土耳其的 60%、巴西的60%、韩国的 25%、英国的 20%。只有农村劳动生产率得到有效提升，才能实现真正意义上的城乡要素的双向流动。

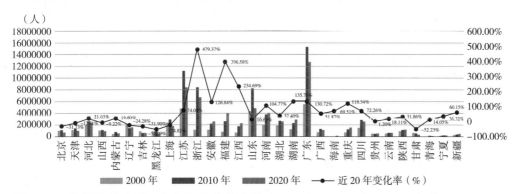

图 4 − 9　我国各省（区、市）工业从业人口（2000 年、2010 年、2020 年）
数据来源：根据国家统计局数据整理。

将信息基础设施作为我国社会经济转型发展的重要支撑，发挥信息化广覆盖、深联通和高效能方面的积极作用，构建起"知识－创新－服务"新动能体系。促进新型工业化向着柔性化、专业化方向发展，加快建立智能化、平台化的后现代工业体系。促进建立智能、高效的现代农业生产体系，畅通城乡供应链体系，培育城乡新兴信息消费业态发展。赋能城镇化发展质量，切实提升大数据在城市精细化治理和应急管理方面的应用效率，实现精准解决城市病，精确调控每寸土地利用，精细服务各类人群。

4.3.5.2　产业链联动、创新链驱动下的城镇空间格局

1.产业链联动推动产业要素的跨区域组织

全球产业链的演变和重组是一个复杂的过程，一方面产业链的跨区域重组有着周期性，且不断由发达国家向欠发达国家转移、延伸；另一方面，产业链的发展涉及一定区域范围内不同层级的城市之间的相互作用。产业链的重组不仅影响城市的经济发展，也对全球经济格局产生深远影响。当前全球产业链发展有如下特征：

一是兼具区域化、本土化趋势。当前由于全球化进程中的地缘政治风险和经济发展周期的不确定性增加，许多国家开始推动产业链回归本土，以确保国家安全和经济安全。产业链的布局逐渐向本土化和区域化发展，如美国已经建立起北美产业链体系，同时建构了环太平洋供应链体系；欧盟寻求邻近国家之间的产业链配套，减少长距离跨区域的风险。

二是短链化、集群化、智能化趋势。全球经济不确定性的增加促使企业缩短产业链，减少对外部环境的依赖，提高供应链的稳定性和安全性；产业链集群化有助于企业在特定区域内形成生产集群，降低物流成本和提高抗风险能力；智能化则通过新一代信息技术的应用，推动产业链的数字化和智能化发展。短链化、集群化都有助于在一定范围内加快产业分工协作，尤其是对于基础设施、公共服务保障较好的城市群、都市圈就是未来产业链集群化发展的主要区域。智能化有助于提高产业链的韧性，增强对产业协作配套的效能（表4-19）。

全球产业链发展新态势及在地理空间重组关系　　　　　　　　　表4-19

特征	城市群	都市圈	中心城市	其他城市
区域化	产业链向城市群集聚，并形成城市间分工协作关系	在一定范围形成产业集群	产业链补短板，高端产业集聚	不断纳入中心城市的产业集群的一部分
本土化	利用广阔空间发展更为复杂生产协作关系的产业集群	加速本土产业集群空间重组，延伸配套	推动既有产业向周边城市转移	聚集本土产业集群
短链化	形成多个组群的产业链体系，降低物流成本	围绕一定时空范围形成链条集群	内部覆盖所有工序和环节	承接中低端产业链环节
集群化	形成产业集群，提升抗风险能力	产业集群内部分工明确	产业集群的引领者	可能成为产业集群的一部分

续表

特征	城市群	都市圈	中心城市	其他城市
智能化	推动产业链整体的数字化、智能化，推进信息共享互通	产业集群内部信息共享，提高效能	赋能科技创新中心、金融中心和其他生产者服务部门	加快技术升级

三是不同空间尺度呈现不同的重组特征。在全国层面，在统一大市场的前提下，强调基于安全的备份，以应对风险挑战；在城市群和都市圈尺度，应通过产业集群自我循环和强化，持续降低物流成本和交易成本，带动产业进一步的聚集；在中心城市，应通过创新人才和创新要素的聚集，向产业链的研发、服务和市场等附加值更高的环节跃升；对点多面广的其他城市来说，争取链接的机会、走专业化道路可能是更为现实的选择。

2. 创新链驱动推动城镇空间的溢出效应

创新链在国家层面和区域层面分别对城镇空间格局产生积极影响。创新链对主要中心城市、城市群的创新网络有着引领、辐射的作用，其形成机制、结构特征和空间演化问题逐步成为未来城镇空间组织的关键因素之一。无论是国家层面的创新网络，还是城市群、都市圈的创新网络，均体现出复杂理论下的幂律规律。越是等级高的中心城市、城市群，其在创新网络中的等级越高，创新要素聚集效应，创新知识外溢效应就越强。

全国层面，以主要中心城市为主体的国家级创新中心聚集大量科研教育资源、各类科学实验室、大科学装置、技术创新平台，这些创新中心是创新网络的顶端城市，在全国范围内形成相互影响的一级创新网络。从专利转让统计分析来看，北京—上海—深圳构成了创新三角体；北京—西安—成都、重庆，成都—广州、深圳，北京—武汉—合肥—深圳构成全国层面的主要创新网络。

城市群、都市圈层面，知识与技术的空间溢出是创新网络形成的主导因素，总体呈现"创新中心—外围技术落地"结构，创新网络的成长与城市群、都市圈城镇空间的成长相辅相成。

长三角创新网络中，上海始终是网络中心度最高的城市，苏州、杭州、南京位于网络的第二层级，特别是苏州由于临近上海成为都市圈的重要创新次级中心城市，杭州和南京分别有区域带动作用。在创新网络链接方面，上海—苏州、上海—杭州两大创新走廊效应显著；上海—南京、上海—合肥、上海—苏锡常、上海—宁波、南京—合肥、南京—苏锡常、杭州—宁波、杭州—绍兴的次级走廊效应也相对显著。区域的创新格局从 2010 年的"主中心—次中心—外围"树状结构，朝着"主中心—多个次中心—外节点—外围"的多层级网络结构方向演变。这种创新复杂性网络将重塑长三角的城镇空间格局，通过创新链构筑城市群的复合型创新产业走廊。G60 科创走廊和沪宁高铁沿线成为国家重大科学研究成果的发源地和成果转化地，把新一代集成电路、物联网、大数据和云计算、人工智能等创新产业串联起来，聚焦价值链的高端环节，不断提升优势产业的规模和能级水平，提高参与国际创高新竞争的综合实力（图4-10）。

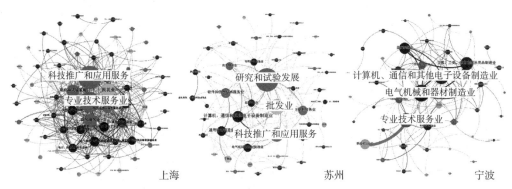

图4-10 长三角城市的创新行业的关联分析
数据来源：根据中国城市规划设计研究院数据库数据整理。

由于珠三角地区城市高度连绵，空间设施高度密集，因此创新集群整体上呈现出网络化的发展特征，集群密度远高于长三角和京津冀。广州以国有大企业以及学校研究院为创新主体，依托高校和研究院所形成院校型创新集群。深圳以扶持高新技术产业、中小企业创新为主要路径，通过培育中小企业和孵化龙头企业，形成企业型创新集群。特别是伴随高校、高新技术产业园区和主要的区域轨道网络拓展，形成基于"流空间"的创新走廊。目前，沿着广州—东莞—深圳的中心城区，广州南沙—深圳前海—深圳盐田形成了密集的创新产业带。此外，随着广佛都市圈、深莞惠都市圈的成形，跨界地区由于生态环境优越、开发成本较低，不断涌现出新的创新集合。如松山湖目前成为华为、大疆等世界级高科技企业的创新研发基地，并形成了全球性的技术服务中心。未来，随着全球经济和科技的发展，珠三角地区的创新资源、孵化平台和产业布局仍在不断进行适应性调整和优化（图4-11）。

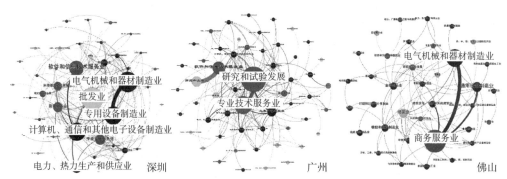

图4-11 珠三角各城市的创新行业的关联分析
数据来源：根据中国城市规划设计研究院数据库数据整理。

4.3.6　建立"多规融合"的规划体制

4.3.6.1　建立以空间规划为重要支撑的国家社会经济协调发展的调控体制

空间规划的出发点是以支撑国家社会经济协调发展为出发点，顺应市场规律。市场经济条件下，经济活动主要由市场来调节。我国自 1992 年确定社会主义市场经济体制以来，特别是 2001 年加入世界贸易组织以后，我国的市场化程度明显提速，宏观经济体制改革步伐也相应加快。到 2005 年，我国的市场化程度已经达到73.8%[①]，属于发展中的市场经济国家，经济自由度指数已超过许多被欧美承认为市场经济国家的转型国家或发展中国家。市场经济体制相对完备的国家，如日本、韩国以及欧盟各成员国对经济发展的调控手段，除了利率和税收政策外，主要就是国家层面的空间规划及相应的配套政策。其根本原因就在于区位条件是经济发展的一个关键因素，而空间规划对区位的影响至关重要。由于空间规划的内容涵盖了社会发展、生态环境保护等多个目标，因此也成为这些国家的综合发展规划。

进入 21 世纪，我国社会经济全面协调发展的调控手段已经从传统计划色彩浓厚的"国民经济和社会发展计划"转向以空间资源的合理配置为核心的"国家空间规划"调控和管理体制，以应对快速城镇化时期的人地矛盾和资源紧张的问题。《全国城镇体系规划（2006—2020）》是首部基于生态环境本底条件，从城镇与自然的协调发展出发建立全国城镇空间布局的规划。2008 年，原环境保护部和中国科学院联合编制并发布了首版《全国生态功能区划》，全国被划分为 216 个生态功能区。其中，具有生态调节功能的生态功能区 148 个，占国土面积的 78%；提供产品的生态功能区 46 个，占国土面积的 21%；人居保障功能区 22 个，占国土面积 1%。国家发展和改革委在"十一五"规划的前期研究和编制中，也已转变了工作思路，大量增加了涉及空间的内容，更多地从国家空间资源的保护和合理使用角度提出发展的指引。自"十二五"以来，国家层面规划将国土层面的农业发展格局、城镇化战略格局、生态安全战略格局进行统筹布局。为此，国家层面在 2011 年出台了首版主体功能区规划，其目的是推进资源环境承载力前提下的区域合理发展。

4.3.6.2　建立"多规融合"统一高效的空间规划编制和管理体制

2018 年以前，国家层面涉及空间发展的规划，主要有国家发展和改革委员会编制的"国民经济和社会发展五年规划"、原建设部编制的"全国城镇体系规划"和原国土资源部编制的"全国土地利用总体规划"，以及交通、铁道、民航、信息、环保等多个部委编制的各类专业规划。由于不同的规划分属于不同的部门，且编制的时间和规划期限不一致，致使很多内容出现冲突，特别是交通、铁道等社会经济发展的支撑系统专项规划，缺乏国家城镇发展规划为依据，系统上不够完善。

---

① 引自：2005 中国市场经济发展报告 . 北京：中国商务出版社，2005.

　　早在 2003 年，国家计委（现国家发展和改革委员会）会同地方计委和科研机构开展了规划体制的研究并出版了《规划体制改革的理论探讨》一书。该书第一次明确地将"规划"涵盖了计划部门编制的国民经济计划和建设部门编制的城镇空间规划，提出了整合各类规划的设想。提出规划编制的基本原则应该从计划经济时期的"投资、财政、信贷"的三大平衡，转化为市场经济时期的"供给、需求、空间"的新三大平衡。其主要框架是：将国家国民经济和社会发展五年规划纲要定位为"国家总体规划"，将空间结构均衡和空间开发协调纳入规划，增强"国家总体规划"的空间指导与约束功能。研究提出"要明确空间类型及功能，提出城市化或工业化密集地区、生态环境保护地区、资源保护或开发地区、自然灾害防治地区、旅游休闲地区、农业地区的发展方向和原则；要提出健全城市体系与调整城市布局的目标、主要城市圈扩张的格局、人口流动方向与规模；要提出土地利用结构改善及土地占用数量、地区配置；要提出交通、电力、水资源等全国性基础设施网络系统的框架等。"应该说，该思路将所有的空间要素，特别是城镇空间体系的要素全部囊括进去了。

　　由国家发展和改革委员会主持编制的"十一五"规划重视了空间规划的内容，但同样缺乏对城镇空间发展的系统研究。原国土资源部编制的"全国土地利用总体规划"也同样存在类似的问题。上述相互交织的各类空间规划，其核心都是国家空间资源的合理使用与管理，且这些规划的重点都在以城镇体系为核心的空间组织上。因此，调整当时分属于不同部委的规划职能，建立由综合部门牵头的国家空间规划管理机构和"多规合一"的规划编制体制是确保我国空间资源合理使用的重要制度保障，也是国家现代化治理的重要手段。在 2014 年前后，由国家发展和改革委员会、住房和城乡建设部、原国土资源部还共同开展了"多规合一"试点。

　　日本也是人口规模大、密度高的国家，其实行的空间规划体系值得我国借鉴。其依托《国土形成规划法》《国土利用规划法》和其他单项法约定了不同层级的空间规划作用与编制内容。其空间规划体系呈现出"四级""三类"特征。"四级"是指在对应国家、都道府县、市町村三级行政体系的基础上，增加了涵盖两个及以上行政管辖单元的区域协调层级。"三类"是指国土综合开发规划、国土利用规划、土地利用基本规划（含不同地区的专项规划，如城市规划），三类规划和四个层级并不是一一对应关系。其中，国土综合开发规划重在"定战略与方向"，国土利用规划重在"定规模与指标"，土地利用基本规划重在"定功能与坐标"，包括全域和某一类地区两种，全域层面一般在都道府县层面编制，具体的某一类地区（如城市地域）的专项规划，都道府县、市町村均可编制。从宏观层面到微观层面，将国土空间的发展策略、指导方针和建设实施措施囊括在内，形成传导性强、统一协调、法规完善的空间管制体系。

　　宏观层面，国土综合开发规划已编制七轮，在国土复兴、区域均衡、人居环境、基础设施、产业布局等方面对全域国土作出统筹安排，是由国土空间逐渐拓展至社会经济各方面的"广域规划"。中微观层面，土地利用规划结合用途调查，将国土分为五类，即城市用地、农业用地、森林用地、自然公园用地、自然保护用地，作为约束国土用途的基本框架。微观层面，地方政府依据《城市规划法》，对城市化促进地区制定用途分区、地区规划等，开展用途分区管制（图4-12）。

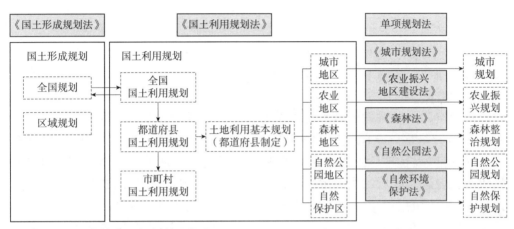

图4-12　日本的空间规划体系框架

　　在统合的空间规划技术内容上，主要应该包括下列内容：人口、经济增长等的预测和资源环境承载能力分析；区域空间布局框架；城镇体系及主要城市的功能定位；产业聚集区等各类功能区的划分及其定位；基础设施以及其他统筹建设的重大工程；区域协调机制等规划实施的保障措施等。客观地说，建立完整统一的空间规划体系是保障空间资源科学合理使用的重要措施和手段。

4.3.6.3　建立以财政、税收等经济政策为基础的规划实施手段与措施

　　根据国际上空间规划实施的基本经验，财政与税收手段是最主要的措施。欧盟（前欧共体）自1950年代起就以"结构基金"作为支持不发达地区和振兴衰败地区的主要手段。1980年代以后进一步改进了这一政策，以区域而非整个国家的人均GDP水平判别申请结构基金的条件，对相对微观层面的区域发展不平衡起到积极的干预作用。如英国的苏格兰地区和威尔士地区人均GDP水平低于欧盟的平均水平，也成为可以得到基金的地区，而以整个英国来衡量其人均GDP水平高于欧盟的平均水平（图4-13）。

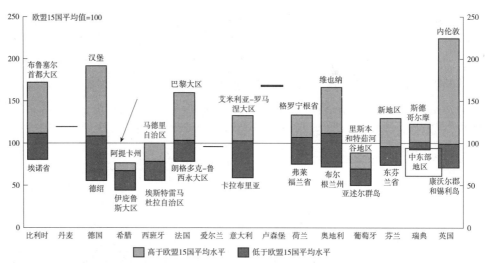

图 4 – 13 欧盟 15 国经济水平示意

资料来源：欧盟委员会. 欧盟空间发展展望，1999.

　　我国空间的协调发展必须突出强调经济、资源管控手段，重点在以下四个方面加强：一是以全国层面的城镇化政策分区为基础建立"国家区域发展基金"，扶持欠发达地区的发展和衰败地区的振兴；二是运用转移支付等国家财政政策，促进跨区域的生态敏感地区和重大战略资源保护地区的整体保护，尤其是对于流域的上下游地区加强转移支付；三是运用货币政策，发挥政策性银行和地区银行在重大基础设施项目、重要国家战略工程上的引导作用，带动地方经济的发展；四是制定区域劳动就业政策，促进劳动力资源在区域间的合理流动和优化配置，加大补贴力度，防止欠发达地区知识型劳动力的流失，促进区域的协调发展。总之，财政、税收等手段的有效实施是空间规划得以贯彻的保障（表 4 – 20）。

财政、税收区域政策导引　　　　　　　　表 4 – 20

政策手段区域	财政	税收	信贷与投资	价格	劳动就业
老、少、边、穷地区	补贴（转移支付），贴息，基础设施建设及政府定购	税收减免（乡镇企业所得税）	政策银行及各种基金提供低息及优先贷款		鼓励劳务输出
老工业基地	补贴（转移支付），贴息，政府定购	税收减免，加速折旧	政策银行提供低息及优先贷款（技改）		
能源原材料基地	补贴，贴息，基础设施建设投资	税收减免（能源、原材料企业）	政策银行低息优先贷款		
商品粮（棉、油）基地	补贴、贴息		政策银行低息贷款		
过密地区	迁移补贴、贴息		迁移优先贷款	提高地价	限制劳动力流入

续表

政策手段区域	财政	税收	信贷与投资	价格	劳动就业
环境问题突出地区	环境设施建设投资，迁移补贴、贴息		迁移优先贷款	提高地价、水价等	

注：根据《国土规划的理论与方法》中 421 页中的表调整。

4.3.7　促进规划决策的科学化

4.3.7.1　建立全国人大空间规划专门委员会，依法规范规划立法

作者认为顺应国土空间规划体制改革推进和推进城乡人居环境高质量发展的需要，应在全国人大委员会设立"空间规划专门委员会"。该委员会的成员构成应该以空间规划、城乡规划研究的各类专家为主，从第三方的角度提出规划立法的建议。实际上，日本、新加坡、美国等国家在不同层级设立的由规划专业人士、议员和有关政府官员构成的规划委员会对规划立法和实施给予建议就是良好的案例。我国一些城市，如深圳早些年设立的城市规划委员会，在城市开发建设上从专业和技术角度对决策把关也是比较成功的范例。英国规划历史上著名的"巴罗报告"（Barlow Report）[1] 更是一个由专家组成的专业委员会对国家规划决策发挥重大影响的杰出范本。

4.3.7.2　健全国家、省区规划督察员制度，促进区域空间决策的科学化

我国在城镇开发建设中尽管成效显著，但在规划实施监督方面的问题依然成为学界和政界共同关心的问题。从行政决策的科学化和规划实施的有效性出发，在政府行政部门增加技术官员，从专业角度对决策提供事前的建议和事后的监督是西方国家的通常做法。理论上，古德诺（F. J. Goodnow）从政治学的角度曾经论述到："实际上，行政中很大一部分是与政治无关的；所以，即使不是全部，也应该在很大程度上把它从政治团体的控制下解放出来。行政之所以与政治不相干，是因为它包括了半科学、准司法和准商业的活动——这些活动对于真正的国家意志的表现即使有影响也是很小的。为了能最有利于行使行政功能的这一分支，必须建立一套完全不受政治影响的政治机构。"[2] 从城镇空间规划决策科学化可操作的角度来看，以专业技术人员为骨干的规划督察员制度是一个有效的方法。有研究认为由上级政府委派的专业技术人员担任规划督察，可以完全排除地方政府首脑对城市规划师的推荐任命权和上下级关系的干扰，真正发挥技术决策与一般行政决策之间的均权制衡作用（仇保兴，2005）。

因此，从我国政治体制和国情出发，建立一整套从上而下的以专业技术人员为骨干的规划督察员制度，是保障空间规划决策与实施科学化的重要途径。

---

[1]　1940 年提出的"巴罗报告"是英国规划史上的著名事件。该报告指出伦敦地区工业与人口不断聚集是由于工业所引起的吸引作用，因而提出了疏散伦敦中心区工业和人口的建议。

[2]　自仇保兴. 中国城市化进程中的城市规划变革. 上海：同济大学出版社，2005.

而国家规划督察员的具体职能可以集中体现在以下几个方面：第一，监督全国空间规划的实施，对明显违反国家规划原则和具体规划的行为有权制止并提请上级政府给予惩罚；第二，对涉及国家重大安全事项，重要跨区域生态环境保护事项的重大建设项目，特别是基础设施项目的立项、选址和建设有权提出建议和暂缓通过的意见；第三，有权组织跨省区的规划行政主管部门协调有关跨省区的资源、环境、基础设施建设等方面的事宜；第四，对违反国家级历史文化名城、名镇、名村保护，对国家级风景名胜区和其他各类法定生态环境保护区内违反法律法规的规划建设行为提出整改意见。

4.3.7.3 建立省级总规划师制度，落实、监督国家空间规划的实施

推行总规划师制度，促进规划决策的科学化是一些专家、学者近年来力推的一项工作（吴良镛，2002；仇保兴，2005；雷翔，2002）。这一制度在俄罗斯、美国、德国、法国都有具体的实践。从行为上来看，总规划师属于区域规划、城乡规划决策的参谋，是专业方面的权威；从行政架构上来看，总规划师属于机制稳定的文官制度范畴是技术官员，具有"不与内阁共进退"的稳定性。由于其具有上述特质，总规划师可以为政府提供规划编制、审查、实施、修改的专业建议，最大限度地延续已有的规划决策，确保城市政府决策的统一性、继承性和连续性，不陷入"任期制"的怪圈。实际上，在此基础上，建立省（区）的总规划师制度也是保障省级政府规划科学决策的重要手段，对于约束省级政府在空间规划决策上的盲目性和短视性发挥重要作用。以沿海一些省区为例，在当年快速工业化和城镇化时期，违反原有规划的行为就有为了增加城市建设用地大量填海造地，不顾沿海、沿江的承受能力大搞重化工业产业带，在生态敏感地区为了地方短期经济利益不顾自然条件上马大型水利设施和引水工程，以及为了一时的经济利益将风景名胜区上市等等。这些现象的出现既有地方利益上的驱动，也有缺乏专业知识的盲动。所以，在省（区）建立总规划师制度可以在一定的程度上弥补这一决策上的过失，促进省行政部门在城镇建设方面的科学决策。

从国家空间规划实施的技术支撑来看，由于国家城镇空间规划是中长期的发展规划，期限一般达到 15 ～ 20 年。在这个过程中，规划确定的原则和主要技术内容需要长期坚持和实施。这些原则的把握和规划技术内容的贯彻需要省级政府在技术上的长期坚持，相对稳定的省（区）总规划师可以起到承上启下的作用。

4.4 小结

国家城镇空间的发展研究是一个复杂的系统工程。在可持续发展理念框架下，国家城镇空间发展的科学合理，必须坚持人居环境科学理论所确定的基本

原则。在此基础上以更加广阔的视野、更加具有行政效率的方法、更加兼具维护市场功能又弥补市场实效的手段、更加体现社会公平的措施来构筑国家城镇空间规划的理论和方法。

空间规划是市场经济条件下，国家实现经济、社会、环境和地区协调发展的重要手段，是政府的重要职能。其核心在于通过城镇空间结构的重构引领产业发展，促进城镇与自然的协调发展，实现空间资源的合理使用。国家空间规划的技术重心在于地区城镇化政策和不同地区发展政策的制定。国家城镇空间结构在全球化时代必须是动态的、开放的，具有应对的灵活性。国家空间规划的有效实施必须通过财政、产业、金融、土地等手段来综合引导。国家空间规划的体制改革也应该是动态的，不断适应我国城镇化发展阶段性的任务要求。

第5章

对国家空间规划的理论思考

5.1　国家空间规划的作用再认识

5.1.1　国家空间规划的产生缘由思考

国家层面空间规划的意义与作用一直存在着不同的看法。1921 年苏联首次开展全国经济区划，倡导在国家计划指导下有组织、有步骤地对全国进行区域开发，东欧、亚洲（包括中国）地区的社会主义国家随后也积极开展全国的生产力布局和空间规划。所以，在很长的一段时间里，国家层面的空间规划被认为是计划经济的产物。我国从 20 世纪 80 年代开始经济体制改革，转向市场经济以后，国家层面的规划也在很长的时间里被忽视。20 世纪 80 年代中期国土规划的半途而废以及 1990 年《城市规划法》颁布以来全国城镇体系规划一直没有出台都是明显的例证。进入 21 世纪以来，全国主体功能区规划、全国国土规划纲要、全国国土空间规划纲要的相继出台，体现了国家层面的空间规划日益受到重视。实际上，是否编制国家层面的空间规划是问题的表面，问题的根本在于国家社会经济的发展是否需要国家干预，这是一个认识上的问题。

从 20 世纪 50 年代开始，一些资本主义国家如荷兰、日本、韩国等国积极倡导国家空间规划或国土规划，其产生的缘由很值得我们思考。从历史的角度来看，这些国家倡导国家空间规划的阶段大都是其经济起飞的时期。在较短的时期里促进经济的快速发展，提高国力是这些国家的首要目标。通过国家干预，在较短的时间里集聚有限的财力重点发展一些地区，形成增长极带动地区的发展以及整个国家的经济发展是一条简便的发展道路。随后的若干次规划调整中，核心主题围绕打破某些城市的过度极化、形成相对均衡的区域空间格局；从石油危机中认识到资源环境的重要性，从资源有限性的角度提出空间发展规划；从经济全球化中认识到国家与地区竞争力的重要性，积极倡导宏观空间规划等等。由此可见，国家空间规划的产生远远大于空间发展本身的需要，更多地在于国家发展战略的考虑。

可以看出，国家空间规划的产生与发展并不完全取决于经济体制，市场经济体制下同样有国家规划，关键在于如何认识市场和政府的关系。有学者认为，"政府"和"市场"是推动社会发展的具有互补作用的两个"轮子"。问题不在于有没有"政府强有力的干预"，而在于"强有力的政府干预"所针对的领域和目标（胡位钧，2005）。党的十八大以来，我国在加快构建高水平社会主义市场经济的过程中，进一步强调"充分发挥市场在资源配置中的决定性作用，更好发挥市场作用，推动有效市场和有为政府更好结合"。

5.1.2　不发达国家发展辩证法的启示

不发达国家的现代化历程研究是国际上的一个研究重点。缪尔达尔（G. Myrdal）的循环累积因果理论和赫希曼（A. O. Hirschman）的不平衡增长理论都有相当的影响。循环累积因果理论认为，不发达国家的经济存在着发达地区与落后地区并存的二元结构。发达地区对落后地区产生"回波效应"和"扩散效应"。在市场力的作用下，回波效应远大于扩散效应，使发达地区越来越发达，落后地区越来越落后。这是造成区域经济不平衡的根源。由此缪尔达尔等认为，政府对经济的干预是促进区域经济的协调发展的必要手段。当某些地区已累积起发展优势时，政府应当采用不平衡发展战略，优先发展具有较强增长潜力的地区，以获得较高的投资效率和较快的增长速度，并通过扩散效应来带动其他地区的发展。不平衡增长理论则认为发展是一种不平衡的连锁演变过程，强大的经济增长力将在最初的出发点周围形成空间的集中，增长极的出现意味着增长在区域间的不平等是不可避免的伴生物和前提条件。所以从理论上说，不发达国家现代化的路径从不平衡到平衡是个一般的规律。

我国真正现代意义上的工业化历程是从 1949 年新中国的成立开始的。但是 1949 ~ 1978 年的发展却走了一条极为曲折的道路。"一五"的辉煌很快转入"大跃进""文革"等多个政治运动。至 1978 年，我国人均收入位居世界后列，属于极低收入国家。世界银行统计表明，按照 PPP 国际美元值（现价）计算，1978 年我国人均国民收入为 340 美元，是低收入国家平均数 660 美元的近 50%，是下中等收入国家平均数 1290 美元的 26%，是上中等收入国家平均数 3140 美元的 10%，是高收入国家平均数 8180 美元的 4.1%。在这一背景下，改革开放的政策首次提出不均衡的发展战略。邓小平在 1978 年就指出："我认为要允许一部分地区、一部分企业、一部分工人农民，由于辛勤努力成绩大而收入多一些，生活先好起来"[①]。1980 年再次指出："要承认不平衡，搞平均主义没有希望。一部分地区先富起来，国家才有余力帮助落后地区"[②]。在空间战略上，先后提出广东、福建、海南开办经济特区、沿海 14 个开放城市、沿江开放、沿边开放等多个战略。这些战略的实施取得了明显的效果，40 年经济持续快速发展就是明证。

但不平衡发展战略也带来不平衡的问题。城乡差距加大，农民人均纯收入与城镇居民人均可支配收入的对比值 2009 年达到 1：3.33，农民收入停滞乃至下降持续了 15 年之久。城乡的巨大差异导致东中西差距加大，区域发展严重不平衡。近年来，国家日益关注城乡和区域发展的不平衡问题，出台了一系列区域协调发展的相关政策和战略，但改变发展不平衡的问题仍需要一定的时间。实际上，城市化程度的差距数值只是表面现象，本质上是财富分配和利益

---

① 邓小平在 1978 年 12 月 31 日发表《解放思想，实事求是，团结一致向前看》的讲话。
② 邓小平 1980 年 7 月中下旬视察武汉时指出。

关系的不平衡。这种不平衡已经影响到国家经济结构与社会结构的协调发展。面对城乡和区域发展的不平衡问题，缺乏积极有效的应对措施是很多国家难以摆脱中等收入陷阱的重要原因。

从我国改革开放 40 多年来发展政策的路径来看，从 20 世纪 80 年代的以不平衡为核心的梯度发展战略到十六届三中全会以相对均衡发展为核心的"五个统筹"思想，再到党的二十大报告提出"促进区域协调发展"和推进中国式现代化的转化，体现了新的发展理念是通过提供更加完整、更加充盈、更加公正的均衡性公共物品，保证经济和社会的协调发展。总之，不发达国家在现代化进程中，不均衡战略是发展的必要过程，其目的是建立雄厚的经济基础，平衡战略是国家发展的长远目标和政治需要。所有这一切的前提都是发展。从我国改革开放 40 多年的发展历史看，以空间规划为手段对发展的不平衡进行适度的干预是发展阶段的需要，也是国家政治均衡的需要。

5.2　对国土空间意义的再认识

5.2.1　全球化时代空间的一般意义

城乡规划的核心归根结底是对空间的管理，所以对宏观层面空间意义的再认识有助于我们找准规划的定位。格迪斯（Patrick Geddes）1915 年出版的《演进中的城市》（Cities in Evolution）首次用区域的观念来分析和理解城市，预言城市在区域的扩展是必然的，并会形成新的空间体系。他用"城市地区"（city region）和"组合城市"（conurbation）的概念来概括这一特征。道萨迪亚斯（c. A. Doxiadis）对空间的范畴有了更大的拓展，他从人类聚居（Human Settlement）的角度，提出聚居的 10 个层次，其中从城市发展到大都市、城市连绵区、城市洲和普世城的分析，对城镇空间的结构体系和意义进行了新的诠释。

全球化时代随着资本的跨国流动，全球经济被看成是一个"流动的空间"（castells 1989），地域空间总的被看成是一个无疆界的地理空间。二次大战以后，在全球范围内以国家为基础的资本聚集、政治管制逐步向更大的范围拓展。以欧洲为例，20 世纪 50 年代以来，随着欧洲一体化进程的推进，区域层面的政治、经济作用不断增强。无论是单一货币体系的建立，还是"结构基金"的设立，都说明跨国的区域协调机制在发挥着重要的作用。而 1999 年的"欧洲空间发展展望"（ESDP）得以顺利通过，其意义就在于提供了一个跨国的经济社会的发展框架。埃明认为全球化的经济实际上是在不同的地方、不同的层面以不同的方式合成着，区域是一个重要的范畴，其主要特征表现为不同地域在国际劳动分工中的不均衡分配以及不同空间的同化和异化（Amin, 1994）。全球是"地方的合成"（Amin, 1994），地方也是"全球化的投影"。

全球化背景下空间的意义是多重的，包含"家园"和"世界"两方面的意义，空间是流动的、变化的，原有的等级结构是离散的和多元的。

5.2.2　新时期国土空间意义的再认识

对全球化时代国土空间的意义并没有统一的认识。大部分的观点是国界的作用弱化了许多，甚至于消失了。这些认识和理论的基础大多基于经济全球化的认识与理解，即空间的经济意义得到充分展示。但 2008 年全球金融危机、等重大事件对全球经济体系的冲击，让我们对国土空间的认识不能仅仅局限于"经济地理"的范畴，还要考虑国家、区域的治理问题，以及全球化财富不均衡引发的社会矛盾和冲突。在对国土规划的分析中，生产力布局等技术层面的内容多于国家发展战略层面的内容。

实际上，全球化理论对许多发展中国家而言，除了带来资金、就业机会等好处之外，更多的是处于产业链附加值较低的部分，处于技术核心的外围。换句话说，不发达国家在经济全球化进程中的地位并没有提升，相反往往处于被边缘化的地位。最极端的例子是阿根廷的"第二次革命"。阿根廷 1989 年梅内姆内阁上台以后，面对全球化浪潮，提出"政治仆从主义"行为模式的全球化理论，在政治上顺从美国的霸主地位，经济上完全顺应世界经济一体化，放弃曾经一以贯之的工业化道路，将国家经济发展战略的重心定位于农牧业食品的"专业化"，以"农牧业初级产品出口国"的单一身份加入国际劳动分工体系，其结果是贸易自由化冲垮了本国的工业体系，逐步走向通往贫困和依附性的发展道路，最终导致政治动荡[1]。有学者指出，阿根廷在全球化进程中的失败主要原因在于：一是错误地放弃了自主发展的方针，重新陷入依附的地位；二是没有处理好市场与政府的关系。在全球化的背景下，由于竞争的加剧，原有国家福利体系遭到破坏，招致社会矛盾的激化（曹沛霖，1998）。所以，在全球化时代，作为政治、经济、文化综合意义的国土空间并不能简单地从经济上来理解，国家的发展更多地具有不可忽视的政治意义。

从理论上说，对空间政治意义的认识开始于哈维（David Havey）。他从理论上将新古典经济地理向马克思主义的政治经济地理转化，这一转变使经济地理的研究从原先囿于空间分配统计定律和工业区位的认识，转向区域发展的历史过程分析以及对固有的"运动规律"和资本主义的"危机倾向"的分析。促使西方地理学家进行了广泛的区域与城市问题分析，包括城市空间、区域发展危机的动态性分析、劳动力转移过程分析、区域工业构成以及国际间的不平衡发展分析等。因此，我们虽然进入了一个技术上的后工业时代或信息时代，走

---

[1]　该部分内容参照胡位钧《均衡发展的政治逻辑》一书改写。

向服务、知识和信息为核心的经济形式，但国家的发展并没有简单地纳入所谓全球化的经济轨道良性循环，尤其是近年来大国间地缘政治与意识形态竞争的烈度居高不下，全球性经济体系受到严重冲击，带着强烈的政治和文化色彩在不断发生着异化。所以，全球化时代的空间意义既具有伴随资本流动的"流动空间"意义，也具有以国家为单元的政治、文化等"固定空间"的意义，在意识形态仍然占上风的世界里，后者的意义更具有现实性。

5.2.3　空间治理的作用

霍尔认为"田园城市"的核心思想是基于城乡协同的地方自治和自我管理（霍尔，2002）。他认为 20 世纪 70 年代开始的全球经济衰退，使西方的规划师重新认识到市场的作用与力量。"开发公司"（Development corporation）和"企业区"（Enterprises zone）这一和原有规划体系不相匹配的新实践之所以在20 世纪 70 年代被广泛采用（开始在英国，随后在其他国家，包括中国），其原因就在于不管规划如何控制城市的形态或发展方式，其根本还是要促进地方经济的发展。随着国际上竞争的加剧，地方政府需要外资。有西方学者认为，引进外资、增加就业岗位，也是规划的目标和目的（Alden，1999）。但是霍尔也认为，规划之所以在今天还有效，就是因为今天还有一些需要集体行动（collective action）的行为，如环境的保护（Hall，1996）。

弗里德曼（Friedmann，1981）则认为，在地理学中生活空间和经济空间共同构成一个对立统一体。在过去的两个世纪里，经济空间一直颠覆、入侵和分解着个人和社会的生活空间。经济空间是抽象和不连续的，是一种和历史无关的空间。在经济霸权超越生活的情况下，发展就基本被理解为生产的扩张和增长，根本不考虑社会成本。他提出生活必须跃居第一位，其次才是生计问题。国家必须在一定的领域内对生计的基本条件加以控制，在涉及民众基本利益的方面全面行使权力（弗里德曼，2005）。他从人类幸福的角度认为，以人均财富为标准的所谓幸福是不全面和不客观的。区域发展中大量生活空间的被肢解、生态环境的恶化诸多问题的解决，有赖于沟通协商的政治途径。

近年来，城市与区域治理的研究成为规划理论的热点。从理论上说，治理是探讨社会各种力量之间的权利平衡，区域治理则是涉及不同层级政府和发展主体之间、同级政府之间的权利互动关系（顾朝林，2002）。对于区域的治理而言，存在集权与分权的不同观点。分权论强调地方自治，认为能够扩大民众对政治生活的参与和社会管理的介入。集权论强调中央政府在整个社会协调和控制中的重要地位和作用，认为集权可以带来社会化大生产和消除无政府主义竞争局面，利于社会资源的合理配置。近年来兴起的"新公共管理"或"企业管理主义"是上述二者的折中。尽管分权主义一直是西方大城市区域治理的主流传统，但在经济全球化正在经历深刻转变的今天，区域主义再度盛行，谋求区域整体利益，进行区域间的协调管理成为一种新的管理理念。

综上所述，区域空间的管理从本质上说就是要提高区域的发展能力，提高区域的生活质量。市场机制的运用，并不意味着可以忽视社会生活的存在。从区域空间的构成要素来说，区域不可能只具备单一的经济属性，而综合利益的保障离不开对空间的治理。

5.3　对规划作用的再认识

5.3.1　从控制到引导、沟通的现代规划理论脉络

自霍华德（Ebenezer Howard）1898 年的《明天：一条通向改革的和平之路》一书发表之后，对城市发展的控制和引导不断进行着理论和实践的探索。研究的范畴也在不断扩大，"田园城市"理论、艾伯克隆比的大伦敦规划、荷兰的国家空间规划、日本的国土规划给人们留下了深刻的印象，帮助人们建立了对城市与区域发展的控制理念。今天我们讨论的区域规划、国土规划从理论根基来说，都是在城市规划的基础上逐渐发展而来的，而且城市规划与区域规划和国土规划有着密切的联系。1933 年制定的《雅典宪章》就指出："每个城市应该制定一个与国家规划、区域规划相一致的城市规划方案"。

20 世纪 60 年代以来，西方的主要规划理论随着其社会经济背景的不断变化，一方面对原来基于技术理性的传统理论展开了猛烈的抨击，另一方面随着全球化进程的深入，对空间管理的范畴和意义的认识也不断更新。近 60 年来规划理论的发展主要经历了如下的阶段：

系统理论（systems Theory）：由布瑞·麦克劳林（Brain MCLoughlin）和乔治·查德威克（George chadwiCk）在 20 世纪 60 年代提出。对城市的分析充分应用了生物科学的系统论思想。生物学认为系统存在于自然和人类环境的各个领域，通过规划，系统是可以控制的[①]。系统规划方法的核心是城市与区域是相互作用的综合体。系统是不断变化流动着的。规划，作为系统分析、控制的一种形式，它自身一定是动态的和变化的。规划师必须找到办法，分类、预测这些变化，以便控制这些变化。麦克劳林指出规划寻求对个人和集体行为的规范和控制，达到坏效益的最小化，按照规划的广泛目标和特殊目标，促进良好物质环境的实现。

理性规划理论（Rational process Theories of planning）：由安德鲁斯·法卢迪（Andreas Faludi）在其 1973 年出版的《规划原理》（Planning Theory，1973）

---

① 按照《牛津英语字典》的定义，系统是一个"复杂的整体"、是"一组相互联系的事物和部分"，是"一组便于形成一个整体的目标，这些目标相互关联、相互作用"。

中提出。这一理论的核心是强调用"科学的"和"客观的"方法去认识城市和规划城市，规划是一个关于产生最好结果的方法（Faludi，1973）。规划师应该像工程师一样，寻求最佳的方法论，应该将各种特殊的要求和方案结合起来，成为一个综合的理性选择。理性规划通过界定规划对象和目标，分析对象和目标，将其分解为一组问题和目标，选择最好的方案，并不断对结果进行检查。强调依程序行事，连续性决策，综合审视。即在方法论上强调目标确定、问题梳理和综合决断。按照法卢迪的说法，理性的过程开始于分辨和定义提出来的"问题"，过程中要分清楚哪个是理性的。

西方马克思主义和批判理论（Marxism and critical Theory）：由哈维（Harvey，D）在20世纪70年代提出。该理论认为城市与规划（包括规划理论）是资本主义的反映，同时帮助构成资本主义。在资本主义社会，没有所谓的"公共利益"，只有资本的利益。资本的利益通过诸如规划这样的手段，形成国家的机制，实现对公众控制。西方马克思主义理论分为若干种，主要分为国家作为统治阶级的工具、国家可以提供必要的干预、国家作为一种凝聚力因素。其中国家可以提供必要的干预对规划的影响最大。其实，凯恩斯主义（keynesianism）的理论基础就是基于资本主义是能够"控制"住的，即通过供求关系控制发展，城市规划是摆脱经济危机的另一个国家控制机制。在西方马克思主义理论中，国家是关键性的角色。规划是国家利益的延伸，通过命令反映资本的需求。所以，这也为提供一定形式的国家干预（土地、资本）创造了必要的条件。特别是像道路、桥梁这一类的公共基础设施，投入很多收益很少，更需要国家干预。在市场体制下，大多数规划实际上是倾向于市场要求的规划，对市场力量应该有更多的强有力的反对意见（Evans，1997）。

新右翼规划理论（New Right planning）：新右翼理论产生于20世纪80年代，代表人物是哈耶克（Hayek，F）和弗里德曼（Friedmann，J）。新右翼理论是市场导向促进竞争（自由主义）和政府强干预（保守主义）的结合。自由主义新右翼的核心是市场占主导地位。哈耶克在他的著作中认为：中央规划（central planning）（虽然不是全部）是危险的、无效的，它干预了市场，减少了个人自由，动摇了在国家机器中建立谨慎法律原则的基础；市场的相互作用导致自然的秩序，使社会分层，规划师不能希望自己去复制社会，因为他们只知道社会的很少一部分；政府和国家干预应该在有限的范围之内，如法律、基础设施和国防等。按照新右翼的观点，规划应该只在地方层面（local level）开展，市场规划是所有决策的最好基础。保守的新右翼的核心是强调强势政府的作用。由于战后西方城市中出现了诸如犯罪、没有秩序、破坏公共财物等现象，保守的新右翼认为只有通过强势政府才能维持秩序。

实用主义理论（pragmatism）：实用主义是20世纪80年代后期的一种规划思潮。其代表人物是第威（Dewey，J）和罗迪（Rorty，R）。它强调在特定的条件和形势下对特殊问题的直接解决。这一思潮主要在美国盛行。20年间实用主义有了不少的发展。霍奇（charles Hoch）对实用主义的规划作了比较完整的概括。他认为：在实践中经验是比理论更好的仲裁者；实践中来的答案面对真正的问题；实践的方法要通过社会共识和民主的手段来实现。因此，规划要立足于沟通，规划师扮演的是看门人（gatekeeper）的角色，应该从多种可能性中去选择。

规划师作为倡导者的理论（planners as Advocater）：该理论源于 20 世纪 70 年代，代表人物是丹尼斯（Dannis，N）、戴维多夫（Davidoff，p）。其主要的观点是倡导规划师的非中立性思想。主张规划师应该作为政府利益、集团利益、组织利益或政策可能影响到的社区个人利益的代表，参与到政治进程中去，他认为规划师这样的角色能够使公众在民主进程中发挥真正的作用。有学者认为倡导性规划的核心是多元主义。权力的分散使政策在制定过程中，通过其不同的部门改变着原有的意义，政治的决策在执行过程中，也在不同的执行部门中不断地改变着意义，在多元主义的系统里，所有的参与者在不确定性的讨价还价之中，又会回到系统之中。

后现代主义规划理论（postmodern planning）：产生于 20 世纪 80 年代中期，代表人物是桑德库克（Sandercock，L）等人。后现代理论在今天的引起关注与信息社会的出现有很大的关系。韦伯斯特（Webster）对信息社会作了五点定义：一是技术的，计算机技术渗透到社会的各个角落，影响着社会的变化；二是经济的，信息经济既涉及信息技术制造业，也涉及信息技术的运用对 GDP 增长的贡献；三是职业变化的，信息社会里大量的职业从制造业转向服务业；四是空间变化的，信息网络的发展使原来分散的地区相互联系，导致"时空的压缩"；五是文化的，通过电视、PC 电脑、个人通信等各种媒体带来大量的、高质量的信息，预示着信息社会的真正出现。后现代的规划，桑德库克定义出新的五项原则：一是社会公正与市场效果同等重要；二是不同性质的政治团体对一个问题的界定要通过不同政治团体之间的讨论达成共识；三是建立包容性的道德观；四是社区的理想；五是从公共利益走向市民文化，公共利益应该走向更加多元和更加开放的"市民文化"。

协作式规划理论（collaborative planning）：代表人物是哈贝马斯（Habermas，J）和福柯（Foucault）等人。主要观点是将规划看作沟通（communicative）和协作（collaborative）的过程。该理论有现代主义理性的部分回归。戴泽克（Dryzek）认为抛开利益集团的羁绊，提供一个"真实的公共氛围"，人们是能够就某些共同利益的问题进行客观的讨论和达成广泛的共识，典型如绿色和平组织、生态组织、反核组织、民权组织等。他认为沟通理性完全能够为政治组织激发出一整套的程序出来。作为沟通式的规划，福瑞斯特（Forester）提出了一套规划师的工作方法：培育社会联系交流的网络；特别注意没有组织做依托者的利益；教育公民和社区组织；提高规划师自身与其他团体共同工作的技能；鼓励独立的、对以社区为基础项目的反思等等。总之，协作式规划既是对工具理性主义所认为的真理绝对性的否定，也是对后现代等反对事物存在客观理性的否定。

5.3.2 从制定蓝图到空间治理的政策工具

通过前面的归纳和分析，我们可以看出，尽管现代规划理论五花八门，门派纷呈，但它们的主要思想基本围绕理性、综合、国家干预、市场规律、广泛沟通这些概念展开。虽然空间规划的不同层次对规划的要求不完全一样，但规划的核心内容终究是对空间的管理与引导。从最本原的规划概念来说，霍华德的"田园城市"理论就是对城镇空间一种归于理性的空间安排，只是这种安排更加强调居民的自治，强调在这一空间当中人类的自由。

从对若干规划的定义来分析，我们也能体会规划的意义与作用[①]：

（1）"规划作为一项普遍活动是指编制一个有条理的行动顺序，使预定目标得以实现"（Hall，1975）；

（2）"规划是拟定一套决策以决定未来行动，即指导以最佳的方法来实现目标，而且从其结果学习新的各种可能系列决定及新追求目标过程"（Dror，1963）；

（3）"规划本质上是一种有组织的、有意识的和连续的尝试，以选择最佳的方法来达到特定的目标"（waterston，1965）；

（4）"规划是将人类知识合理地运用至达到决策的过程中，这些决策将作为人类行动的基础"（转引自 waterston，1965）；

（5）"规划是通过民主机制集体决定的努力，以作出有关未来趋势集中的、综合的和长期的预测……提出并执行协调的政策体系，这些政策设计得具有连接预见的趋势和实现理想的作用，预先阐述确实的目标"（Myrdal，转引自Bracker，1981）。

从这些不同的定义中，我们可以看出对人类行动的"理性安排"是规划的根本所在，否则市场可以决定一切。在不同的经济体制下，规划的作用有很大的不同：计划经济体制下，空间发展完全成为计划的延续和具体化，民主的、多元的协调作用未能得到充分体现。市场经济体制下，市场起到对资源配置的基础性作用，政府是干预社会的机构，起到维护全社会利益的作用，弥补市场的缺失部分。政府的干预通过政策等方式来实现，而规划本身就是一种体现政策的工具（郭彦弘，1992）。所以，不管在定义上或方法论上有多少种不同的论点，归根结底，规划的作用就在于将人类的知识合理地运用到决策的过程中，这些决策将作为人类行动的基础。随着社会的发展和全球化进程的加快，既认识市场在全球化时代的客观规律，也发挥政府的宏观调控作用，弥补市场

[①] 此部分参照：孙施文. 城市规划哲学. 北京：中国建筑工业出版社，1997.

的不完备之处，是建立我国城市规划理论的基本前提。

5.4　对我国国家空间规划作用的认识

5.4.1　国家发展目标的要求

市场经济体制下，我国国家空间规划的意义与作用是一个值得深思的理论问题。这一命题涉及两个重要的前提：一是市场经济体制下，国家干预是否需要？二是国家空间规划能否起到促进国家发展的作用？前一问题在前面的理论分析中已经有了肯定的答复，后一个问题在国际比较分析中有了初步的答案。但在我国的现代化进程中，国家规划的作用能否实现，必须看其是否紧紧围绕国家发展的核心目标。

从我国目前的发展现状和大政方针的取向来看，突破资源瓶颈、实现均衡发展是当前和今后相当长时间里要坚持的战略。从资源条件来看，我国人均资源占有量远低于世界平均水平。如人均占有的土地、淡水、林地、牧草地、矿产和海洋资源仅分别为世界人均水平的 33%、27%、14%、50%、58% 和 25%。人均占有的煤炭、石油、天然气、水能资源分别为世界人均水平的 70%、10%、4% 和 63%。因此，如何在国家层面通过空间规划充分体现节地、节水、节能的目标就成为规划的重要内容。同时，如何解决过去 40 多年发展中存在的不平衡问题也成为国家空间规划的重点内容之一。

党的十八大以来，中央将发展中存在的不平衡问题作为新时期我国的主要矛盾和问题，并不断完善对这一问题的理解和认识。党的十九大提出"新时代我国社会主要矛盾是人民日益增长的美好生活需要和不平衡不充分的发展之间的矛盾"。针对发展不平衡问题，中央提出"完善国家战略规划体系和政策统筹协调机制。构建国家战略制定和实施机制，加强国家重大战略深度融合，增强国家战略宏观引导、统筹协调功能。""完善实施区域协调发展战略机制。构建优势互补的区域经济布局和国土空间体系。"这就说明解决发展中存在的不平衡问题的国家空间规划不是一个城镇发展的空间策略，而是一个国家战略的具体实施计划。其控制、引导、协调、优化、保障机制等手段是其发挥宏观调控作用的重要方面。

5.4.2　"国家空间规划论"的理论核心

综合上述分析，国土空间首先是具有多重属性的空间，主要涉及经济、社会和生态属性。国家空间规划作为一个涉及资源环境、人口、产业、制度等多方面要素的复杂问题，其关键就是要平衡"促进发展"与"资源约束"之间的关系，既需要从落实国家战略层面、促进经济社会发展角度来研究，也需要基于城镇的可持续发展目标，满足自然资源保护和合理开发的要求，以实现国土空间发展的整体最优。

作为城镇化的后发国家，改革开放以来，我国以短短40年的时间走完了西方国家200年的城镇化进程，实现了全球最大规模的城镇化。城镇化率由1978年的17.9%增长到2020年的63.9%，城市建设用地由1990年的1.16万平方公里增长到2020年的5.86万平方公里。这一高度时空压缩的过程在促进经济社会快速发展的同时，也带来了生态环境破坏、风险隐患突出、文化特色消退等问题，究其根源是城镇布局一味追求经济发展而忽视自然和文化，与中国不同地区差异化的自然本底、文化特色不匹配。因此，针对中国地理多元、自然本底和文化特色差异显著的复杂国情，如何统筹发展与安全的关系，实现城镇布局与自然本底、文化特色的"适配"，是国家和区域空间规划需要解决的重大科学问题。为此，作者在前述城镇空间发展研究的基础上，立足于人居环境科学理论提出了以城镇与自然、文化"精准适配"为核心思想的规划理论方法。"精准适配"是指从国家和区域的宏观尺度，统筹城镇与自然、文化的关系，实现城镇布局与差异化、动态性的区域自然环境、文化特色和经济社会发展状况的精准、理性、动态适配。主要包括以下理论内涵：

首先，以生态安全为前提、开展空间资源的层次分析的基础上，将三个层次的空间资源进一步梳理归纳为自然环境的"生态安全层"以及城镇建设的"人居生活层"和"基础设施层"。生态安全层是以自然生态要素为基础的空间资源，是人居环境的基础；基础设施层是以交通为核心的基础设施网络，是空间的骨架；人居生活层是不同类别、不同层次的人类聚居点，是人类生活的核心。

其次，从生态宜居的维度阐释了这三个层次的空间机理，即以"生态安全层"作为空间资源分析的核心和城镇布局的基础，通过定量分析区域空间资源的承载能力，结合人口流动趋势和产业发展分析，多方面综合研判城镇空间的发展趋势，构建与自然环境相适应的城镇空间格局和基础设施网络，实现城镇布局与自然环境的耦合。

最后，面对中国区域空间多元化、差异化的复杂特征以及气候变化加剧等因素带来的动态变化，对规划构建的城镇空间格局，应持续开展监测评估和不断调整优化，这是保障国土空间长久安全和可持续发展的有效手段。因此，作者进一步提出了"精准分析－适应布局－动态评估"的全周期的区域空间研究方法框架，为不同地区构建与差异化、动态性自然环境相适应的城镇空间格局，实现城镇化的可持续发展提供重要支撑。

5.4.3　近年来"国家空间规划论"的内涵拓展

近年来，随着我国城镇化进程的不断推进，全球气候变化的不断加剧，国家、区域和城市发展所面临问题的不断变化，作者提出的"国家空间规划论"的理论内涵也在不断拓展。

在我国 40 年的城镇化历程中，前 30 年是城镇化快速发展的阶段，在资源环境约束总体偏紧的条件下，平衡快速发展的需求与可持续发展的目标是这一阶段空间规划需要解决的核心问题。因此，这一时期"国家空间规划论"强调以生态优先为前提，开展以自然生态要素为主的空间资源分析和构建适应性的城镇空间格局。

近 10 年来，随着城镇化进入快速发展的中后期以及全球气候变化加剧引发的自然灾害频发，在中国城市高密度、高强度主导的开发建设模式下，前 30 年规划建设累积的安全问题集中爆发，暴露出我国的区域和城市在应对灾害风险上存在着严重的短板，人居环境的安全性正在面临严峻的挑战。因此，"国家空间规划论"进一步向关注安全问题拓展，通过开展区域安全风险分析，识别不同区域的自然灾害类型和危险性，进一步优化与不同地区差异化自然灾害类型相适应的全国城镇空间格局。

此外，在关注生态和安全等自然环境要素的基础之上，美丽的特色景观风貌、浓厚的地域文化是构成美好人居环境不可或缺的部分，也是国土空间高质量发展的重要内容。因此，结合实践项目，"国家空间规划论"提出从文化的角度，对区域开展文化空间资源分析，并构建与差异性文化特色相适应的城镇空间格局和文化空间体系。

至此，"国家空间规划论"以城镇与自然文化"精准适配"为核心思想，从生态、安全的自然环境维度和文化特色维度，形成了"精准分析–适应布局–动态评估"的全周期的理论方法框架，为国家和区域空间规划技术体系的构建奠定了理论基础（图 5–1）。

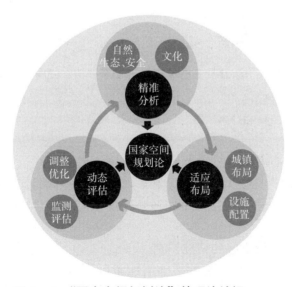

图 5–1　"国家空间规划论"的理论认识

5.5 国家空间规划论下的空间规划技术体系

基于"国家空间规划论"的理论认识，形成"精准分析－适应布局－动态评估"的全周期的国家和区域空间规划技术体系（图 5－2）。综合应用多种工具和方法，促进大数据、信息化与规划技术的高效融合，建立更加综合的空间分析和优化推演模型，为区域空间优化提供新的工具手段。

"精准分析"不仅是对现状情况的静态分析，还应包括多情景的动态分析和预判。"适应布局"不仅是终极目标下的发展蓝图，而是基于多元目标情景下的多方案模拟。"动态评估"是指对区域空间的发展状况进行动态监测评估和调整优化。

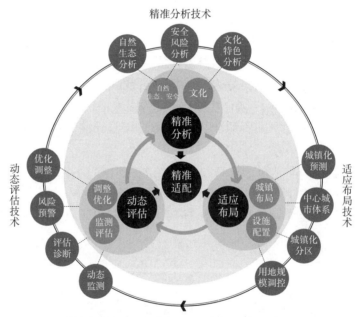

图 5－2 "精准分析－适应布局－动态评估"空间规划技术体系

5.5.1 精准分析技术

"精准分析"是指从自然生态、安全风险、文化特色等维度出发，通过分别构建多因子评价指标模型，对国家和区域空间的各资源要素开展差异化、针对性的分析，精准识别国土空间中的适宜建设空间、安全风险类型和文化特色空间。

5.5.1.1 适宜建设空间的精准识别

从自然生态维度出发，通过基础用地条件评价、人居环境因子校核、安全风险因子校核、资源承载能力校核四个环节，对城镇的适宜建设条件进行综合评价（图 5 - 3）。评价方法包括静态的适宜性分析法与动态的空间拓展模拟法，通过静态分析和动态模拟相结合，精准识别国土空间中的"宜居"和"非宜居"空间。

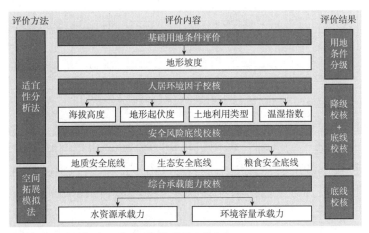

图 5 - 3　适宜建设空间的精准识别流程

1. 基础用地条件评价

利用全域 DEM 计算地形坡度，按照 ≤ 3°、3 ~ 8°、8 ~ 15°、15 ~ 25°、> 25°[①] 的坡度分级，将城镇建设的基础用地条件划分为适宜、较适宜、一般适宜、较不适宜、不适宜。目前全域 DEM 数据的分辨率可达到米级，面向不同尺度的评价精度要求可选取不同分辨率的数据进行建模。

2. 人居环境因子校核

考虑自然环境条件对人类生产生活的影响，对地形起伏度、土地利用类型、海拔高度、温湿指数等人居环境因子进行校核。校核方法包括降级校核和底线校核两种。对于区域自然环境条件对人类生产生活存在影响的，按照影响程度对识别空间的适宜性进行降级校核；对区域自然环境条件不适宜人类生产生活的，按照底线校核直接将识别的空间定级为不适宜。

3. 安全风险因子校核

对城镇发展具有潜在风险隐患的安全底线空间进行识别，包括对城镇建设具有重大风险的地质安全底线识别、对区域可持续发展具有重大风险的生态安全底线识别以及对国家发展具有重大风险的粮食安全底线识别（表 5-1）。

---

① 参考《土地利用现状调查技术规程》《城市用地竖向规划规范》CJJ 83—99 等相关标准规范对城镇建设适宜坡度的规定，根据中国城镇建设的基本情况，综合确定城镇适宜建设的坡度等级划分。

安全风险底线识别 表 5 – 1

因子名称	风险校核			底线校核
	无影响	降 1 级	降 2 级	降为不适宜
地质安全底线	其他	地质灾害①危险性评级为较高风险	地质灾害危险性评级为高风险	地质灾害危险性评级为极高风险
生态安全底线	其他	—	—	生态系统服务极重要区、生态极敏感区
粮食安全底线	其他	—	—	基本农田

4. 综合承载力校核

以上述评价结果为基础，利用最小阻力模型等动态空间拓展模型对区域在不同拓展情景下的综合承载能力进行模拟校核，帮助识别区域空间拓展的上限。模拟校核的主要对象包括水资源承载力、环境容量承载力等。

基于以上环节，最终形成全国各区县适宜开发强度的评价结果。以区县为基本单元，按照适宜开发面积占区县总面积的比例，根据结果的分布，按照自然断点法分级，分为"≤ 5%""5% ~ 20%""20% ~ 40%""40% ~ 60%"和"> 60%"五个等级。

5.5.1.2　安全风险类型的精准识别

从安全风险的维度出发，通过单灾种风险评价、灾害链识别与判断、灾害类型分区三个环节，对不同地区的安全风险类型进行识别，精准识别国土空间中的"安全"和"不安全"空间。

1. 单灾种风险评价

从致灾因子危险性以及承灾体易损性两个维度，对暴雨、洪水、地震、滑坡、泥石流、台风、风暴潮、冰雹、雪灾、高温、低温、地面沉降等重要灾害类型开展单灾种风险评价。致灾因子危险性评价是以灾害的活动历史、形成条件、变化规律为基础，结合既往发生频率以及未来趋势判断，对灾害活动程度和危害能力进行评价。承灾体易损性评价是指对系统在回应刺激的时候容易受到伤害的程度进行评价，包括物质易损性和社会易损性两个方面。

2. 灾害链②识别与判断

利用概率分析法，对我国重要灾种的危险性分布进行层次聚类，发现雪灾 – 冰雹 – 低温、暴雨 – 洪水、地震 – 雷雨 – 滑坡具有很强的时空同频特征，是影响我国城市生存与发展的灾害链类型。

---

① 包括地震、滑坡、崩塌、泥石流、沉降等地质灾害。

② 实践表明，许多自然灾害发生之后常常会诱发出一连串的次生灾害的现象，这种现象被称为灾害的连发性或灾害链。从研究方法上，灾害链的识别主要包括基于数据的概率分析法、基于复杂网络的分析方法以及基于遥感实测的分析方法。

3. 灾害类型综合分区

对我国灾害类型分区进行空间聚类分析，共得到三大类九小类分区：以台风、暴雨－洪水为主的水文类灾害要分布于东部地区，以低温－暴雪－冰雹灾害链为主的气象类灾害主要分布于西部、东北地区，以地震、雷雨－滑坡为主的地质类灾害主要分布于西北、西南地区。

5.5.1.3　文化因子的精准识别

从文化特色的维度出发，选取能够体现区域文化景观特色的世界文化遗产、历史文化名城、名镇、名村、街区和传统村落等评价因子，以及能够体现地域人文特色的民族、方言、风俗、建筑风貌等评价因子，基于区域范围内各种文化资源的分布数量和影响力等级判断，构建综合评价指标模型，对区域中不同空间的特色等级进行评价，精准识别国土空间中需要加强保护和管控的文化特色空间，并对区域的文化特性进行识别和归纳。

5.5.2　适应布局技术

适应布局技术是指在精准分析的基础上，结合人口、经济等相关分析，在不同地区因地制宜地构建与自然相适应、又兼顾发展的城镇空间格局。这一过程有两个关键问题需要解决：

一是"城在哪里建"的问题。首先，基于精准分析识别出的适宜建设空间，我们可以明确"哪里适合建"；其次，还要从发展的角度，通过人口、经济等相关分析，确定"人往哪里去"，为构建中心城市体系、新城新区选址提供支撑。

二是"城该怎么建"的问题。基于精准分析识别出的不同地区差异化的自然生态条件和安全风险类型，将全国国土空间划分为若干个城镇化分区，因地制宜地提出不同地区适应性的规划建设模式。

综合以上技术，最终形成覆盖多地区、多尺度、多专业的空间规划知识图谱。

5.5.2.1　城镇化趋势预测

对全国和不同地区的城镇化速度与水平进行预测是判断人口流动趋势、确定"人往哪里去"的关键。

建立城镇化与经济发展水平相关性的非线性模型，结合世界各国城镇化发展的规律特征，对我国城镇化所处阶段和趋势进行综合判断和分析。通过模型回归结果发现，不同国家的城镇化发展水平基本上符合诺瑟姆 S 型曲线，但由于各国显著的个体差异导致 S 曲线的起点不同。我国的城镇化进程与经济发展水平之间的关系也呈现 S 型的曲线变化，但与大多数同等经济发展水平的国家相比，我国相同发展阶段的城镇化绝对水平相对较低，具有迥异于大国一般性的规律特征。

为此，在模型分析中修正体现我国国情、大国特征的"哑变量"参数，建立更趋线性、拐点更平缓的中国城镇化"S"形模型，对我国城镇化中后期（2020年、2030年两个关键节点）的发展速度和趋势作出研判：2020年我国城镇化水平可以达到59%～60%，2030年我国城镇化水平则可以达到68%～70%左右（图5-4）。基于各省的不同特点，采用回归系数不同的面版数据模型，对我国分省域的城镇化速度和水平进行预测。

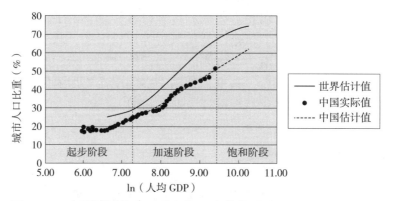

图5-4　中国城镇化实际进程与拟合曲线对比图
资料来源：陈明，王凯.我国城镇化速度和趋势分析——基于面版数据的跨国比较研究[J].城市规划，2013，37（5）：16-21，60.

5.5.2.2　国家中心城市体系构建

国家中心城市是国家空间规划中城镇空间体系的核心城市，构建国家中心城市体系、确定"城在哪里建"，是国家空间规划中城镇空间布局的重要内容。

1. 国家中心城市的特征和内涵

国家中心城市具有在全国层次的中心性和一定范围的国际性两大基本特征。全球化背景下的国家中心城市的中心性体现为全国层面的市场中心与网络中心职能，国际性体现在国际门户、创新中心等方面。近十年来，全球气候变化、科技创新浪潮等因素推动全球化进入了新的调整时期，国家中心城市的内涵进一步拓展，一方面是体现出中心性与国际性的高度融合，在国际对外链接和国内网络组织方面起到纽带作用；另一方面，作为人口大国，新的国家中心城市应兼顾国土均衡及安全支撑，统筹安全与发展。

2. 国家中心城市体系的构建

基于国家中心城市的内涵，按照规模型指标及标准、网络型指标及标准和成长潜力型指标及标准来构建中心城市的测度指标体系（表5-2、表5-3、表5-4）。规模型指标包括国际联通度与国际交往、区域性公共服务能力、创新能力与创新环境、对内对外交通组织与服务、安全保障与应急响应等五个方面。成为国家中心城市的必要条件为达到标准阈值的指标数不低于规模型指标总数的80%。

国家中心城市的规模型指标及标准　　　　　表 5 - 2

指标维度	具体指标	标准阈值
国际联通度与国际交往 （5 项）	使领馆数量（个）	≥ 10
	国际组织总部 / 代表处数量（个）	≥ 5
	世界五百强企业总部与分支机构数量（个）	≥ 120
	国际文化体育展览演出赛事场次（次）	≥ 50
	货物及服务进出口总额 GDP 占比（%）	≥ 15
区域性公共服务能力 （4 项）	三等甲级医院数量（含大型医疗中心、救援中心）（个）	≥ 20
	985 和 211 大学数量（个）	≥ 10
	大型文化体育建筑数量（个，限定规模）	≥ 10
	政府信息公开数量（PB）	≥ 10
创新能力与创新环境 （4 项）	万人国家级高新技术企业数量（个 / 万人）	≥ 5
	万人发明专利拥有量（件 / 万人）	≥ 60
	国家实验室和国家重点实验室数量（个）	≥ 10
	全社会 R&D 支出占 GDP 比重（%）	≥ 2.8
对内对外交通组织 与服务（4 项）	机场国际航线数量（个）	≥ 20
	国内城市机场通航城市数量（个）	≥ 50
	航空货邮吞吐量（万吨）	≥ 200
	高铁（时速 ≥ 200 公里）始发通达站点数量（座）	≥ 200
安全保障与应急响应 （1 项）	应急物资储备库储备规模（亿元）	√

资料来源：王凯等 . 2021 年城市体检专题研究报告《国家与区域中心城市测评指标研究》。

网络型指标分为对外链接和国内网络两个方面。成为国家中心城市的必要条件为达到标准阈值的指标数不低于网络型指标总数的 85%。

国家中心城市的网络型指标及标准　　　　　表 5 - 3

指标维度	指标项	具体指标	测评标准（排序）
对外链接 （3 项）	全球创新网络	包括创新主体、创新知识、创新服务等	全球城市排名 100 名以内
	全球生产与服务网络	包括全球生产网络、全球服务网络	全球城市排名 30 名以内
	全球设施联通网络	包括航空、洲际铁路、航运等全球网络	全球城市排名 30 名以内
国内网络 （4 项）	国内创新网络	包括科技成果向外转化、科技论文引用等	国内城市排名 20 名以内
	国内生产与服务网络	包括国内生产与服务的投资网络等	国内城市排名 10 名以内
		包括物流联系网络等	国内城市排名 20 名以内
	客运交通运输网络	包括高铁、航空为主的客运服务网络	国内城市排名 20 名以内
	信息网络	包括各类信息的策源、信息服务等	国内城市排名 10 名以内

资料来源：王凯等，2021 年城市体检专题研究报告《国家与区域中心城市测评指标研究》。

成长潜力指标分为市场潜力、保障能力、企业活力、创新动力四个方面。

国家中心城市的成长潜力型指标及标准　　　　　　　　　　表 5 - 4

指标维度	具体指标	测评方法
市场潜力（1 项）	人口规模	运用熵值法确定各指标权重，构建城市经济发展潜力评价模型，计算各城市经济发展潜力综合得分，并划分为"高潜力城市—中潜力城市—低潜力城市"三个等级，其中： 高潜力城市：综合潜力评分 ≥0.5； 中潜力城市：综合潜力评分 ≥0.2 且 < 0.5； 低潜力城市：综合潜力评分 < 0.2。
保障能力（1 项）	全社会固定资产投资	
企业活力（2 项）	IPO 企业数量	
	专精特新企业	
创新动力（3 项）	产业集群数量	
	大专及以上受教育水平人口	
	产业多样性	

资料来源：王凯等，2021 年城市体检专题研究报告《国家与区域中心城市测评指标研究》。

5.5.2.3　城镇化分区划定

1. 基于精准分析划定城镇化分区

划定城镇化分区，并提出不同地区差异化的建设模式，是国家空间规划的核心内容之一。第 4 章我国城镇空间发展研究的技术框架中提出的城镇化政策分区是以经济区为基础组织地域经济活动，落实国家区域发展战略和城镇化的政策要求，促进和带动国家社会经济全面发展。而本节的城镇化分区，是在前文政策分区的基础上，基于精准分析识别的空间资源底盘而划定的城镇化建设分区，是国家空间规划指导地方具体规划建设的重要工具和手段。基于精准分析识别的不同地区的自然生态和安全风险的基础条件，结合城镇化趋势预测、国家中心城市识别和人口密度分布等人口和经济相关分析，将全国国土空间划分为若干个城镇化分区，分区层级包括一级分区和二级分区。一级分区体现的是我国不同自然地理条件下城镇化发展和人口分布的总体差异性特征，包括不适宜建设的生态敏感脆弱地区、城镇化重点地区、人口密度较高的平原地区、人口密度较低的平原地区、人口密度较高的山地丘陵地区和人口密度较低的山地丘陵地区等六个一级分区。二级分区是在一级分区的基础上，体现出不同地区安全风险类型和资源环境承载力的差异性（表 5 - 5、图 5 - 5）。

全国城镇化分区列表　　　　　　　　　　　　　　　　　表 5 - 5

	一级分区	说明	二级分区	风险度	灾害类型说明
1	不适宜建设的生态敏感脆弱地区	多位于高原等生态敏感脆弱地区，人口密度低	1-a	中	多为雪灾高低温灾害链中高风险，部分地区为雪灾高低温、地震暴雨滑坡两类灾害链高风险
			1-b	中低	大部分为非灾害高风险区，部分为地震暴雨滑坡灾害链中高风险
			1-c	中低	大部分为非灾害高风险区，部分为雪灾高低温灾害链中高风险

续表

	一级分区	说明	二级分区	风险度	灾害类型说明
2	城镇化重点地区（重要城市群、都市圈、中心城市）	多位于重要城市群、都市圈和中心城市，人口密度高	2-a	高	多为三类灾害链高风险区，部分为台风降水洪水、雪灾高低温两类灾害链高风险区，水资源紧缺
			2-b	高	多为地震暴雨滑坡、台风降水洪水两类灾害链高风险，部分为三类灾害链高风险，北方地区水资源紧缺
			2-c	中高	多为台风降水洪水、雪灾高低温两类高风险或台风降水洪水灾害链中高风险，水资源紧缺
			2-d	中	多为雪灾高低温灾害链中高风险，部分地震暴雨滑坡、雪灾高低温两类灾害链高风险区，水资源较为紧缺
			2-e	中低	非高风险，部分为地震暴雨滑坡灾害链中高风险，水资源紧缺（西宁、拉萨除外）
3	人口密度较高的平原地区	平原地区或平缓高原地区，人口密度较高	3-a	高	多为三类灾害链高风险，水资源紧缺
			3-b	中高	多为地震暴雨滑坡、台风降水洪水两类灾害链高风险，水资源紧缺
			3-c	中高	多为台风降水洪水、雪灾高低温两类灾害链高风险或雪灾中高风险地区，水资源紧缺
			3-d	低	非高风险区，部分地区为地震暴雨滑坡中高风险，水资源相对紧张
4	人口密度较低的平原地区	平原地区或平缓高原地区，人口密度较低	4-a	中	多为雪灾高低温中高风险
			4-b	低	非灾害高风险区
5	人口密度较高的山地丘陵地区	山地丘陵地区，人口密度较高	5-a	中高	多为地震暴雨滑坡、台风降水洪水两类灾害链高风险，部分为三类灾害链高风险，生态较为敏感脆弱，水资源紧缺
			5-b	中高	台风降水洪水、雪灾高低温两类高风险，水资源紧缺
			5-c	中	台风降水洪水中高风险或台风降水洪水、雪灾高低温两类高风险，生态敏感脆弱
			5-d	中	地震暴雨滑坡中高风险，水资源紧缺，生态敏感脆弱
6	人口密度较低的山地丘陵地区	山地丘陵地区，人口密度较低	6-a	中高	多为地震暴雨滑坡、台风降水洪水两类灾害链高风险或台风降水洪水中高风险，部分为三类灾害链高风险，生态较为敏感脆弱
			6-b	中高	多为地震暴雨滑坡、雪灾高低温两类灾害链高风险，水资源紧缺
			6-c	中	雪灾高低温中高风险，生态敏感脆弱
			6-d	中低	大部分为非高风险区、部分为地震暴雨滑坡中高风险，生态较为敏感脆弱，北方水资源相对紧缺

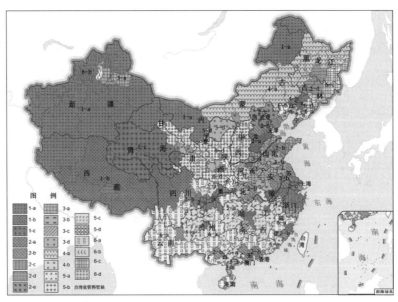

图 5 - 5　全国城镇化分区图

2. 提出适应性的城镇建设模式

在划定城镇化分区的基础上，根据不同地区的自然环境条件、安全风险类型差异，因地制宜地提出差异化、适应性的城镇建设模式。如对于地震、滑坡、泥石流等地质灾害高发的山地丘陵地区，应避免大规模集中的城镇建设，采用与地形和地质条件相适应的组团布局模式；并为了应对地震灾害加强对建筑密度强度的管控，以及提出合理的建筑和工程设施的抗震设防标准和建设技术。值得注意的是，在全球气候变化加剧的背景之下，应特别关注城镇化重点地区以及高寒、高热、高海拔等气候条件较为极端的城镇化特殊地区。城镇化重点地区的高强度密度开发问题，以及公共卫生和人为事故带来的巨大损失是世界性难题。因此，规划行业需要系统探索基于安全问题的区域—城市—街区的适应性对策。城镇化特殊地区是国家的安全战略地区，需要因地制宜制定安全建设的适应规划技术。如高海拔地区需要科学选址布局，加强用地适宜性分析、生态敏感分析、低冲击规划建设技术研究；高寒地区的科学试验基地也需要立足场地，构建安全保障生活圈；高湿热地区，如我国的南海，应根据岛礁空间距离和特殊交通方式，构建区域性联动的服务保障体系，并在基地建设方面充分考虑湿热影响。

5.5.2.4　空间规划知识图谱

结合多年研究和规划实践，提炼出应对不同地区差异化建设模式的适应性知识图谱（图 5 - 6），指导不同地区的规划建设。需要指出的是，精准分析与适应布局技术不仅仅用于国家和区域等宏观尺度的空间规划，在城市（城区）、街区、建筑和工程设施等不同尺度的规划建设技术方法上也能发挥重要作用。如基于对区域安全风险的识别，分析确定城市的开发强度和建设规模、基础设

国家空间规划论	区域精准分析			适应性规划建设技术																	
				国家			区域						城市（城区）					街区和建筑			
理论维度	分析维度	要素	因子	城市体系和空间格局	城镇化分区和城镇建设模式	重大工程设施	新城新区选址	用地规模调控	城市体系与空间结构布局	公共服务设施配置	基础设施配置	空间用途管制	用地规模管控	空间结构布局	公共服务设施配置	基础设施配置	密度强度管控	建筑风貌管控	建筑组群布局	建筑舒适性与节能建设技术	工程建设技术
自然生态	人居环境适宜性评价	自然地理条件	高程	高海拔地区不适宜作为城镇化重点地区（重要城市群、都市圈、中心城市）	高海拔地区不适宜作为城镇化重点地区，避免大规模城镇建设	连通高海拔地区的国家级交通廊道和交通设施规划	高海拔地区不适宜建设新城新区	高海拔地区不适宜大规模建设	高海拔地区不适宜作为城镇化重点地区	—	连通高海拔地区的区域交通廊道和交通设施规划	基于海拔高度的差异化空间用途管制	高海拔地区不适宜大规模建设	高海拔地区不适宜作为城市重点建设地区	—	连通高海拔地区的城市交通规划布局	高海拔地区避免大规模高层建筑建设	与高海拔自然环境相协调的建筑风貌	应对高海拔风热环境的建筑组群布局	高海拔地区气候适应性的建筑舒适性建设技术	高海拔地区气候适应性的工程建设技术
			地形	坡度大的地区不适宜作为城镇化重点地区	坡度大的地区不适宜作为城镇建设地区，其他山地丘陵地区宜采用分散组团的建设模式	—	坡度大的地区不适宜建设新城新区	坡度大的地区不适宜大规模建设	坡度大的地区不适宜作为城镇化重点地区，宜采取分散组团空间结构	—	适应地形条件的区域交通廊道和交通设施规划	基于地形坡度的差异化空间用途管制	坡度高的地区不适宜大规模建设	坡度大的地区不适宜作为城市重点建设地区；适应地形条件的用地布局	—	适应地形条件的城市道路交通规划布局	基于山地地质条件的建筑高度管控；与山体相协调的建筑高度和天际线管控	与山体环境相协调的建筑风貌	适应山地地形条件的建筑组群布局	—	山地建筑和工程建设技术
			地貌	大起伏山地、沙丘等不适宜作为城镇化重点地区	大起伏山地、沙丘等不适宜作为城镇建设地区	—	大起伏山地、沙丘等不适宜建设新城新区	大起伏山地、沙丘等不适宜作为建设用地	大起伏山地、沙丘等不适宜作为城镇化重点地区	—	—	基于地貌的差异化空间用途管制	大起伏山地、沙丘等不适宜作为建设用地	大起伏山地、沙丘等不适宜作为建设用地	—	—	—	—	—	—	特殊地貌地区的建筑和工程建设技术
			土地利用类型	沙地、戈壁、盐碱地等不适宜作为城镇化重点地区	沙地、戈壁、盐碱地等不适宜作为城镇建设地区	—	沙地、戈壁、盐碱地等不适宜建设新城新区	沙地、戈壁、盐碱地等不适宜作为建设用地	沙地、戈壁、盐碱地等不适宜作为城镇化重点地区	—	—	基于土地利用类型的差异化空间用途管制	沙地、戈壁、盐碱地等不适宜作为建设用地	沙地、戈壁、盐碱地等不适宜作为建设用地	—	—	—	—	—	—	特殊地区的建筑和工程建设技术
			气候	气候较为极端地区不适宜作为城镇化重点地区	气候较为极端地区不适宜作为城镇化重点地区，避免大规模城市建设	应对不同气候的国家级能源基础设施规划布局；基于光能、风能、热能等资源条件的国家清洁能源设施建设	气候较为极端地区不适宜大规模建设	基于建筑气候分区的用地规模管控	—	—	应对不同气候的区域能源基础设施规划布局；基于光能、风能、热能等资源条件的清洁能源设施建设	—	基于建筑气候分区的用地规模管控	通风廊道、防护隔离绿带的规划布局	—	应对不同气候的城市能源基础设施规划布局；基于风、热等资源条件的清洁能源设施建设	基于日照间距的密度高度管控	气候适应性的建筑形式	基于风热环境优化的建筑组群布局	气候适应性的建设技术	气候极端地区的工程建设技术
			水资源	—	水资源短缺地区应合理调控城市人口和用地规模	基于不同地区水资源条件的国家级水利工程规划建设；基于水资源条件的国家水力发电设施建设	—	基于水资源约束的人口和用地规模管控	—	—	区域水利工程设施规划布局；基于水资源条件的区域水力发电设施建设	—	基于水资源约束的人口和用地规模管控	—	—	城市供水基础设施规划布局；基于水资源条件的城市水力发电设施建设	—	—	—	—	水利工程建设技术
		生态环境条件	生态系统功能重要性	生态系统功能重要地区不适宜作为城镇化重点地区	生态系统功能重要地区不适宜作为城镇化重点地区，宜作为生态功能地区	—	生态系统功能重要地区不适宜建设新城新区	生态系统功能重要地区不适宜大规模建设	生态系统功能重要地区不适宜作为城镇化重点地区	—	—	生态系统功能极重要地区作为禁止建设区	生态系统功能重要地区不适宜建设	生态系统功能重要地区不适宜作为城市重点建设地区	—	—	—	—	—	—	—
			生态系统脆弱性	生态系统功能脆弱地区不适宜作为城镇化重点地区	生态系统功能脆弱地区不适宜作为城镇化重点地区，宜作为生态功能地区	生态脆弱地区的重大流域治理和生态修复工程	生态系统功能脆弱地区不适宜建设新城新区	生态系统功能脆弱地区不适宜大规模建设	生态系统功能脆弱地区不适宜作为城镇化重点地区	—	区域中生态脆弱地区的综合治理和生态修复工程	生态系统功能极脆弱地区作为禁止建设区	生态系统功能脆弱地区不适宜建设	生态系统功能脆弱地区不适宜作为城市重点建设地区	—	城市中生态脆弱地区的综合治理和生态修复工程	—	—	—	—	生态修复、水体治理等工程技术
安全风险	人居环境安全性评价	地质灾害	地震	地震断裂带、高危险地区不适宜建设城镇	地震断裂带、高危险地区不适宜作为城镇建设地区，中高风险地区不宜大规模高强度建设	国家级重大应急救援中心、医学中心、备灾中心、备灾仓库规划建设	地震断裂带、高危险地区不适宜建设新城新区	地震断裂带、高危险地区不适宜作为建设用地	地震断裂带、高危险地区不适宜作为建设用地	区域应急救援中心、应急医疗卫生设施规划	区域生命线工程、应急避难场所、救援通道、备灾中心和备灾仓库的规划建设	基于地震危险性识别的差异化空间用途管制	地震断裂带、高危险地区不适宜作为建设用地	用地布局避让地震断裂带、高危险地区	城市应急救援中心、应急医疗卫生设施规划	城市生命线工程、应急避难场所、救援通道、备灾中心和备灾仓库的规划建设	基于地震风险识别的建筑高度管控	—	—	—	基于地震风险识别的建筑和工程的抗震设防标准和建设技术
			滑坡	高危险地区不适宜建设城镇	高危险地区不适宜作为城镇化重点地区	国家级重大应急救援中心、医学中心、备灾中心、备灾仓库规划建设	高危险地区不适宜建设新城新区	高危险地区不适宜建设作为建设用地	高危险地区不适宜建设作为建设用地	区域应急救援中心、应急医疗卫生设施规划	区域生命线工程、应急避难场所、救援通道、备灾中心和备灾仓库的规划建设	基于滑坡危险性识别的差异化空间用途管制	高危险地区不适宜建设作为建设用地	用地布局避让滑坡高危险地区	城市应急救援中心、应急医疗卫生设施规划	城市生命线工程、应急避难场所、救援通道、备灾中心和备灾仓库的规划建设	—	—	—	—	滑坡体治理工程技术
			泥石流	高危险地区不适宜作为城镇化重点地区	高危险地区不适宜作为城镇化重点地区	国家级重大应急救援中心、医学中心、备灾中心、备灾仓库规划建设	高危险地区不适宜建设新城新区	高危险地区不适宜建设作为建设用地	高危险地区不适宜建设作为建设用地	区域应急救援中心、应急医疗卫生设施规划	区域生命线工程、应急避难场所、救援通道、备灾中心和备灾仓库的规划建设	基于泥石流危险性识别的差异化空间用途管制	高危险地区不适宜建设作为建设用地	用地布局避让泥石流高危险地区	城市应急救援中心、应急医疗卫生设施规划	城市生命线工程、应急避难场所、救援通道、备灾中心和备灾仓库的规划建设	—	—	—	—	泥石流沟道建设工程技术
		洪涝灾害	洪水	区域性高危险地区不适宜建设城镇	区域性高危险地区不适宜作为城镇建设地区	国家级重大水利枢纽工程；国家级重大应急救援中心、医学中心、备灾中心、备灾仓库规划建设	高危险地区不适宜建设新城新区	高危险地区不适宜建设	高危险地区不适宜建设作为建设用地	区域应急救援中心、应急医疗卫生设施规划	区域防洪基础设施规划建设；区域生命线工程、应急避难场所、救援通道、备灾中心和备灾仓库的规划建设	基于危险性的差异化空间用途管制	高危险地区不适宜建设	用地布局应避让高危险地区	城市应急救援中心、应急医疗卫生设施规划	城市防洪基础设施规划建设；城市生命线工程、应急避难场所、救援通道、备灾中心和备灾仓库的规划建设	—	—	—	—	防洪基础设施建设标准和建设技术
			内涝	—	—	—	地势低洼地区较不适宜建设新城新区	地势低洼地区较不适宜大规模建设	地势低洼地区较不适宜作为城镇化重点地区	区域应急救援中心、应急医疗卫生设施规划	区域排涝基础设施规划建设；区域生命线工程、应急避难场所、救援通道、备灾中心和备灾仓库的规划建设	基于危险性的差异化空间用途管制	地势低洼地区较不适宜大规模建设	地势低洼地区适宜作为开敞空间、公园绿地	城市应急救援中心、应急医疗卫生设施规划	城市排涝基础设施规划建设；城市生命线工程、应急避难场所、救援通道、备灾中心和备灾仓库的规划建设	—	—	—	—	排涝基础设施的建设标准和建设技术
		气象灾害	台风	—	将台风危险性等级识别作为城镇化分区的依据之一	国家级重大应急救援中心、医学中心、备灾中心、备灾仓库规划建设	—	—	区域防护林规划建设	区域应急救援中心、应急医疗卫生设施规划	区域生命线工程、应急避难场所、救援通道、备灾中心和备灾仓库的规划建设	—	—	城市防护林规划建设	城市应急救援中心、应急医疗卫生设施规划	城市生命线工程、应急避难场所规划建设	—	—	有利于抵御大风的建筑组群布局	—	建筑抗风工程建设技术
			暴雨	—	将暴雨危险性等级识别作为城镇化分区的依据之一	国家级重大应急救援中心、医学中心、备灾中心、备灾仓库规划建设	—	—	—	区域应急救援中心、应急医疗卫生设施规划	区域生命线工程、应急避难场所、救援通道、备灾中心和备灾仓库的规划建设	—	—	—	城市应急救援中心、应急医疗卫生设施规划	城市生命线工程、应急避难场所规划建设	—	—	—	—	应对暴雨的建筑和工程建设技术
			冰雹	—	将冰雹危险性等级识别作为城镇化分区的依据之一	国家级重大应急救援中心、医学中心、备灾中心、备灾仓库规划建设	—	—	—	区域应急救援中心、应急医疗卫生设施规划	区域生命线工程、应急避难场所、救援通道、备灾中心和备灾仓库的规划建设	—	—	—	城市应急救援中心、应急医疗卫生设施规划	城市生命线工程、应急避难场所规划建设	—	—	—	—	应对冰雹的建筑和工程建设技术
			雪灾	—	将雪灾危险性等级识别作为城镇化分区的依据之一	国家级重大应急救援中心、医学中心、备灾中心、备灾仓库规划建设	—	—	—	区域应急救援中心、应急医疗卫生设施规划	区域生命线工程、应急避难场所、救援通道、备灾中心和备灾仓库的规划建设	—	—	—	城市应急救援中心、应急医疗卫生设施规划	城市生命线工程、应急避难场所规划建设	—	—	—	应对寒冷气候的建筑舒适性与节能建设技术	应对雪荷载的建筑和工程建设技术；道路防滑技术
			高温	—	将高温危险性等级识别作为城镇化分区的依据之一	国家级重大应急救援中心、医学中心、备灾中心、备灾仓库规划建设	—	基于建筑气候分区，炎热地区的用地规模管控	区域通风廊道规划布局	区域应急救援中心、应急医疗卫生设施规划	区域生命线工程、应急避难场所、救援通道、备灾中心和备灾仓库的规划建设	—	基于建筑气候分区，炎热地区的用地规模管控	城市通风廊道规划布局	城市应急救援中心、应急医疗卫生设施规划	城市生命线工程、应急避难场所规划建设	有利于改善热环境的建筑高度和密度管控	应对炎热的建筑形式	有利于通风的建筑组群布局	应对炎热气候的建筑舒适性与节能建设技术	耐高温的建筑和工程建设技术
			低温	—	将低温危险性等级识别作为城镇化分区的依据之一	国家级重大应急救援中心、医学中心、备灾中心、备灾仓库规划建设	—	基于建筑气候分区，严寒、寒冷地区的用地规模管控	有利于抵抗寒风的区域空间格局	区域应急救援中心、应急医疗卫生设施规划	区域生命线工程、应急避难场所、救援通道、备灾中心和备灾仓库的规划建设	—	基于建筑气候分区，严寒、寒冷地区的用地规模管控	有利于增加日照、抵抗寒风的用地布局	城市应急救援中心、应急医疗卫生设施规划	城市生命线工程、应急避难场所规划建设	有利于增加日照的建筑高度和密度管控	应对寒冷的建筑形式；温暖、明亮的建筑色彩	有利于增加日照、抵抗寒风的建筑组群布局	应对寒冷气候的建筑舒适性与节能建设技术	耐低温的建筑和工程建设技术
		生物灾害	传染病	—	—	国家级重大应急救援中心、医学中心、备灾中心、备灾仓库规划建设	—	—	—	区域疾控中心、应急救援中心、应急医疗卫生设施规划；平疫结合的公共服务设施体系	区域生命线工程、应急避难场所规划建设	—	—	有利于减少疫情传播的空间结构布局	城市疾控中心、应急救援中心、应急医疗卫生设施规划；平疫结合的公共服务设施体系	城市生命线工程、应急避难场所规划建设	避免过高的建筑高度和密度	—	有利于通风的建筑组群布局	有利于通风的建筑建设技术	有利于减少疫情传播的建筑环境与设备工程技术

图 5－6　空间规划知识图谱

资料来源：王凯，徐辉，周亚杰．“国家空间规划论”要义：精准分析与适应性技术的方法及应用 [J]. 城市规划学刊，2022，（6）：8–17.

施工工程和建筑工程的建设标准和建设技术。因此，该知识图谱的规划和建设技术要点涵盖了从宏观到微观的多个尺度。最终形成从宏观区域视角切入，统领区域规划、城市规划、建筑、工程设施等多尺度、多专业的规划建设技术集成。

5.5.3 动态评估技术

开展实时监测、定期评估、适时调整优化的监测评估技术，是全周期规划体系的重要组成部分，以应对外部变化的不确定性。

5.5.3.1 动态监测

通过梳理多源时空大数据，对国家、区域和城市发展建设的状况进行周期性监测（图 5-7）。监测的指标主要包括：（1）气候环境变化：通过遥感数据重点对影响城市的温度、湿度、降水量等进行监测，目前主流气候监测产品的监测精度可达到 30 弧秒；（2）自然灾害风险：我国重点关注的灾害类型主要包括暴雨、洪水、地震、滑坡、泥石流、台风、风暴潮、冰雹、雪灾、高温、低温、地面沉降等。（3）人口与城镇化发展：除了监测人口、用地、经济等城镇化要素的集聚态势和发展趋势外，还关注对区域间要素流动的监测，如通过手机信令数据实现城市商务流、通勤流和休闲流的监测；（4）国土开发绩效：关注二维用地绩效、三维的建设绩效，多维视角对单位土地上承载的城市功能绩效进行监测。

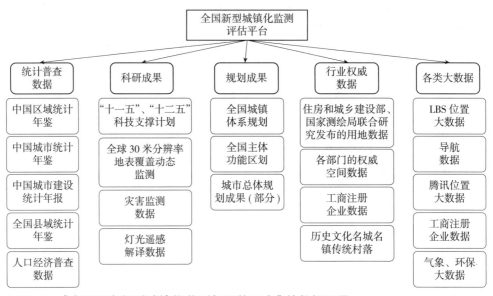

图 5-7 《中国国家新型城镇化监测与评估平台》的数据目录

资料来源：王凯等 . 中国城市规划设计研究院课题《全国城乡规划信息平台研发（2017—2019）》研究报告 .

5.5.3.2　多层级的评估技术体系

按照国家、省级、城市三个层级构建城镇化质量评估指标体系。同时针对不同层级的重点问题开展专项评估，如国家层面的国土开发绩效评估、新城新区绩效评估，省级层面的开发区综合评估等。区域层面通过建立区域空间集约绩效评估模型和区域协调性评估模型，分析区域的用地、人口、经济等不同要素集聚的特征和效率，以及与环境的协同关系，找出区域发展的短板。城市层面借助大样本数据的 AI 分析技术，采用指标的空间关联性分析法、基于差异诊断的空间多维聚类法以及基于供需匹配的有效覆盖率法等诊断方法，找到城市规划建设的长板和短板。

5.5.3.3　动态推演技术方法

国家空间规划需要对一个相对长时期内的空间发展态势进行研判，因此需要对部分长周期因子涉及的监测指标进行推演。比如因全球气候变化引起的年平均降水、极端降水变化等指标，可通过长周期的监测来进行动态推演，又如人口和经济的分布在长周期来看也需要准确把握，因此对这些长周期的监测指标可以进行动态推演，为国土空间的整体性、系统性优化调整提供预判支撑。

第6章

结论与展望

6.1 主要结论

改革开放 40 多年来，我国宏观层面的空间规划经历了兴起、衰落、再兴起的起伏过程。从 20 世纪 80 年代中期国土规划的兴起和半途而废、整个 90 年代的沉寂，到 21 世纪初多个部委纷纷抓国家层面的空间规划，再到 2018 年国务院机构改革下全国国土空间规划纲要的编制，反映了在我国社会主义市场经济体制建立和城镇化进程不断推进的过程中，中央政府对国家社会经济发展宏观调控认识的不断变化。这个大时代背景下，迫切需要有适应于中国的理论方法的创新支撑。过去的区域规划和城镇体系规划研究多以经济发展为核心目标、以生产力的布局为主要内容，难以解决改革开放以来我国快速大规模城镇化进程中资源环境过耗、自然灾害频发和地域文化特色消退等问题。作者从事区域规划近 40 年，从理论到实践，从历史到未来对宏观层面的城镇空间规划进行了比较系统的研究，创建了"国家空间规划论"的理论方法和技术体系。主要结论有以下几点：

（1）国家城镇空间发展受政治、经济体制和政策的直接影响，规划是政府对发展的一种引导和调控手段，是国家发展战略的重要组成部分

城镇空间规划在城镇空间结构的重构中具有不可替代的重要作用，不仅是一项技术过程，而且是一项政府行为和社会行为。它还是提高国家竞争力，防止和纠正市场失灵的一种重要手段。在行政体系上，国家城镇空间规划还是协调国家各部门之间、中央政府和地方政府之间利益的一个总原则，对促进不同地区间的共同发展、遏制无序竞争具有重要作用。

（2）我国城镇空间发展的科学合理，必须在人居环境科学理论的指导下，以全球视野、资源约束、动态发展、服务公平以及安全发展的观念来构筑规划的理论和方法

我国城镇空间发展必须与全球的经济社会发展紧密结合，促使不同地区融入世界经济大潮，构筑面向世界、融入世界的城镇空间结构。注重资源和生态环境对空间发展的约束，对影响国家利益和维持整体人居环境质量的珍贵资源进行保护，综合考虑自然、人、社会、居住和支撑网络五大系统，建设生态安全、经济高效、城乡协调的空间体系。面对气候等自然环境和经济社会环境的不断变化，确定开放、灵活的城镇空间结构，提高空间结构的应变能力，提高区域交通基础设施的服务水平，为空间的成长提供条件。立足于公平服务的原则，建立城乡一体的市政基础设施和社会基础设施的标准体系，促进城乡统筹。处理好中央与地方、地方与地方错综复杂的关系，确定不同层次空间发展的干预政策，切实保障经济、社会和环境的协调发展。面对当今全球化、信息化、市场化面临的诸多现实挑战以及气候变化加剧带来的安全风险挑战，应加强对安全风险的分析，构建更均衡、更安全和更可持续的国家城镇空间格局。

（3）城镇空间布局必须与社会经济发展战略紧密结合，国家的社会经济发展战略同样需要与城镇发展相协调

纵观新中国成立以来我国城镇空间发展的五个历史时期，城镇空间发展与规划受政治、经济体制的直接影响，它的形成与发展脱离不了当时、当地的政治、经济形势。正确的规划指导思想使国家的经济、社会效益显著，错误的指导思想给国家造成严重损失。156 项重点工程的成功就是坚持了生产力布局与城镇发展相协调，"三线"建设的失败在于脱离城市搞建设，正反两方面的案例给我们提供了深刻的经验和教训。改革开放 40 多年来，我国经济的快速发展之所以能够持续，在很大的程度上在于我们确定了沿海开放、以城市为核心的国家空间战略决策。孙中山先生的《建国方略》也正因为有了空间规划的指引，这一伟大方略的作用也才延续至今。

（4）"精准适配"的理论方法为我国复杂国情下国家和区域城镇空间的合理布局提供了重要指导和科学支撑

如何实现我国复杂国情下城镇化的可持续发展，是中华民族乃至全人类都前所未有的艰巨挑战。面对这一挑战，国家和区域的城镇空间规划应在人居环境科学理论所确定的基本原则基础上，突破既往区域规划和城镇体系规划重点关注生产力布局以及国土规划重点关注国土资源保护利用的局限性，从更加广泛的领域来构筑，综合考虑资源环境、人口、产业、制度等多方面复杂因素来统筹谋划。以"精准适配"为核心理念的"国家空间规划论"提出以自然、文化的空间资源分析为基础，并结合人口、经济等国家发展战略相关分析，构建了"精准分析 – 适应技术 – 动态评估"的技术体系，为全国不同地区构建与自然、文化适配并兼顾发展的城镇空间格局，实现国土空间的整体最优提供了一套行之有效的空间规划理论方法。

6.2　对未来的展望

当前，全球化进入新的调整时期，产业链、供应链的安全风险加剧，信息化引发颠覆式变革的步伐更加迫近，全球气候变化引发的极端气候增加，给自然生态系统、城市经济系统和人类社会系统带来空前压力。展望未来，今后相当长一段时期，我国城镇化空间格局优化面临着诸多的安全风险挑战，需重点关注以下三个方面：

一是将国家创新资源的布局与增强科技原创能力、振兴老工业基地、带动跨界集成创新、支撑边疆发展能力等结合起来，更好地实施"政府之手"的作用，推动国土空间的均衡发展。

二是从安全和可持续视角，应特别关注城镇化重点地区和城镇化特殊地区。城镇化重点地区的高强度密度开发问题，以及公共卫生和人为事故带来的巨大损失是世界性难题。高海拔、高寒、高湿热等城镇化特殊地区是国家的安

全战略地区，需要因地制宜制定适应性的安全韧性规划技术。

三是针对气候变化实施稳健性策略和适应性管理。经济发展、城镇化、气候变化交织在一起，使风险管理迫在眉睫。在未来人口、技术、市场和气候面临更多变化背景下，更需在信息不完善的基础上作出决策，将稳健作为决策标准。

总之，从我国城镇化发展历程看，不同时期面临着不同的矛盾和问题，国家城镇空间格局的调整也经历了不同的阶段。从聚焦生产力的布局到注重生态优先，再到关注安全和文化问题。面对未来新的挑战，国家空间规划的理论方法和技术还需要不断探索和完善，从而推进中国特色的城镇化行稳致远。

参考文献

［1］ 李祜梅，邬明权，牛铮，等.中国在海外建设的港口项目数据分析.全球变化数据学报，2019（9）：235～243.

［2］ 王瑞民，孙成龙，陶然."土地财政"的规模、挑战与转型.比较，2022（6）：139～153.

［3］ 麦肯锡全球研究院，麦肯锡国际.中国与世界：理解变化中的经济联系.2019（7）.

［4］ 王凯，陈明.从西方规划理论看我国城市规划理论的转型与发展.南方建筑，2016（5）：19～22.

［5］ 自然资源部海洋预警监测司.2021中国海平面公报.自然资源部.（2022-04-08）.

［6］ 张建云.气候变化对国家水安全的影响及减缓适应策略.中国水利，2022（8）：3～14.

［7］ 王凯，陈明，张丹妮.国家城镇空间格局的优化——基于安全和风险维度的新思考.国际城市规划，2023（1）：1-9.

［8］ 阿马蒂亚·森.以自由看待发展（中译本）.北京：中国人民大学出版社，2002.

［9］ 鲍晓.德国的区域政策及其对我国振兴东北的启示.德国研究，2004，19（4）：20～24.

［10］ 毕维铭.国土整治与经济建设.北京：首都师范大学出版社，1994.

［11］ 曹沛霖.政府与市场.杭州：浙江人民出版社，1998.

［12］ 重庆建筑工程学院，同济大学.区域规划概论.北京：中国建筑工业出版社，1996.

［13］ 崔功豪.区域分析与规划.北京：高等教育出版社，1999.

［14］ 陈栋生.区域经济学.郑州：河南人民出版社，1993.

［15］ 程玉凤，程玉凰.资源委员会档案史料初编（上）.台湾"国史馆"，1984.

［16］ 但承龙，王群.西方国家与中国土地利用规划比较.中国土地科学，2002，16（1）：43～46.

［17］ 曹洪涛，储传亨.当代中国的城市建设.北京：中国社会科学出版社，1990.

［18］ 董志凯，吴江.新中国工业的奠基石——156项建设研究.广州：广东经济出版社，2004.

［19］ 段雪梅.机会平，公平竞争与共同富裕.四川理工学院学报（社会科学版），2004（4）.

［20］ 法卢迪.欧洲战略规划的制度因素.邬晓华、黄菲（译）.国外城市规划，2004，19（2）：29～36.

［21］ 方创琳.国外区域发展规划的全新审视及对中国的借鉴.地理研究，1999，18（1）：7～16.

［22］ 弗里德曼.生活空间与经济空间：区域发展的矛盾.国外城市规划，2005（5）：8.

［23］ [苏] BB 弗拉基米罗夫.苏联区域规划设计手册.王进益等，译.北京：科学出版社，1991.

［24］ 高春茂.日本的区域与城市规划体系.国外城市规划，1994（2）：35～41.

［25］ 郭彦弘.城市规划概论.北京：中国建筑工业出版社，1992.

［26］ 顾朝林.城市治理.南京：东南大学出版社，2002.

［27］ 顾朝林.经济全球化与中国城市发展.北京：商务印书馆，2000.

［28］ [日]国土厅.日本第四次全国综合开发计划.国家计委国土规划司（译）.北京：中国计划出版社，1989.

［29］ 韩凤芹.地区差距—政府干预与公共政策分析.北京：中国财政经济出版社，2004.

［30］ 胡位钧.均衡发展的政治逻辑.重庆：重庆出版社，2005.

［31］ 和泉润.日本区域开发政策的变迁.王郁（译）.国外城市规划，2004，19（3）：5-13.

［32］ 霍尔.长江范式.城市规划，2002（12）.

［33］ 胡永泰，杨小凯，Jeffrey Sachs.经济改革与宪政转轨.经济学，2003（4）.

[34] 黄永炎，陈成才.地方政府制度创新的行为探析.地方政府管理，2001（7）.

[35] 胡位钧.均衡发展的政治逻辑.重庆：重庆出版社，2005.

[36] 冀朝鼎.中国历史上的基本经济区与水利事业的发展（朱诗鳌译）.北京：中国社会科学出版社，1981.

[37] 金钟范.韩国城市发展政策.上海：上海财经大学出版社，2002.

[38] 金钟范.韩国区域开发政策经验与启示.东北亚论坛，2002，（4）：59～63.

[39] 金相郁.韩国国土规划的特征及对中国的借鉴意义.城市规划汇刊，2003，（8）：66～72.

[40] 克鲁格曼.地理、经济学与经济理论.北京：中国人民大学出版社，2000.

[41] 柯武刚，史漫飞.制度经济学—社会秩序与公共政策（中译本）.北京：商务印书馆，2001.

[42] 雷国雄，吴传清.韩的国土规划模式探析.经济前沿，2004（9）：37～40.

[43] 李元.国土资源与经济布局.北京：地质出版社，1999.

[44] 陆大道.中国工业布局的理论与实践.北京：科学出版社，1990.

[45] 陆大道.区域发展及其空间结构.北京：科学出版社，1995.

[46] G.缪尔达尔.经济理论与不发达地区（英文版）.伦敦：达克沃思出版社，1957.

[47] 马凯."十一五"规划战略研究.北京：北京科学技术出版社，2005.

[48] 毛汉英.日本第五次全国综合开发规划的基本思路及对我国的借鉴意义.世界地理研究，2000，9（3）：105～112.

[49] 毛汉英，方创琳.新时期区域发展规划的基本思路及完善途径.地理学报，1997（1）：1～10.

[50] 毛其智.联邦德国的"空间规划"制度.国外城市规划，1990（4）：2～9.

[51] 木易.莫让桑田变沧海——有感于长三角地面沉降.地质勘察导报，2005.

[52] 宁越敏，张务栋，钱今昔.中国城市发展史.合肥：安徽科学技术出版社，1994.

[53] 牛文元.中国发展模式三大战略选择.人民政协报，2006.

[54] 欧海若，鲍海君.韩国四次国土规划的变迁、评价及其启示.中国土地科学，2002（8）：39～43.

[55] 潘文灿.中外专家论国土规划.北京：中国大地出版社，2003.

[56] 仇保兴.中国城市化进程中的城市规划变革.上海：同济大学出版社，2005.

[57] 曲卫东.联邦德国空间规划研究.中国土地科学，2004，18（2）：58～64.

[58] 沈玉芳.论国外区域发展与规划的实践.世界地理研究，1999，8（1）：28～36.

[59] 申玉铭，毛汉英.国外国土开发整治与规划的经验及启示.世界地理研究，2004，13（2）：33～39.

[60] 史同广，王慧.区域开发规划原理.济南：山东省地图出版社，1994.

[61] 史育龙，周一星.关于大都市带（都市连绵区）研究的争论及近今进展评述.国外城市规划，1997（2）.

[62] 孙施文.城市规划哲学.北京：中国建筑工业出版社，1997.

[63] 孙坦.法国的国土开发与整治.国土资源管理，2000，17（4）.

[64] 孙尚志.德国/荷兰的区域规划与区域开发.自然资源，1994（4）：70～80.

[65] 孙玥.荷兰：第五个空间规划—保持增长与环境的平衡.宏观经济管理，2004（1）：52～55.

[66] 唐子来，张雯.欧盟及其成员国的空间发展规划：现状和未来.国外城市规划，2001（1）：10～12.

［67］　王静.日本、韩国土地规划制度比较与借鉴.中国土地科学，2001（3）：45～48.

［68］　王雅梅，谭晓钟.论欧盟区域政策对欧洲一体化的特殊作用.德国研究，2005，20（2）：25～29.

［69］　魏后凯.荷兰国土规划与规划政策，地理学与国土研究，1994，10（3）：54～60.

［70］　王凯.从西方现代规划理论看我国规划理论建设之不足.城市规划，2003（6）.

［71］　王凯.国家空间规划体系的建立.城市规划学刊，2006（1）.

［72］　王凯.从广州到杭州：战略规划浮出水面.城市规划，2002（6）.

［73］　王缉慈.创新的空间.北京：北京大学出版社，2001.

［74］　王志乐.跨国公司在中国投资报告.北京：中国经济出版社，2003.

［75］　吴传钧，侯峰.国土开发整治与规划.南京：江苏教育出版社，1990.

［76］　吴次芳.土地科学导论.北京：中国建材出版社，1995.

［77］　吴建华.论日本的区域开发政策与措施区域经济研究.兵团党校学报，2000（6）：52～54.

［78］　吴良镛.人居环境科学导论.北京：中国建筑工业出版社，2001.

［79］　吴良镛.发达地区城市化进程中建筑环境的保护与发展.北京：中国建筑工业出版社，1999.

［80］　吴良镛.京津冀地区城乡空间发展规划研究.北京：清华大学出版社，2002.

［81］　吴良镛，武廷海.城市地区的空间秩序与协调发展.城市规划，2002（12）：18.

［82］　吴良镛.张謇与南通“中国近代第一城”.城市规划，2003（7）：6～11.

［83］　吴霞.战后日本的区域开发和区域经济.陕西经贸学院学报，2001（6）：60～62.

［84］　吴志强.德国空间规划体系及其发展动态解析.国外城市规划，1999（4），2～5.

［85］　谢惠芳，向俊波.面向公共政策制定的区域规划——国外区域规划的编制对我们的启示，经济地理，2005，25（5）：604～606.

［86］　许莉俊.英国区域规划、管理和发展制度的演变.国外城市规划，2000（4），15～17.

［87］　薛毅.国民政府资源委员会研究.北京：社会科学文献出版社，2005.

［88］　杨伟民.规划体制改革的理论探索.北京：中国物价出版社，2003.

［89］　姚士谋.中国城市群.中国科技大学出版社，2001.

［90］　严仲雄，王进益.匈牙利区域规划.国外城市规划，1990（3）：42～45.

［91］　叶裕民.中国人口迁移趋势与城镇化研究.全国城镇体系规划（2005—2020）专题研究5，2006.

［92］　于海漪.南通近代城市规划建设.北京：中国建筑工业出版社，2005.

［93］　余永定.西方经济学.北京：经济科学出版社，1997.

［94］　张广翠，景跃军.日本开发落后地区的主要政策及经验.现代日本经济2004（6）：12～16.

［95］　张謇.张君耀轩从政三十年纪念录.张謇全集，第5卷（上）.南京：江苏古籍出版社，1994.

［96］　张季风.日本国土综合开发论.北京：世界知识出版社，2004.

［97］　张京祥.西方城镇群体空间研究之评述.国外城市规划，1999（1）：31-33.

［98］　张京祥.城镇群体空间组合.南京：东南大学出版社，2000.

［99］　张京祥，建设部城乡规划司.国外区域规划的编制、实施管理及其借鉴.2003.

［100］张可云.区域经济政策.北京：商务印书馆，2005.

［101］张培刚.发展经济学教程.北京：经济科学出版社，2001.

［102］张伟，刘毅，刘洋.国外空间规划研究与实践的新动向及对我国的启示.地理科学进展，

2005, 24（3）: 79~90.

［103］赵崇生.国外区域规划理念初探.中国经贸导刊, 2005（16）: 50.

［104］中国城市规划设计研究院.区域规划和城镇体系规划的关系.2005.

［105］中国工程院.我国城市化进程中的可持续发展战略研究综合报告.2005.

［106］中国科学院地理研究所.大韩民国第三次国土综合开发规划说明书（1992~2001）.1993.

［107］本书编委会.中国大百科全书: 建筑园林城市规划卷.北京: 中国大百科全书出版社, 1985.

［108］钟鸣.日本的区域创新.科技经济透视, 2002（1）: 31~33.

［109］周杰.区域规划管理体系创新研究.特区经济, 2004.

［110］OECD.分散化的公共治理（中译本）.北京: 中信出版社, 2004.

［111］ALBRECHTS L, HEALEY P, KUNZMANN K R. Strategic spatial planning and regional governance in Europe. Journal of America Planning Association, 2003, 69（2）: 113-129.

［112］ALLMENDINGER P. Urban Planning Theory. London: Palgrave, 2002.

［113］AMIN A, THRIFT N. Globalization, Institutions, and Regional Development in Europe. Oxford University Press, 1994.

［114］BRYSON J, HENRY N, KEEBLE D, et al. The Economic Geography Reader—Producing and Consuming Global Capitalism. John Wiley & Sons Ltd, 1999.

［115］BUITELAAR E, JACOBS W, LAGENDIJK A. Institutional change in spatial governance: Illustrated by Dutch city-regions and Dutch land policy. Working Paper Series, Research team Governance and Places, University of Nijmegen. Nijmegen, 2004.

［116］CASTELL M. The Internet Galaxy: Reflections on the Internet, Business and Society. Oxford University Press, 2001.

［117］COOKE P, MORGAN K. The Associational Economy: Firms, Regions and Innovation. Oxford University Press, 2000.

［118］DICKEN P. Global Shift-Reshaping the Global Economic Map in the 21st Century. London: SAGE Publication, 2003.

［119］European Commission. ESDP—European Spatial Development Perspective, Towards Balanced and Sustainable Dvelopment of the Territory of European Union. Luxembourg: Office for Official Publications of the European Communities, 1999.

［120］CLASSON J. An Introduction to Regional Planning, 2nd Edition. UCL Press Limited, 1992.

［121］GORDON I R, McCann P. Industrial clusters: Complexes, agglomeration and/or social networks? Urban Studies, 2000.

［122］Handbook of Urban Studies. London: SAGE Publication, 2001.

［123］HALL P. Urban and Regional Planning, Fourth Edition. London: Routledge, 2002.

［124］HALL P. Cities of Tomorrow. Blackwell, 1996.

［125］HEALEY P. Collaborative Planning. Hampshire: Macmillan Press, 1997.

［126］KRUGMAN P. Increasing returns and economic geography. Journal of Political Economy 1991（99）: 183-199.

［127］KUNZMANN K. Does Europe really need another ESDP. European Council of Town Planners, 2003.

［128］MAGEE T G. The Emergence of Desakota Region in Asia: Expanding a Hypothesis. University of Hawaii, 1991.

［129］ MORGAN K，NAUWELAERS C. Regional Innovation Stategies. Thesis-CPLAN，2000.

［130］ NADIN V，DEHR S. The future for cohesive policy. Town and Country Planning，2005（Special issue）：85-87.

［131］ NOLAN P. China and the Global Business Revolution. PALGRAVE Publication，2001.

［132］ PADDISON R. Handbook of Urban Studies. SAGE Publication，2001.

［133］ PENNINGTON M. Planning and the Political market. The Athlone Press，2000.

［134］ POTER M E. The Adam Smith addess：Location，clusters，and the 'new' microeconomic of competition. The National Association of Business Economists，1998.

［135］ RAVETZ J. City Region 2020. Earthscan Publication Ltd，2000.

［136］ SCOTT J. Global City Region：Trends，Theory，Policy. NewYork：Oxford University Press，2001.

［137］ SCOTT A J. Global City Region：Trends，Theory，Policy. Oxford Press，2001.

［138］ SHEPLEY C. A national spatial planning framework for england. Town and Country Planning，2005（9）：261-264.

［139］ VIGAR G，HEALEY P，HULL A，DAVOUDI S. Planning，Governance and Spatial Strategy in Britain：An Institutional Analysis. Macmillan Press，2000.

［140］ WEBSTER D，MULLER L. Challenges of Peri-urbanization in the Lower Yangtze Region：The Case of the Hangzhou-Ningbo Corridor，Asia/pacific Research Center，Stanford University，2002.

后　记

　　本书是在我博士学位论文的基础上完成的。2001年至2006年间我在吴良镛先生指导下攻读清华大学博士学位。在近6年的学习、研究过程中，导师吴良镛先生针对国家城镇化发展的大势，根据我个人的业务特长，"一把钥匙开一把锁"，从选题到论文框架，到观点提炼和最终成文给予了精心指导，因此，本书得以出版首先要感谢恩师的指导和培育。

　　我自1986年从同济大学建筑系城市规划专业毕业，分配到中国城市规划设计研究院工作以来，一直从事城市规划的设计与研究工作，大到国家、省域、首都的规划，小到小城镇、村庄的设计都有所涉及。多年来由于工作的原因，多次参与住房城乡建设部（原建设部）、科技部、中国工程院组织的关于城镇化、城镇体系、大城市连绵区方面的研究，逐步对宏观层面的规划有了一些新的认识。特别是2005年，建设部重新启动"全国城镇体系规划"，我作为工作组的主要成员，有机会系统地梳理了国家层面空间规划的相关研究资料，对市场经济条件下，国家层面空间规划的意义和作用作了一些思考。实际上，我最初拟定的博士论文方向，是对全球化背景下长江三角洲地区资本空间和城市空间的相互关系进行研究，并已写了一稿。在向吴先生汇报研究进展时，先生敏锐地指出，国家层面空间规划是新时期我国城乡规划面临的新课题，需要在理论上认真探讨并建议我结合工作重新选题。我愉快地接受了先生的提议，重新拟定了研究方案并付诸实施。在论文的整个写作过程当中，先生不断给予指导，其严谨的学风、精深的学养和敏锐的洞察力对我论文的顺利完成起到关键性的作用。近年来，由国家批复的各类区域规划如雨后春笋般涌现，已有不少学者对此种缺乏系统分析不断出新规划的现象提出质疑，现在回过头来想先生当年建议我对此进行研究确实是远见卓识。

　　在我博士论文的审议过程中周干峙院士、陆大道院士、邹德慈院士、周一星教授、毛其智教授、吴唯佳教授都给予了认真的审阅和指导，特别是陆大道先生对本文的仔细批阅让我深受感动。清华大学建筑与城市研究所左川教授、武廷海先生以及其他同志也对论文提出了宝贵的意见，在此一并表示感谢。需要特别指出的是本文的基础是我参与的建设部"全国城镇体系规划"工作，感谢时任建设部有关领导给了我这次难得的工作学习机会。汪光焘部长的多次教诲让我难忘，仇保兴副部长的多次指示让我获益良多，规划司唐凯司长、张勤副司长、李枫处长对工作的具体指导让我信心倍增。特别是张勤副司长在整个工作过程中，认真负责的工作精神，不仅对规划工作也对我的研究大有帮助。该书2010年第一版是在原论文的基础上稍作调整完成的。

　　在繁忙的工作中继续学习是一件自讨苦吃的事情，但我乐此不疲，因为我觉得获得新知识、新认识是一件愉快的事情，所谓"朝闻道夕死可矣"大抵如此。感谢中国城市规划设计研究院王静霞院长、李晓江院长在任时给予我难得的学习机会，没有他们二位的大力支持，我坚持这么久的学习和研究是不可能的。英国卡迪夫大学城市与区域规划学院 Alison Brown 女士、Jeremy Alden 先生和于立先生在我游学英国期间给予了不少的指导与帮助，中国城市规划设计研究院的彭实铖、李文彬、陈明、李荣、徐颖、李浩、徐辉等当时的同事对本书第一版的部分资料搜集和图件的整理做了大量工作，本书责任编辑石枫华认真仔细的工作让我深受感动。

此次再版之际，相较论文答辩已经过去了近 20 年。这 20 年是国际形势和中国经济社会发展剧烈变革的时期，也是各国规划体制和技术发展重大变革的时期。国家经济社会发展的重大变化，都需要空间规划予以预判、提供预案，并通过治理体系的完善来推进实施。因此，我在第一章中，结合这些新的认识，对过去 20 年中国国家空间发展演变进行了回顾，对未来趋势进行了展望。随着"大数据"和遥感解译等数据的愈益丰富，以"精准适配和优化布局"为着力点，改变既往区域规划"蓝图式""政策性"规划的传统面目，在理论和技术方法上实现突破，是这些年我一直在探索的技术领域，并在这次再版中也有所体现。当然这些尝试还是比较初步的，希望和同行们一起携手为中国区域规划的进步继续贡献绵薄之力。本次修订得到了中国工程院吴志强院士和德国工程院穆勒（Bernhard Müeller）院士的指导和支持，中国城市规划设计院陈明、徐辉、周亚杰、付凯、王颖、骆芊伊等同事也给予了大力帮助，中国建工出版社的石枫华编辑再次给予精心帮助，对他们的付出表示衷心的感谢。

最后，感谢我的家人多年来对我工作、学习的支持，他们的无私奉献是我在规划事业上不断探索前进的动力。